高等院校信息技术规划教材

多媒体技术与应用

曹晓兰 彭佳红 主 编

肖毅 吴伶 副主编

李锦卫 何源 梁荣波 朱山立 拜战胜 参 编

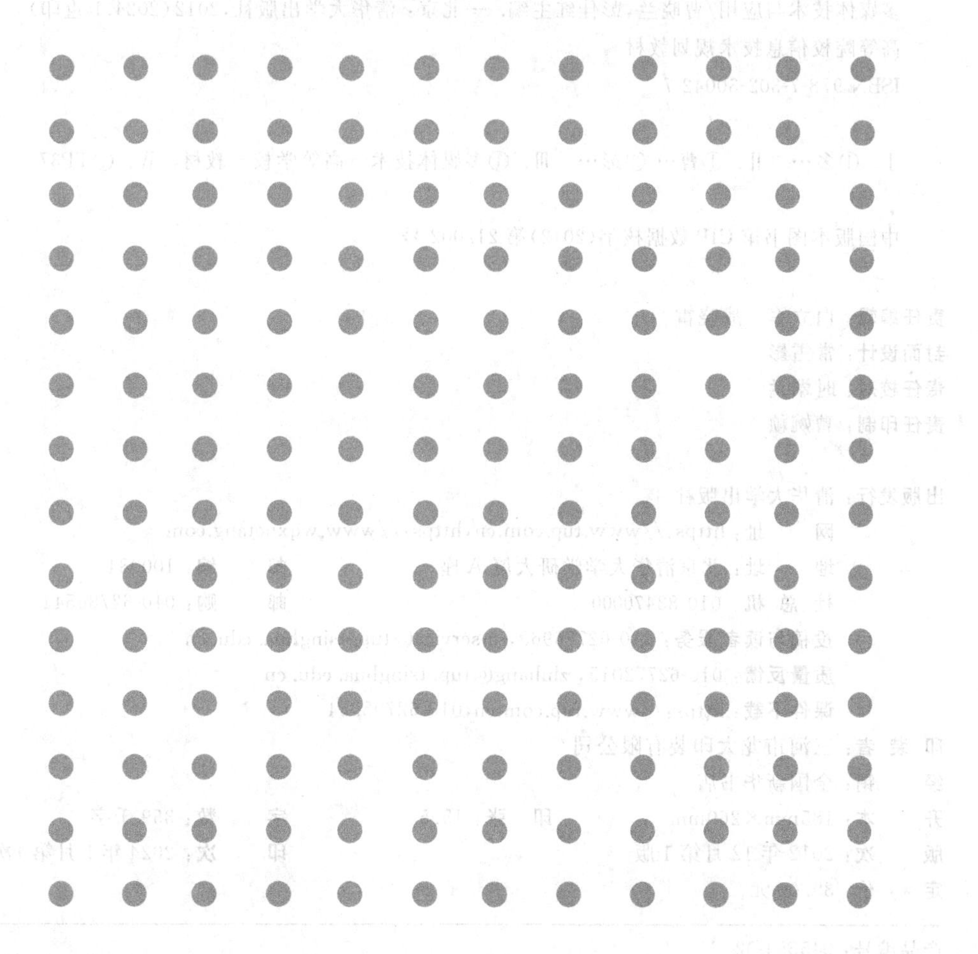

清华大学出版社

北京

内容简介

本书结合编者多年在多媒体技术与应用课程教学上的经验和实践，以“基础、经典、新颖和实用”为指导，系统地讲解了多媒体技术的基础知识、关键技术和应用技巧。

全书共分8章，包括多媒体技术概述，多媒体软硬件系统，多媒体音频、图像、动画和视频信息的处理技术，多媒体数据压缩及编码技术，多媒体系统的开发和多媒体数据库。附录中提供了相关的实验内容。

本书难易适中，理论与实践并重，适合作为高等学校计算机及相关专业多媒体技术课程的教材，也可供多媒体应用与开发技术人员参考。

图书在版编目(CIP)数据

多媒体技术与应用/曹晓兰，彭佳红主编. —北京：清华大学出版社，2012(2024.1重印)
高等院校信息技术规划教材
ISBN 978-7-302-30042-7

Ⅰ. ①多… Ⅱ. ①曹… ②彭… Ⅲ. ①多媒体技术—高等学校—教材 Ⅳ. ①TP37

中国版本图书馆CIP数据核字(2012)第212002号

责任编辑：白立军 战晓雷
封面设计：常雪影
责任校对：时翠兰
责任印制：曹婉颖

出版发行：清华大学出版社
网 址：https://www.tup.com.cn，https://www.wqxuetang.com
地 址：北京清华大学学研大厦A座 邮 编：100084
社 总 机：010-83470000 邮 购：010-62786544
投稿与读者服务：010-62776969，c-service@tup.tsinghua.edu.cn
质量反馈：010-62772015，zhiliang@tup.tsinghua.edu.cn
课件下载：https://www.tup.com.cn，010-62795954
印 装 者：三河市龙大印装有限公司
经 销：全国新华书店
开 本：185mm×260mm 印 张：15.5 字 数：359千字
版 次：2012年12月第1版 印 次：2024年1月第9次印刷
定 价：39.00元

产品编号：045554-02

前言 Foreword

多媒体技术是20世纪90年代以后信息领域中发展极为迅速、时代特征极其鲜明的一门多学科交叉的技术，也是信息产业的一项重大工程技术，它的出现是信息技术的一次重要飞跃，对现代社会产生了重大的影响。多媒体技术主要研究计算机获取、处理、存储和传输图形、图像、音频和视频等多种媒体信息的技术，现已广泛应用于教育培训、多媒体电子出版物和演示系统等各个领域。当前，人们的生活和工作已经越来越离不开多媒体技术的支持，因此学习和掌握多媒体技术的知识对于现代科技人员和相关专业的学生也越来越重要。

本书的编者多年来一直从事本科计算机专业和其他相关专业"多媒体技术与应用"课程的教学工作。为了适应多媒体技术的不断发展和对人才培养的高标准要求，进一步提高多媒体技术课程的教学质量，编者根据多年来积累的一线教学经验和体会，结合当前高等教育大众化和应用紧密结合等趋势，在分析国内外多种同类教材的基础上，编写了本书。

多媒体技术作为一门涉及面广的交叉学科，在教学中，既要注重学生对基础理论和关键技术的掌握，又要让学生即时了解技术的更新；既要强调理论知识的学习，又要重视实践操作能力的培养。因此，本书从研究、开发和应用的角度，按照普通高等院校本科生的培养目标，在理论上系统地介绍了多媒体技术基础知识和关键技术；在实践上，以巩固学生理论知识学习为目的，精心选择和设计了具有代表性的案例和实验内容，使学生通过操作能更深刻地理解理论知识，激发学习兴趣。

本书全面又系统地介绍了多媒体技术的基本概念、关键技术、多媒体系统的组成、多媒体系统研究的内容等，由浅入深、从理论到实践，逐步展开。

全书共包括8章。第1章概述多媒体及多媒体技术相关的基本概念、关键技术、应用现状及未来发展趋势；第2章介绍多媒体计算机硬件和软件系统；第3章介绍数字音频的处理技术以及相关的音频软件 Cool Edit 的应用；第 4 章介绍数字图像的处理技术和相关图像处理软件 Photoshop 的应用；第 5 章为计算机动画和视频的基本知识和原理，介绍矢量动画制作软件 Flash、帧动画软件 ImageReady 和视频软件 Premiere 的应用；第 6 章介绍数据压缩与解码技术，包括基本概念、常用的压缩算法和一些压缩标准；第 7 章介绍多媒体应用系统的开发和相关的开发软件 Authorware 的应用；第 8 章介绍多媒体数据库技术。附录提供了与理论教学密切配合的实验内容，着重于培养学生的动手能力和对多媒体技术的理解。

本书是按照50左右学时编写的，其中理论教学可以安排30学时，实验安排20学时。各章教学时数大致安排如下表。在实际教学中可以根据不同专业或不同层次的教学需要适当增减学时。

<table>
<tr><th colspan="2">课堂教学内容(第1~8章)</th><th colspan="2">实验内容(附录)</th></tr>
<tr><th>章</th><th>学时</th><th>名　称</th><th>学时</th></tr>
<tr><td>第1章　多媒体技术概述</td><td>2</td><td></td><td></td></tr>
<tr><td>第2章　多媒体计算机系统</td><td>4</td><td></td><td></td></tr>
<tr><td>第3章　数字音频处理技术</td><td>4</td><td>实验1　音频编辑软件</td><td>2</td></tr>
<tr><td rowspan="2">第4章　数字图形图像处理技术</td><td rowspan="2">4</td><td>实验2　Photoshop 图像处理及文件格式转换</td><td>2</td></tr>
<tr><td>实验3　简单的调色和分色程序</td><td>2</td></tr>
<tr><td rowspan="3">第5章　计算机动画与视频处理技术</td><td rowspan="3">4</td><td>实验4　Flash 矢量动画制作</td><td>2</td></tr>
<tr><td>实验5　ImageReady 帧动画制作</td><td>2</td></tr>
<tr><td>实验6　Premiere 视频制作</td><td>2</td></tr>
<tr><td>第6章　多媒体数据压缩解码技术</td><td>4</td><td></td><td></td></tr>
<tr><td rowspan="3">第7章　多媒体应用系统开发</td><td rowspan="3">4</td><td>实验7　Authorware 基本操作</td><td>2</td></tr>
<tr><td>实验8　Authorware 制作测验题</td><td>2</td></tr>
<tr><td>实验9　综合实验——多媒体课件制作</td><td>4</td></tr>
<tr><td>第8章　多媒体数据库</td><td>4</td><td></td><td></td></tr>
<tr><td>合计</td><td>30</td><td></td><td>20</td></tr>
</table>

本教材由曹晓兰、彭佳红任主编，肖毅、吴伶任副主编，李锦卫、何源、梁荣波、拜战胜、朱山立参编。在编写过程中，参考了大量资料，除列出的参考文献之外，还有一些参考资料未能一一列出，在此对这些作者一并表示感谢。由于时间有限，不妥之处在所难免，敬请同行和读者不吝赐教。

曹晓兰

2012年5月

目录 Contents

第1章 chapter 1

多媒体技术概述

在计算机发展的早期阶段，计算机解决的问题以数值计算为主，计算机只能处理文字这种单一形式的信息载体，但随着计算机在各个领域的广泛应用，人们希望计算机能做更多的事情，能处理更多的信息载体，如声音、图形图像和视频等，这些需求促使人们创造了计算机领域的一门全新技术——多媒体技术。

多媒体技术是信息领域发展极为迅速、时代特征极其鲜明的一门多学科交叉的技术，也是信息产业的一项重大工程技术。多媒体是人类通信媒体技术发展、特别是通信、电视和计算机技术发展的必然结果。多媒体技术形成于20世纪80年代，在20世纪90年代得到飞速发展，是计算机、广播电视和通信三大技术相互渗透，相互融合，进而迅速发展的一门新兴技术。本章介绍多媒体技术的相关概念和特点、多媒体中涉及的关键技术以及多媒体技术的应用与发展，为后面学习多媒体技术奠定良好的基础。

1.1 多媒体技术的基本概念

多媒体技术是计算机技术、通信技术和电子技术等技术融合而产生的。多媒体技术的产生和发展是现代社会信息化发展的必然，它将计算机、家用电器、通信网络和大众传媒等原本相互独立的事物，组成了新的系统和新的应用，并与网络技术一起推动社会信息化。

1.1.1 什么是多媒体

1. 媒体的概念

通常所说的媒体(medium)曾被广泛译为"介质"或"媒介"，指的是记录信息的载体或传播信息的平台。在计算机技术领域，媒体有两种含义：一是指存储信息的实体，如磁带、磁盘和光盘等；二是指信息的载体，如文本、图形、图像、动画、视频和音频等。根据信息被人们感知、表现、呈现、存储或进行传输的载体不同，国际电信联盟(ITU-T)建议将媒体定义为以下5种形式，这些媒体形式在多媒体领域是相互密切关联的。

(1) 感觉媒体(perception medium)：指人的感觉器官(如视觉器官和听觉器官等)所能感觉到的信息的自然种类。感觉媒体直接作用于人的感官，使人产生直接感觉，帮助人们来感知环境，如我们能听到的声音、能看到的文本、图形图像和视频等。

(2) 表示媒体(representation medium)：指人们为了能更好地加工、处理和传输感觉媒体而人工构造出来的一种信息的表现形式。表示媒体能定义信息的表达特征，通常用计算机内部编码形式表示，比如语音编码、图像编码、文本的ASCII编码和视频编码等。

(3) 表现媒体(presentation medium)：指呈现和获取信息的物理设备，一般分为两类，一类是以如显示器、扬声器和打印机等设备为代表的输出类表现媒体；一类是以键盘、鼠标和扫描仪等设备为代表的输入类表现媒体。

(4) 存储媒体(storage medium)：存储表示媒体的物理介质，如磁盘、光盘、磁带和半导体存储器等。

(5) 传输媒体(transmission medium)：进行传输数据的物理介质，如光缆、电缆、电磁波和交换设备等。

2. 多媒体与多媒体技术

"多媒体"一词源自英文的multimedia，它是一个复合词，由multiple(多重、复合)和media(媒体、媒介)两个词组成，最早出现于20世纪80年代，在美国麻省理工学院(MIT)递交给美国国防部的项目计划报告中叙述了有关多媒体的概念。从字面上看，多媒体意味着非单一媒体，具有"多重媒体"和"多重媒介"的意思。我们既可以将其理解为是多种形式的感知媒体(如文本、图形图像、声音、视频和动画等)的有机融合，也可以理解为信息表示媒体的多样化。

多媒体技术(multimedia technology)是以数字化技术为基础，对多种媒体信息进行采集、编码、存储、传输、处理和呈现，并且能够综合处理不同媒体信息，在各媒体之间建立起逻辑关系，集成为具有良好交互性系统的技术。可以从以下几个方面来理解多媒体技术与传统的媒体技术的异同：

(1) 多媒体可以用于信息交流和传播。从这个意义上说，多媒体和电视、报纸和杂志等媒体的功能是一样的，都是用来进行信息交流和传播的。

(2) 与传统媒体不同的是，多媒体是一种人-机交互式的媒体，用户可以利用键盘和鼠标等设备，通过计算机程序，实现人对信息的主动选择和控制。这里所说的"机"，目前主要是指计算机；而传统的媒体，用户只能根据制作人员编制完成的节目去听和看，无法参与进去。

(3) 多媒体技术中传播信息的媒体种类很多，包括文字、图形图像、声音、动画和电视。而传统的媒体技术一般只能处理一些单一的媒体信息，比如报纸、杂志只能处理文字和图片信息，而收音机只能处理声音信息。

(4) 多媒体信息都是以数字形式而不是模拟信号存储和传输的。多媒体信息是依靠计算机来处理的，而计算机处理信息都是以二进制编码的方式——也就是我们所说的数字编码方式进行的；多媒体信息要能被计算机处理也必须是数字形式。

此外，多媒体技术不仅包括了计算机技术、电视技术和广播通信技术等多种技术的集成，也包括了多种形式信息的集成、多种设备和软件的集成。

通常所说的"多媒体"不仅指多种媒体信息本身，而且指处理和应用多媒体信息的相应技术，因此“多媒体”常被当作“多媒体技术”的同义词。

1.1.2 多媒体技术的特点

多媒体技术的特点可以概括为多样性、交互性、实时性和集成性。

1. 多样性

多样性主要指信息载体的多样性，是多媒体的主要特征之一。多样性主要表现在信息采集或生成、传输、存储、处理和呈现的过程中，涉及感知媒体、表示媒体、表现媒体、存储媒体和传输媒体，或者多个信源或信宿的交互作用。

信息载体的多样性使计算机所能处理的信息空间范围得以扩展，而不局限于数值、文本或特殊对待的图形和图像，让计算机更加人性化。人类接收信息或产生信息主要靠视觉、听觉、触觉、嗅觉和味觉 5 种感觉器官，其中前 3 种的信息量占了 95%。通过多种感觉形式的信息交流，人类处理信息得心应手。但计算机等机械设备远远没有达到人类的水平，在信息交互方面与人的感官空间相差甚远。多媒体技术使机器处理的信息呈现多样化，通过对信息的捕获、处理与呈现，使其在交互过程中更加广阔、更加自由，满足人类感官空间的全方位信息要求。

2. 交互性

交互性也是多媒体的关键特性。交互就是参与的各方(发送方和接收方)对信息都可以进行编辑、控制和传递。一般情况下，我们接受信息是被动的，例如，在一般的电视机中，不能让用户介入进去，不能根据用户需要配上不同的语言解说或文字说明，不能对图像进行缩放、冻结等处理，不能随时看到想看的电视节目等。

多媒体系统向用户提供交互使用、加工和控制信息的手段，为用户提供更加自然的信息手段。交互性可以让交互双方更有效地控制和使用信息，增加对信息的注意和理解，可以自由地控制和干预信息的处理。因为交互性，活动(activity)本身作为一种媒体介入了信息转变为知识的过程。借助于活动，我们可以获得更多的信息，例如在多媒体计算机辅助教学、模拟训练和虚拟现实等方面都取得了巨大的成功。

交互性为应用开发开辟了更加广阔的空间领域，初级交互应用是媒体信息的简单检索；中级交互应用是让用户介入到信息的活动过程中；当用户完全进入到信息与环境一体化的虚拟信息空间中时，才是交互应用的高级阶段，这是多媒体技术发展的长远目标。

3. 实时性

所谓实时性是指在限定时间内对外来事件做出快速反应的能力，描述实时性的基本指标为响应时间。多种媒体间在时间上和空间上都存在着紧密的逻辑联系，是同步和协调的整体，例如声音和相应的视频图像序列必须严格同步。多媒体系统必须提供同步和实时处理的能力，这样，在人的感官系统允许的情况下，进行多媒体交互时就好像身临其境一样，图像和声音都是连续的。

4. 集成性

其实,多媒体中的许多技术在早期都可以单独使用,如单一的图像处理技术、声音处理技术、交互技术、电视技术和通信技术等。这些技术独自发展的作用有限,不能满足综合需要。而多媒体技术的集成性主要表现在两个方面:

(1) 多媒体信息的集成:将不同的媒体信息有机地组合在一起,使之成为一个完整的多媒体信息。像一段视频信息,就是声音、图像和文字等信息的有机组合。

(2) 处理这些媒体的设备与设施的集成。不同的信息媒体需要不同的设备输入或输出,这些设备集成在一起,形成一个有机的整体,如对声音的处理就需要音响、麦克风等多种设备。

1.1.3 多媒体计算机技术的发展历史

多媒体技术不仅是时代的产物,也是人类历史发展的必然。最早应用多种媒体信息作为交流手段的是报纸,随后出现了动画、广播和电视等各种多媒体传播媒介。自20世纪80年代,随着计算机技术、网络技术和大众传播技术等现代信息技术的普及和进步,人们才开始利用计算机处理多媒体信息。迄今为止,多媒体计算机技术发展历经了以下几个阶段。

1. 思想萌芽阶段

1945年,美国早期的一个计算机科学家Vannevar Bush在大西洋月报上发表了一篇名为“As We May Think”的文章,这篇文章的核心是关于情报工作中如何有效地获取知识。文章在理论上描述了一台叫做Memex的机器:Memex由显示屏幕的桌面、键盘、选择按钮、控制杆以及缩微胶卷存储箱等部件组成;可以在胶卷上存储信息,可以快速检索出来,并投影在屏幕上;Memex的用户能在文档之间建立链接,Vannevar Bush把它称为“联想的跟踪”,这就是计算机界公认的关于超链接的最初设想。

由于条件所限,Bush的思想在当时并没有变成现实,但是他的思想在此后的50多年中产生了巨大影响,人们普遍认为超文本的概念源于Vannevar Bush。

1965年,美国人Ted Nelson为计算机上处理文本文件创造了超文本(hypertext)概念。与传统的线性方式组织文本不同,超文本是以非线性方式组织文本的,将存储在各种不同空间的文字信息(如字、词、句、段落等)按其内部固有的独立性和相关性划分成不同的基本信息块,称为节点(node)。节点之间的自然关联用超链接的方法链接起来,使得这些在各种不同空间的文字信息组织在一起形成一个网状文本(如图1-1所示)。

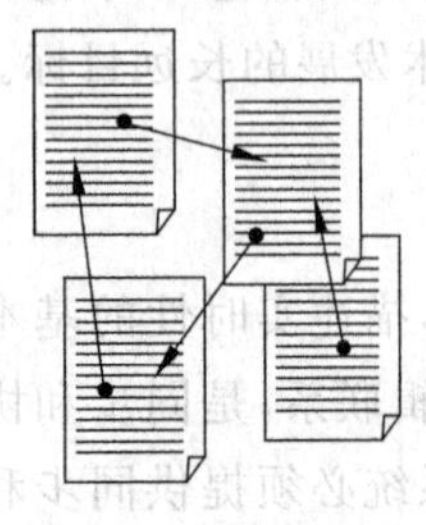

图1-1 超文本的结构示意

后来,超文本一词得到世界的公认,成了这种非线性信息管理技术的专用词汇,在1989年建立的万维网(WWW)上的多媒体信息正是采用了超文本思想与技术,组成了全球范围的超媒体空间。

若节点内容除了是静态文本外,还可以是任何媒体形式的数据(如图形、图像、声音、动画或视频等),这种超文本又叫做超媒体

(hypermedia)。超媒体是超文本的扩充,是超文本和多媒体结合的产物。

1967 年,Nicholas Negroponte 在美国麻省理工学院(MIT)组建了 Architecture Machine 研究组,后来这个机构被合并到麻省理工学院的多媒体实验室。

1968 年,美国斯坦福研究院的 Douglas Engelbart 将 Vannevar Bush 的思想付诸实施,开发了一个早期的超文本程序 NLS(On-Line System),该程序具备了若干超文本的特性。此外,Douglas Engelbar 还发明了鼠标、多窗口和图文组合文件等。

1969 年,Nelson 和 Van Dam 在美国布朗大学开发了一个名为 FPRESS 的超文本编辑器,是世界上第一个实用的超文本系统,具备了基本的超文本特性,如链接、跳转等,不过用户界面都是文字式的。

2. 早期发展阶段

1983 年,美国 Apple 公司开创了计算机处理图像的先河,世界上第一台采用图形用户界面(Graphical User Interface,GUI)的个人计算机 Lisa 面世了。

虽然 Lisa 在技术上是先进的,但在市场表现上却不能让人满意。因此,在 1984 年 Apple 公司推出了 Lisa 的继承者 Macintosh。尽管只能显示黑白两色,但是 Macintosh 却创造性地使用位映射(bitmap)的概念处理图像,并采用了桌面(desktop)、窗口(window)、图标(icon)和鼠标等技术(如图 1-2 所示),从而实现了对图像的简单处理、存储和传送等。这一系列改进大大方便了用户的操作,深受用户的欢迎。从 1984 年到 1987 年这段短短的时间内,Macintosh 的操作系统从 System 1.0 更新换代到了 System 5.0。

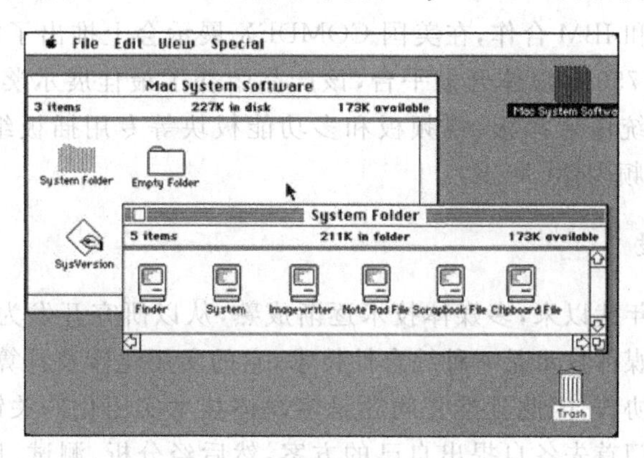

图 1-2 Macintosh 系统界面

1985 年,美国 Commodore 公司推出世界上第一台多媒体计算机 Amiga。Amiga 有自己专用的操作系统,采用三个专用芯片:Agnus 芯片专用于动画制作,Puala(8364)芯片用于音响处理及外设接口,Denise(8362)芯片专用于图形处理。Amiga 系统能够处理多任务,并具有下拉菜单、多窗口和图符等功能。

同年,Microsoft 公司推出了 Windows,一个多用户的图形操作环境。Windows 使用鼠标驱动的图形菜单,是一个具有多媒体功能、用户界面友好的多层窗口操作系统。Windows 从推出到现在广泛使用,历经了 Windows 1.x、Windows 3.x、Windows NT、Windows 9x、Windows 2000 和 Windows XP 等多个版本。

1985年，麻省理工学院媒体实验室（MIT Media Lab，http://www.media.mit.edu/）在Negroponte和Wiesner的领导下成立。麻省理工学院媒体实验室是在数字视频和多媒体领域具有主导地位的研究机构，研究的方向包括互动媒体、美学运算、人机互动、虚拟现实、3D全息照相技术和人工智能等。

1986年荷兰Philips公司和日本Sony公司联合研制并推出CD-I（Compact Disc Interactive，交互式激光盘系统标准），公布了该系统所采用的CD-ROM光盘的数据格式。CD-I被定义成一个消费性的电子产品，完全采用光碟机作为输入装置，可以直接接上电视，并且采用遥控器控制。该系统把高质量的声音、文字、计算机程序、图形、动画以及静止图像等都以数字的形式存放在容量为650MB的5英寸只读光盘上。这项标准对大容量光盘的发展产生了巨大影响，并经过国际标准化组织（ISO）的认可成为国际标准。大容量光盘的出现为存储和表示声音、文字、图形和音频等高质量的数字化媒体提供了有效手段。

1987年3月在国际第二届CD-ROM年会上展示了交互式数字视频（Digital Video Interactive，DVI）的技术。在DVI系统的基础上，Intel公司经过改进，于1989年初把DVI技术开发成为一种可普及商品，在国际市场上推出了第一代DVI技术的产品。

1989年，Tim Berners-Lee向核研究欧洲委员会建议建立万维网（WWW，World Wide Web）。

1990年，K. Hooper Woolsey建立100人的Apple公司多媒体实验室（Apple Multimedia Lab）。

1991年，Intel和IBM合作，在美国COMDEX展示会上推出了第二代DVI技术的产品Action Media 750多媒体开发平台，该产品荣获了最佳展示奖及最佳多媒体产品奖。该平台硬件系统由音频板、视频板和多功能板块等专用插板组成，软件采用基于Windows的音频视频内核（AVK）。

3. 标准化阶段

自20世纪90年代以来，多媒体技术逐渐成熟，从以研究开发为重心转移到以应用为重心。但由于多媒体技术是一种综合性技术，它的实用化涉及计算机、电子、通信和影视等多个行业技术协作，因此标准化问题是多媒体技术实用化的关键。在标准化阶段，研究部门和开发部门首先各自提出自己的方案，然后经分析、测试、比较和综合，总结出最优、最便于应用推广的标准，指导多媒体产品的研制。

1990年11月，Microsoft公司联合荷兰Philips等多家计算机技术公司成立了“多媒体个人计算机市场协会（Multimedia PC Marketing Council）”，该协会的主要任务是对计算机的多媒体技术进行规范化管理和制定相应的标准。该协会制定了多媒体个人计算机的MPC（Multimedia Personal Computer）标准，对多媒体个人计算机所需的软硬件进行了最低标准化的规范，提供量化指标，以及多媒体的升级规范等。该协会分别于1991年、1993年和1995年发布了MPC 1.0标准、MPC 2.0标准和MPC 3.0标准。关于MPC标准的详细介绍见本书2.2.5节。

随着人们对音频和视频数据压缩编码技术的深入研究，相继建立了图像数据压缩编码的各种国际标准，比较有权威性的主要有3种：JPEG(Joint Photographic Experts Group，联合静态图像专家组)标准、MPEG(Moving Picture Experts Group，运动图像专家组)标准和H系列标准。

1) JPEG标准

1991年，国际标准化组织(ISO)和国际电工技术委员会(IEC)联合成立了静态图像专家组(JPEG)，推出了静态图像压缩解码的标准——JPEG标准(ISO/IEC 10918)。联合图像专家组是一个负责制定静态数字图像数据压缩编码标准的专家组，开发了适用于单色和彩色、多灰度连续色调静态图像压缩编码的算法，称为JPEG算法，并成为了国际通用的标准。该标准全称为“多灰度静态图像的数字压缩编码”。1998年，针对传统JPEG压缩技术的问题，该组织开始制定下一个JPEG标准，并于2000年确定并公布了新一代彩色静态图像编码标准JPEG2000(ISO 15444)。关于JPEG标准的详细介绍见本书第6章6.3.1节。

2) MPEG标准

1990年，ISO和IEC建立了一个制订运动图像压缩标准的专家组MPEG，负责开发运动图像数据和声音数据的编码、解码和它们的同步等标准，这个标准称为MPEG标准。自成立以来，MPEG分别提交了MPEG-1标准(ISO/IEC 11172)(1991年)、MPEG-2(ISO/IEC 13818)、MPEG-4(ISO/IEC 14496)、MPEG-7和MPEG-21等多个标准。关于MPEG标准的详细介绍见本书第6章6.3.2节。

3) H系列标准

在多媒体数字通信方面(包括电视会议等)的一系列国际标准称为H系列标准。这个系列标准分为两代：H.320、H.321和H.322是第一代标准，都以1990年通过的ISDN网络上的H.320为基础；H.323、H.324和H.310是第二代，使用新的H.245控制协议并且支持一系列改进的多媒体编、解码器。关于H系列标准的详细介绍见本书第六章6.3.3节。

除了上述标准以外，还有一些其他重要的标准。如：

(1) 国际电信联盟(International Telecommunications Union，ITU)制定的一系列数字音频的压缩/解压标准G.721、G.722和G.723等。

(2) 1995年11月28日美国先进电视系统委员会(Advanced Television System Committee，ATSC)向FCC咨询委员会提交了数字电视(DTV)标准，并推荐作为高级广播电视标准。

(3) ISO对多媒体技术的核心设备——光盘存储系统的规格和数据格式发布了统一的标准，特别是对流行的CD-ROM和以CD-ROM为基础的各种音频视频光盘的各种性能有统一规定。

4. 蓬勃发展和广泛应用阶段

随着多媒体各种标准的制订和应用，极大地推动了多媒体产业的发展。许多超大规模集成电路VLSI(Very Large Scale Integrate)制造公司推出了能实时实现这些标准算法的专用芯片和通用芯片，并作为商品投入市场。加上个人计算机性价比不断提高，在这种背景下，各种软件系统及工具如雨后春笋，层出不穷。

1992 年，实现了网络上的第一个 MBone(Multicast Backbone)音频广播。MBone 是为了进行 Internet 工程任务组(Internet Engineering Task Force，IETF)视频会议而设立的一个虚拟网络，可以通过因特网向全世界广播数字形式的实时音频和视频，用于世界性的多点视频会议。

1993 年，在美国伊利诺斯大学的美国超级计算应用国家中心(National Center for Supercomputing Applications，NCSA)开发出第一个万维网浏览器 Mosaic。Mosaic 是真正支持图形用户界面操作系统的一个浏览器，微软 IE、Netscape 以及众多网页浏览器都是在 Mosaic 的基础上修改而成的。

1994 年，Jim Clark 和 Marc Andreesen 开发出万维网浏览器 Netscape。

1995 年，Sun 公司开发了一个与平台无关的应用开发语言 Java。Java 开创性地提出了虚拟机的概念，它的运行只和虚拟机打交道，可以在充满了各式各样不同种机器、不同种操作平台的网络环境中开发软件。

1996 年，Chromatic Research 推出整合 MPEG-1、MPEG-2、视频、音频、2D、3D 和电视输出七合一功能的 Mpact 处理器，后又升级为 Mpact2，应用于 DVD、计算机辅助制造(CAM)、个人数字助手(PDA)、蜂窝电话(cellular phone)等新一代消费性电子产品市场。

1997 年 1 月，美国 Intel 公司推出了具有 MMX 技术的奔腾处理器(Pentium processor with MMX)，成为多媒体计算机的一个标准。奔腾处理器增加了新的指令，使计算机硬件本身就具有多媒体的处理功能；采用单条指令多数据处理技术，减少了视频、音频、图形和动画处理中常有的耗时的多循环，并拥有更大的片内高速缓存，减少了处理器不得不访问片外低速存储器的次数。

在视觉进入 3D 视觉空间的境界后，以 Creative 公司为主推出了 AC97 杜比数字环绕音响，满足了在听觉上环绕及立体音效的要求，能展现电影大场景中临场感很强的声音效果。

1998 年，W3C 发布了 XML 1.0。

1998 年，具有 32MB 闪存的手持式 MP3 成为市场上深受消费者欢迎的产品。

随着网络计算机及新一代消费性电子产品，如电视机顶盒、DVD、视频电话和视频会议等观念的崛起，强调应用于影像及通信处理上的数字信号处理器(DSP)，经过组合，可由软件驱动组态的方式进入咨询及消费性的多媒体处理器市场。

同时，MPEG 压缩标准得到推广应用，开始把活动影视图像的 MPEG 压缩标准推广用于数字卫星广播、高清晰电视、数字录像机以及网络环境下的电视点播(VOD)、DVD 等方面。

当前，多媒体技术已经融入我们的生活。在教育领域，远程教学方式，图、文、声、影并茂的多媒体课件和电子图书等新型学习工具，改变着传统的教学过程和方法。在商业领域，通过网络进行的电子商务，大大缩短了销售周期，提高了销售人员的工作效率，降低了上市、销售、管理和发货的费用，已经成为一种重要的销售渠道。在娱乐领域，计算机和网络、3D 动画和电影能让人身临其境，进入角色，真正达到娱乐的效果；此外，数码相机、数码摄像机、DVD光碟和网络数字电视的普及已为人们的娱乐生活开创了一个新的局面。在医学领域,远程医疗、增强现实等技术缩短了医疗时间,并能更精确地进行手术操作……所有的这一切都给我们带来全新的生活方式和感受。

1.2 多媒体的关键技术

多媒体技术覆盖面宽,相关研究几乎遍及所有信息相关的领域,主要包括多媒体信息获取和输出技术、多媒体数据压缩解码技术、多媒体信息实时处理技术、多媒体软硬件平台技术、多媒体数据存储技术和多媒体数据库技术等。

1.2.1 多媒体信息获取和输出技术

多媒体信息的获取与输出技术研究是伴随着多媒体技术的产生和发展而不断进步的,已经有非常成熟的实用技术和先进的设备了,并还在不断创新中。

多媒体信息的获取有几层不同的含义:一是把现实世界中的信息转化成机器能存储和处理的形式;二是把各类不同设备、不同类型和格式的信息转换成需要的格式;三是从浩瀚的数据海洋中找到所需要的信息。由于多媒体信息形式多样,各种不同形式的信息获取方式各有不同。

(1) 文本的获取。常见的文本获取方包括键盘输入、手写板书写识别输入、语音识别输入和扫描识别输入(OCR技术)等。

(2) 图形图像的获取。获取图形图像的方法非常多,概括起来主要有以下几种:通过屏幕截图软件(如HyperSnap)直接捕捉屏幕;利用扫描仪扫描输入;使用数码相机拍摄;利用软件对视频图像进行单帧捕捉;利用图形图像制作与处理软件(如FreeHand、CorelDraw等)绘制出所需要的图像。

(3) 音频的获取。对现实中的声音,只有通过录音的手段才能变成电子设备中的声音信息,因此可以用音频处理软件(如CoolEdit、Audition、Sound Forge等)录制、编辑或转换声音。此外,还可以利用MIDI设备生成电子乐曲。

(4) 视频的获取。视频信息的获取要通过摄像设备,这种技术的研究是从无声电影开始的,现在发展到数码摄像技术,是多媒体的主要信息来源之一。不同介质的存放格式不同,不同的应用软件采用的格式也不同,所以需要进行格式转换,磁带录像片中的资料可用采集卡进行采集,实现模数转换,把模拟录像资料转变为MPGE、AVI等数字格式。

多媒体信息的输出是将多媒体信息展现出来或者转化为需要的形式。一般情况下,视觉信息使用视频信息显示设备呈现,如显示器、投影仪和打印机等;而音频采用音响系统表现出来,如耳机和扬声器等。多媒体计算机的输出需要使用的部件还有光盘驱动器、音频卡(连接各种音频输入输出设备)、图形加速卡、视频卡(连接摄像机、VCR、影碟机、TV等设备,可细分为视频捕捉卡、视频处理卡、视频播放卡以及TV编码器等专用卡)、打印机接口、交互控制接口(连接触摸屏、鼠标和光笔等人机交互设备)和网络接口等。

此外，随着虚拟现实技术(Virtual Reality, VR)的深入研究，虚拟现实应用系统的信息输入输出也成为一个研究重点。

虚拟环境由三维的交互式计算机生成的环境组成，这些环境可以是真实的，也可是想象的世界模型。虚拟信息包括视觉、听觉和触觉，甚至嗅觉、味觉等人类感知世界的多重信息通道，因此虚拟现实系统中应包括这些多重信息的产生与传递。

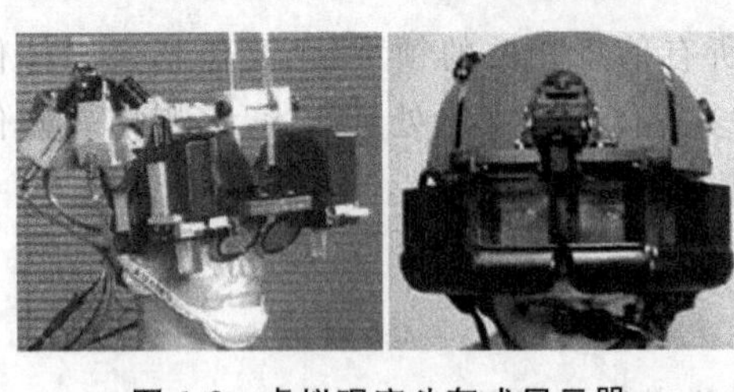

图 1-3 虚拟现实头盔式显示器

虚拟现实系统的人机接口应该不仅能向用户显示信息，还能接受用户控制与反应的信息。另外，接口还包括位置跟踪、运动接口、语言交流以及生理反应等子系统，目前，大力研究的主要领域是视觉、听觉、触觉和位置跟踪等接口技术。图 1-3 展示了头盔式显示器。

1.2.2 多媒体数据压缩解码技术

1. 数据压缩与解压缩技术

多媒体信息包括数值、图形图像、音频、动画和视频等多种媒体元素，这些媒体元素不仅数据量巨大、种类繁多，而且构成复杂。而计算机要将这些数据在模拟量和数字量之间进行自由转换、信息吞吐、存储和传输。这对存储器的存储容量、通信干线的信道传输率以及计算机处理速度等都有极大的压力。

解决问题的办法可以采用扩大存储器容量、增加通信干线的传输率以及提高计算机处理速度等，但单纯依靠这些办法是不现实的。因此，通过数据压缩技术降低数据量，以压缩形式存储和传输数据，既节约了存储空间，又提高了通信干线的传输效率，同时也使计算机能够实时处理图形图像、音频和视频信息。数据压缩技术发展到如今，人们已经在算法及实现技术上做了大量研究，以期获得更好的质量和更高的压缩比，并且在实现上更加简单和便宜。可以说没有数据压缩技术，就不可能实现多媒体数据的存储和传输，多媒体技术就不可能发展起来。

数据压缩也称为“数据编码”，是按照某种方法从给定的数字信号(如音频、图像和视频)中推出简化的数据表述，从而降低数据量的过程。例如，某个字符串为“aaaaabbbbbccdddd”，用某种压缩编码之后，可以表示为：(a,5)(b,5)(c,2)(d,4)，压缩之后的位数远远少于原始字符串的位数。可见数据压缩的本质就是去掉数字信号数据中的冗余数据，用尽可能少的数来表示源信号并能将其还原。而还原过程称为数据解压缩或数据解码。

在多媒体技术中，压缩编码解码技术一直是关键技术之一，它涉及信息的压缩、特征抽取、合成和同步等方面的问题。一般对数据压缩解码尽量要做到：

(1) 压缩比要大。即压缩前后所需的信息存储量之比要大，使数据尽可能地被压缩。

(2) 恢复效果要好。要尽可能地恢复原始数据。

(3) 压缩、解压缩速度快。即实现压缩的算法要简单，尽可能地做到实时压缩、解压缩。在不对称应用中，解压速度的提高显得更为重要。

(4) 压缩及解压缩的成本尽可能小。即实现压缩和解压缩的软硬件开销要尽可能小。

数据压缩编码方法从算法原理上可分为统计压缩编码、变换压缩编码、预测压缩编码、模型压缩编码等；从数据质量有无损失可以分为有损压缩编码和无损压缩编码。在实际应用中，往往是多种不同方法综合应用，反复压缩，以取得较高的压缩率。

2. 多媒体解码的软件化

因为压缩解码速度的要求，现有的大多数视频编码器和解码器都是用硬件实现的。作为编码解码的一个趋势是研究纯软件的实时解码方法。因为在多数应用中，生产者是少数，编码可用稍高代价的硬件实现，但消费者是多数，要求解码的代价要小。所以纯软件的解码方式可以让用户不用特殊设备就能实现，尤其是视频的信息。这种方法要求编码方法应具有较高的非对称性，即解码过程比编码过程耗费的代价小，而且应能够应付通信及表现对实时性的要求。

1.2.3 多媒体实时处理技术

实时处理是指将数据获取、处理和结果输出集为一体，快速而及时完成的数据处理技术。实时处理的结果应能立即作用于或影响正在被处理的过程本身，如果超出限定时间就可能丢失信息或影响到下一批信息的处理。因此，响应时间是实时处理系统的重要指标，它与数据传输速度和访问中央处理器的频率有关。

在多媒体实时处理中，应重点考虑多媒体数据的时间敏感性。多媒体数据可分为对时间敏感(依赖于时间)和对时间不敏感(不依赖于时间)两类：对时间敏感的媒体(如声音和视频)的值随时间而发生变化，信息表示与时间有关，这些媒体信息不仅用一系列值表示，而且要指出相应值出现的时间，这类媒体称为时间媒体或连续媒体(continuous medium)；对时间不敏感的媒体(如文本和图形等)则由一组独立的元素组成，不包含时间信息，这类媒体称为非时间媒体、离散媒体(discrete medium)或静态媒体。

多媒体实时处理中另一个重要方面是不同媒体之间的同步问题。多媒体数据所包含的各种媒体对象并不是相互独立的，它们之间存在着多种相互制约的关系(同步关系)。多媒体数据内部所固有的约束关系可概括为基于内容的约束关系、空域约束关系和时域约束关系。在媒体的各个处理阶段(获取、存储、操作、通信和表现)都应该考虑到同步性。媒体对象表现过程中的时间关系必须符合它们在获取时的时间关系，比如一个人说话时，嘴唇的动作与发出的声音必须高度同步。

当前，多媒体实时处理技术的一个重要应用是分布式处理，分布式处理技术的研究是实现计算机会议系统、计算机协同处理、视频点播和交互式电视等的基础。基于网络的多媒体分布式应用系统对实时性和同步性要求很高。例如，多媒体会议系统可以构成一个地点分散但又如面对面的会议环境。目前的研究大多集中在视频图像的传输和会议控制上。

1.2.4 多媒体软硬件系统

多媒体系统是由软硬件系统组成的。要处理各种各样的多媒体数据,不同类型的硬件是必不可少的;而要将不同的硬件有机地组织起来,处理多媒体信息,又要有相关软件的支持才能完成。软件系统与硬件系统相互配合组成了多媒体系统。

1. 软件系统的研究

软件是计算机系统的灵魂。多媒体软件除了具有一般软件的特点外,还应当反映多媒体技术的特点,如多媒体操作系统、各种硬件的接口驱动软件和多媒体应用软件等。

多媒体操作系统是多媒体系统的核心,它管理着整个系统的所有硬件资源和软件资源,完成实时任务调度、多媒体数据转换和同步控制机制、对各种设备的驱动和控制,并提供图形化用户接口。在多媒体操作系统设计和开发中,应特别注重多种媒体信息在时间和空间上的特性及其相应处理的方法。多媒体操作系统必须具有的功能有:能够支持时间上的时限要求,支持对系统资源的合理分配,支持对多媒体设备管理和处理,支持应用对系统提出复杂的信息连接要求,支持系统管理等。

多媒体驱动软件直接和硬件打交道,完成各种硬件设备的初始操作,比如设备的打开和关闭、各种硬件功能调用、输入输出(I/O)控制等。

多媒体应用系统软件种类非常多,包括各类素材制作软件、多媒体系统开发工具和语言、多媒体数据库系统和数据压缩软件等。

2. 硬件平台的研究

硬件平台是实现多媒体系统的基础,每一项硬件技术的进步,都影响着多媒体的发展和应用进程。多媒体计算机基本的硬件包括功能强大的 CPU、大容量的存储空间、高分辨率的显示接口和设备、音频接口和相应的设备、视频接口和相应的设备等。数字系统中所有输入、输出、处理、传输和存储设备都是多媒体硬件需要研究的内容,例如,多媒体处理器芯片的开发从 SD(标准清晰度)标准的 MPEG-1、MPEG-2 到 HD(高清晰度)标准的 MPEG-4、H.264/AVC,又迈向 UHD(超高清晰度)标准的 HEVC(新一代视频编码标准)。光存储技术、数字视频交互卡(DVI)、智能手机、平板电脑等直接推动了多媒体硬件的发展。

1.2.5 多媒体数据存储技术

数据存储技术最早起源于 20 世纪 70 年代的终端/主机的计算模式,当时数据是集中在主机上,以连接在主机上的磁盘和磁带为主要存储和备份的设备。20 世纪 80 年代以后,随着计算机技术的发展,存储技术发展很快,甚至超过 CPU 的发展速度,特别是 20 世纪 90 年代随着互联网的迅猛发展,存储技术向更大存储容量和更高存取速度的方向发展,使得存储技术发生着革命性的变化。

与传统的数值型数据不同的是,多媒体数据量要大得多,即使将数据压缩得再小,也需要相当大的存储空间。此外，多媒体数据结构复杂，无法预估，因而不能用定长的字段或记录块等存储单元组织存储，这在存储结构上大大增加了复杂度，因此多媒体数据存储技术也一直是研究的重点，如内存的存储容量最初仅配备几KB的内存，而现在基本配置都是GB级，而硬盘的存储容量则已经达到TB级(1TB＝1024GB)。

光盘存储技术是多媒体计算机技术发展历史上的一个重要里程碑。光盘存储技术是利用光学特性存储数据的，具备存储密度高、易于随机检索和远距离传输、还原效果好、便于复制、适用范围广等特点，是多媒体数据存储不可缺少的介质。特别是DVD的出现，使光盘的存储容量产生了质的变化，目前DVD的存储能力可达到4.7～17GB，远高于CD具有的628MB的容量。当前正在研究的全息光盘存储技术的存储密度已经达到了515GB/平方英寸的水准，在这种存储密度下，直径为12cm的光盘的容量可达360GB。

与传统的薄膜感应磁头技术相比，磁阻式读写技术具有更高的灵敏度。正在开发中的新技术将使单位存储能力比现在最好的磁阻头提高许多。Seagatee的子公司Quinta正在研究光学辅助温彻斯特式技术，可以将存储密度提高到每平方英寸10～40GB。

多媒体数据与其他类型数据成几何级数增加，虽然单个存储设备的容量增加很快，但以服务器为中心的数据存储模式也很难满足各大型用户对数据存储的需求。当前研究的以数据为中心的数据存储模式独立于存储设备，同时具有扩展性，能满足今后数据不断增长的存储要求。

网络存储技术(network storage technologies)是基于数据存储的一种通用网络术语。网络存储结构大致分为3种：直连式存储(Direct Attached Storage，DAS)、网络连接式存储(Network Attached Storage，NAS)和存储局域网(Storage Area Network，SAN)。

直连式存储(DAS)已经有近40年的使用历史，这种网络存储方式依赖服务器主机操作系统进行数据的I/O读写和存储维护管理，数据备份和恢复要求占用服务器主机资源(包括CPU、系统I/O等)，数据流需要回流到主机再到服务器连接着的磁带机(库)。由于数据备份通常占用服务器主机资源的20%～30%，因此只能在主机业务不繁忙时进行，且数据量越大，备份和恢复的时间就越长，对服务器硬件的依赖性和影响就越大。

网络连接式存储(NAS)是一种采用直接与网络介质相连的特殊设备实现数据存储的机制。由于这些设备都分配有IP地址，所以客户机通过充当数据网关的服务器可以对其进行存取访问，甚至在某些情况下，不需要任何中间介质，客户机也可以直接访问这些设备。NAS设备在数据必须长距离传送的环境中可以很好地发挥作用，适用于那些需要通过网络将文件数据传送到多台客户机上的用户，可以将NAS主机、客户机和其他设备广泛分布在整个企业的网络环境中。NAS性价比相当好，能够满足那些希望降低存储成本但又无法承受SAN的昂贵价格的中小企业的需求。

存储局域网(SAN)是以数据为存储中心，采用可伸缩的网络拓扑结构，通过具有高速传输率的光通道直接连接，提供SAN内部任意节点之间的多路可选择的数据交换，并将数据存储管理集中在相对独立的存储区域网内。SAN能够在多种操作系统下最大限度地实现数据共享、优化数据管理及系统的无缝扩充。

1.2.6 多媒体数据库技术

传统的数据库从理论到方法都成功地解决了结构化数据的管理问题，它涉及的是规格统一的数据，比如字符和数值型数据，存储与检索的方法已经非常成熟了，但在很多应用领域，如计算机辅助教学、图书管理、地理信息系统、诊断医疗管理系统等，这些应用包含了多种媒体数据和非结构化数据，传统的数据库处理时却显得力不从心。多媒体数据对象是非结构化的，由若干类型不一且具有不同特点的媒体对象复合而成，不仅数据量大，而且内部存在着多种复杂的约束关系，其复杂程度远远高于传统的结构化数据。此外，多媒体数据应用有着许多新的需求，如对连续媒体对象的实时处理、对数据对象的内容分析等，因此传统的数据库技术不能适应多媒体数据信息的管理。

1. 要解决的问题

多媒体数据库技术是研究多媒体数据库的数据模型、管理系统、体系结构、查询与检索、系统及其应用等组成的高级数据库技术，以便能同时管理结构化数据和非结构化数据。多媒体数据库技术需要解决的问题包括：

(1) 多媒体数据的存储问题。包括如何设计数据存储的逻辑结构和物理结构，采取什么数据模式，如何通过网络进行分布式存储。此外，随着技术的发展，新型媒体数据种类还在不断增加，这就要求多媒体数据库管理系统能够不断扩充新的媒体类型及其相应的操作方法。

(2) 数据的检索问题。在多媒体数据库中，检索要求是非精确匹配和相似性检索，如对图像和视频进行检索时，大多只能是一种模糊的非精确的匹配方式。多媒体数据库基于内容的检索是直接对多媒体图像、音频和视频内容进行分析，抽取多媒体内容的特征和语义，利用这些内容特征建立索引库，并进行检索。如分析图像中的颜色、纹理和形状；视频中的场景、镜头的运动；声音中的音调、响度和音色等特征。此外，对于分布式信息，多媒体数据库系统还要考虑如何从全球网络的信息空间中寻找信息，查询所要的数据。

(3) 长事务处理的问题。传统的事务一般是短小的，但在多媒体数据中，短事务往往不能满足需要，如从视频库中提取并播放一段数字化影片，往往需要长达几个小时的时间，多媒体数据库管理系统应该能很好地完成任务。

(4) 多媒体数据库对服务质量的要求。不同的应用对多媒体数据的传输、表现和存储方式的质量要求是不一样的，数据库系统要根据系统运行的情况进行控制，需要考虑如何按要求及时地提供数据？当系统不能满足全部的服务要求时，如何合理地降低服务质量？能否插入和预测一些数据？能否拒绝新的服务请求？等等。

2. 数据处理的主要方法

当前，处理多媒体数据主要的方法有以下几种：

(1) 对关系型数据库进行扩展，即在现有的关系数据库的基础上构造多媒体数据库。

大多数商业数据库系统(关系型数据库)中已加入了对大二进制对象BLOB数据类型的支持,从而使这些关系数据库产品具有一些简单的管理多媒体的能力。

(2) 建立面向对象数据库系统,以存储和检索特定信息。因为面向对象数据模型具有很强的抽象能力,可以很好地满足复杂的多媒体对象的各种表示需求,能够为多媒体数据库的构造提供理想的基础,而面向对象技术在多媒体数据存储及管理中的应用也成为重要研究课题。面向对象的数据模型允许现实世界的对象以更接近于用户思维的方式来描述,而且具有描述和处理聚集层次、概括层次的能力,能支持抽象数据类型和方法,可扩充性和可共享性好,适宜于表示和处理多媒体信息,也适宜于多媒体数据库中各种媒体数据的存取和操作。

(3) 基于超文本或超媒体的方式。超文本或超媒体是一种新型的信息管理方法,又称为天然的多媒体信息管理方法,一般采用面向对象的信息组织与管理形式。由于多媒体各个信息单元可能具有与其他信息单元的联系,这种联系经常确定信息之间的相互关系。因此,将各个信息单元组成信息节点和各种不同的链构成网,即是超媒体信息网。

1.2.7 虚拟现实技术

虚拟现实是利用计算机等技术和设备生成一个三维的虚拟世界,向使用者提供关于视觉、听觉和触觉等感官的模拟,让使用者如同身临其境一般,可以及时、没有限制地观察三度空间内的事物。虚拟现实的本质是人与计算机之间进行交流的方法,专业划分应属于"人机接口"的技术,是一种先进的计算机用户接口。

与传统的计算机人机界面(如键盘、鼠标器、图形用户界面以及流行的Windows等)相比,虚拟现实无论在技术上还是思想上都有质的飞跃。虚拟现实是一项综合集成技术,涉及计算机图形学、计算机仿真技术、人机交互技术、传感技术、人工智能和网络并行处理等领域,是一种由计算机技术辅助生成的高技术模拟系统。它用计算机生成逼真的三维视觉、听觉和嗅觉等感觉,使人作为参与者通过适当装置自然地对虚拟世界进行体验和交互作用。

1.3 多媒体技术的应用及发展趋势

1.3.1 多媒体技术的应用

多媒体技术的发展非常迅速,技术与应用的发展相互促进,其应用越来越广泛,档次越来越高,规模越来越大,已经覆盖了计算机应用的大部分领域,其中办公、教育、娱乐、商业、军事、医疗和日常家居等已成为多媒体应用领域最重要的组成部分。

1. 办公领域的应用

多媒体在办公室的应用已经变得司空见惯,与传统办公方式相比,多媒体技术能够处理丰富的多媒体信息,使用户的交互方式更加生动自然。如图像采集设备可以建立员工身份(ID)和徽章数据库;视频会议系统支持多方通信和协同工作,不仅能异地传送语音信号,而且还能够传送视频、演示文档与相关的数据;笔记本电脑和高分辨率的投影仪成为常用的多媒体演示设备;采用蓝牙技术的移动电话和PDA使得通信和商业活动更加高效。

2. 教育领域的应用

教育领域也是多媒体技术的一个重要应用领域。多媒体技术的应用可以使教学内容直观、生动,大大提高教学质量和效率。如在教学中,采用结合了文字、声音、图像和视频的电子教案,可以调动学生的学习积极性,突破教学的重点难点、培养学生的技能,效果十分显著;虚拟现实技术能够为学生提供生动、逼真的学习环境,学生能够成为虚拟环境中的一名参与者,扮演一个角色;计算机技术与通信技术结合,开展远程教育,使没有机会在学校接受教育的个人或边远落后地区的学校可以使用先进的教育资源。

3. 娱乐领域的应用

多媒体技术应用的一个重要方面是影视制作与游戏。如在影视和游戏作品中,采用电视/电影/卡通混编特技、MTV特技制作、三维成像模拟特技和仿真游戏等,能制作真实感非常强的角色动画,逼真效果来自前景中电脑动画角色与实拍中真实演员的结合,其市场利润在一些发达国家已经占据了国民收入中的较大比例;分布式虚拟现实系统将会成为娱乐领域的一个重要应用,它能够提供更为逼真的虚拟环境,从而使人们能够享受其中的乐趣,带来更好的娱乐感觉;视频点播(VOD)由分布式环境中具有不同功能的一些子系统组成,可以让用户根据需要点播自己想看的节目。

4. 商业领域的应用

利用多媒体技术制作各种企业宣传和演示片、商业广告、公共招贴广告、大型显示屏广告和平面印刷广告等。虚拟现实技术在商业中的作用也很大,虚拟系统的应用可以让顾客访问虚拟世界中的商店,挑选商品,改善购买商品的体验,实现网络购物。

5. 军事领域的应用

多媒体调度系统在军队的整体作战指挥系统中起着越来越重要的作用,成为军队传达指挥命令的重要手段和工具。如在实战和演习中,不同兵种、不同地域的战场图像均可实时传输到各个阵地的分指挥中心以及后方的总指挥中心,实现可视化指挥调度;在战争、自然灾害等突发情况下,当遇到卫星链路有压力或失效时,车载调度系统可构成一个完整的指挥调度系统,而现场调度人员可以通过手持终端或单兵终端将现场采集获得的图片与音视频信息及时回传到车载调度台,实现应急现场的车载调度及单兵回传;视频监控系统能够在调度台上直接调用现场视频图像,并通过语音、短信等多种方式快速下达指令;视频联动功能可将语音与视频融合,传统监控与现代化调度融合,联动与定位系统融合。

6. 医疗领域的应用

随着多媒体技术的发展，远程医疗技术也日渐成熟。利用电视会议进行双向或双工音频及视频交互，与病人面对面交流，进行远程咨询和检查，从而进行远处会诊，并能在远程专家的指导下进行复杂的手术，在医院与医院之间，甚至国与国之间的医疗系统间建立信息通道，实现信息共享。

7. 日常家居领域的应用

多媒体技术也将给我们的日常生活带来极大的改变。智能家居(Smart Home)系统结合自动化控制技术、计算机技术、网络通信技术和多媒体技术等于一体，实现家居控制的网络化和智能化，将家中的各种设备，如音视频设备、照明系统、窗帘控制、空调控制、安防系统、数字影院系统、网络家电以及三表抄送等，通过网络连接到一起，给用户带来最大程度的高效、便利、舒适与安全。

多媒体技术的进一步发展将会充分地体现出多领域应用的特点，各种多媒体技术手段将不仅仅是科研工作的工具，而且还可以是生产管理的工具和生活娱乐的方式。目前多媒体技术应用的范围正不断扩大，多媒体并行工程平台、多媒体仿真、智能多媒体等新的技术和应用层出不穷，既扩大了原有技术领域的内涵，改善了其性能，也创造出了新的概念。

1.3.2 多媒体技术的发展趋势

从国内外的主要研究工作来看，多媒体的研究主要有以下一些发展趋势。

1. 分布式、网络化的协同工作环境的进一步完善

计算机支持的协同工作环境可以缩短时间和空间的距离。当前，有线电视网、通信网和因特网这三网正在日趋统一，各种多媒体系统尤其是基于网络的多媒体系统，如可视电话系统、点播系统、远程教学和医疗、文化娱乐等将会得到迅速发展，一个多点分布、网络连接、协同工作的信息资源环境正在日益完善和成熟。对自由交互的多媒体通信网络及其设备的研究，以及在这种网络中的分布应用和信息服务的研究是当前的热点。

虽然目前多媒体计算机硬件体系结构，多媒体计算机的视频音频接口软件不断改进，尤其是采用了硬件体系结构设计和软件、算法相结合的方案，使多媒体计算机的性能指标进一步提高。但要满足网络环境下计算机支撑的分布式协同工作环境的要求，还需进一步解决的问题有：

(1) 多媒体信息空间的组合方法，解决多媒体信息交换、信息格式的转换以及组合策略。

(2) 由于网络延迟、存储器的存储等待、传输中的不同步以及多媒体等时性的要求等，因此还需要解决多媒体信息的时空组合问题、系统对时间同步的描述方法以及在动态环境下实现同步的策略和方案。

这些问题解决后，多媒体计算机将形成更完善的计算机支撑的协同工作环境，消除

了空间距离的障碍,也消除了时间距离的障碍。

2. 智能多媒体技术

1993年12月,英国计算机学会在英国Leeds大学举行了多媒体系统和应用(Multimedia System and Application)国际会议。英国Michael D. Vislon在会上作了关于建立智能多媒体系统的报告,明确提出了研究智能多媒体技术问题。作者认为,多媒体计算机充分利用了计算机的快速运算能力,综合处理声、文、图信息,用交互式弥补计算机智能的不足。多媒体计算机进一步的发展就是智能化,主要表现在以下几个方向。

(1) 基于内容的多媒体信息识别和理解。当前,语言识别和全文检索等技术已经基本成熟,如文字的识别和输入、语音的识别和输入、自然语言理解和机器翻译等应用比较广泛。研究多媒体数据基于内容的处理,开发能够进行基于内容处理的系统,包括编码、创作、表现及应用,已成为多媒体信息管理的重要方向,其中包括基于内容的图像处理、基于内容的音频处理和基于内容的视频处理的研究。

(2) 机器视觉系统。利用机器代替人眼来作各种测量和判断,是计算机学科的一个重要分支,它综合了光学、机械、电子、计算机软硬件等方面的技术,涉及计算机、图像处理、模式识别、人工智能、信号处理和光机电一体化等多个领域。计算机图像处理技术是机器视觉的基础,模式识别等技术的快速发展也大大地推动了机器视觉的发展。

(3) 知识工程以及人工智能的一些课题。人工智能与计算机技术结合的主要目的是用计算机来模拟人脑的部分功能,或解决各种问题,或回答各种询问,或从已有的知识推出新知识等等。为了进行知识处理,当然首先必须获取知识,并能把知识表示在计算机中,能运用它们来解题,这也是知识工程的主要研究内容。

总之,把人工智能领域某些研究课题和多媒体计算机技术很好地结合,就是多媒体计算机长远的发展方向。

3. 多媒体终端的集成化、部件化和嵌入化

计算机产业的发展趋势是把多媒体和通信的功能集成到CPU芯片中。过去计算机结构设计较多地考虑计算功能,主要用于数学运算及数值处理,但随着多媒体技术和网络通信技术的发展,需要计算机具有综合处理声、文、图信息及通信的功能,三电(电信、电脑、电器)通过多媒体技术将相互渗透融合。因此,CPU芯片还需要具有对多媒体信息的实时处理、压缩编码解码算法及通信功能和算法。设计开发这类芯片需要遵循下述几条原则:

(1) 压缩算法采用国际标准的设计原则;

(2) 多媒体功能的单独解决变成集中解决;

(3) 体系结构设计和算法相结合。

从目前的发展看,这种芯片分成两类:一类是以多媒体和通信功能为主,融合CPU芯片原有的计算功能,它的设计目标是用在多媒体专用设备、家电及宽带通信设备,可以取代这些设备中的CPU及大量Asic和其他芯片;另一类是以通用CPU计算功能为主,融合多媒体和通信功能,它的设计目标是与现有的计算机系列兼容,同时具有多媒体和通信功能,主要用在多媒体计算机中。

除上述趋势之外,随着技术的进步,多媒体技术的相关标准也要不断修订。各类标准的研究将有利于产品规范化,使用户的使用更加方便。

本章小结

本章简要介绍了多媒体技术的定义,多媒体技术的特性,即信息载体的多样性、交互性、实时性和集成性,多媒体技术的发展历史。随后简述了多媒体技术的主要研究内容,包括多媒体信息获取和输出技术、多媒体数据压缩解码技术、多媒体实时处理技术、多媒体软硬件系统、多媒体数据存储技术、多媒体数据库技术和多媒体技术的应用等。最后,对多媒体技术应用领域和未来发展趋势做了介绍。

思考与练习

一、填空题

1. 媒体形式有________、________、________ 、________和________。

2. 文本、________、________、________和________等信息的载体中的两个或多个的组合称为多媒体。

3. 多媒体技术的主要特性有________、________、________和________。

4. MPC 指________,其英文全称是________。

二、问答题

1. 什么是多媒体?多媒体与传统媒体有什么差别?
2. 超文本的核心思想是什么?超文本和超媒体有什么差别?
3. 多媒体技术主要研究的内容是什么?
4. 多媒体技术的发展趋势可能是怎样的?
5. 列举你在生活中碰到的多媒体技术的应用案例。

第2章 chapter 2

多媒体计算机系统

多媒体计算机系统是软硬件有机结合的、拥有多媒体功能的信息化综合系统。在多媒体计算机系统中，结合了多种能够处理文字、图形、图像、音频和视频等多媒体信息的功能设备和软件，对这些媒体信息进行数字化获取、存储、传递、处理分析和应用。随着多媒体技术的不断发展，多媒体计算机系统功能日益增强，并不断改变着用户的使用模式，对用户的工作和生活产生了巨大影响。本章对多媒体计算机系统做详细介绍，包括硬件系统和软件系统的组成，以及多媒体个人计算机的技术标准和配置。

2.1 多媒体计算机系统概述

多媒体系统对信息的处理可用一个三维坐标图来表示（如图2-1所示），多媒体系统中需要处理的媒体类型包括文本、图形图像、音频、动画和视频等，这些媒体有些以单媒体的形式出现，但大部分时候是以复合媒体的形式出现的；对媒体的处理方式有获取、创建、编码、编辑、传输、检索、转换和展现等；应用模式包括网络应用模式和单机应用模式。根据多媒体系统对信息的处理方式，可以从狭义和广义两方面来定义什么是多媒体计算机系统：狭义上的多媒体计算机系统是拥有多媒体功能的计算机系统；广义上的多媒体计算机系统是集电话、电视、媒体和计算机网络等于一体的信息综合化系统。

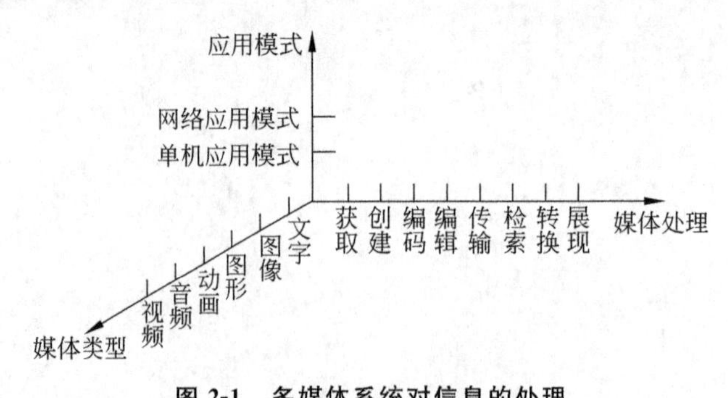

图2-1　多媒体系统对信息的处理

多媒体计算机系统一般由多媒体硬件系统和多媒体软件系统两个部分组成，其层次结构可由图 2-2 表示。

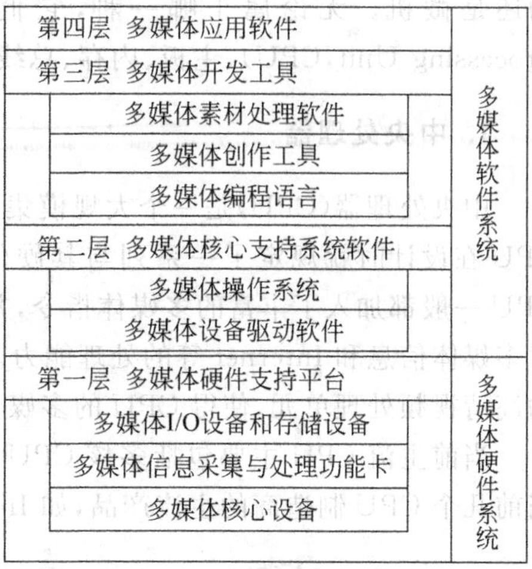

第四层　多媒体应用软件
第三层　多媒体开发工具
多媒体素材处理软件
多媒体创作工具
多媒体编程语言
第二层　多媒体核心支持系统软件
多媒体操作系统
多媒体设备驱动软件
第一层　多媒体硬件支持平台
多媒体I/O设备和存储设备
多媒体信息采集与处理功能卡
多媒体核心设备
多媒体软件系统
多媒体硬件系统

图 2-2　多媒体系统层次结构

第一层为多媒体硬件支持平台，是整个多媒体系统的底层，是其他系统的载体和物质基础，包括：

(1) 多媒体核心设备，即多媒体计算机主机系统，包括 CPU、主板和内存等硬件设备。

(2) 多媒体信息采集与处理功能卡。

(3) 多媒体 I/O 设备和存储设备。

第二层为多媒体核心支持系统软件，包括多媒体设备驱动程序和多媒体操作系统等。该层的主要功能是支持计算机对多媒体信息的处理，驱动和控制多媒体系统的硬件设备，提供相应的软件接口，以便高层软件的使用。其中的多媒体操作系统是多媒体软件的核心系统，具有实时任务调度、多媒体数据转换、设备和驱动同步控制以及图形用户界面管理等功能。

第三层为多媒体开发工具，能够对文字、图形、图像、音频和视频等多媒体信息进行控制和管理，并按要求连接成完整的多媒体应用软件。包括：

(1) 多媒体编程语言，如 VB、VC、Java 和 Delphi 等各种程序设计语言。

(2) 多媒体创作工具，能够将分散的多媒体素材按节目创意的要求集成为一个完整的多媒体应用，从而形成一个融合图、文、声、像等多种媒体表现手段、具有良好交互性的多媒体作品。

(3) 多媒体素材处理软件，能运用各种多媒体技术对文字、图形、图像、音频和视频等多媒体信息进行加工处理。多媒体素材处理质量直接影响到整个多媒体应用系统的功能效果。

第四层为多媒体应用软件。它是根据多媒体系统终端用户的要求，由各应用领域的专家或开发人员利用多媒体开发工具，组织编排大量的多媒体数据而构成的多媒体产品，直接面向用户，服务于用户，如视频点播(VOD)系统、各种游戏软件和视频会议系统等。

2.2　多媒体硬件系统

功能完备的多媒体硬件系统包括多媒体核心设备、多媒体 I/O 设备和存储设备、通信传输设备及接口装置等几个部分。

2.2.1　多媒体计算机核心设备

多媒体计算主机可以是大中型计算机，也可以是工作站或专用计算机，但用得最多的还是微机。无论属于哪一种,它们的核心设备都应包括中央处理器(Central Processing Unit,CPU)、主板、内存、总线和接口等几个部分。

1. 中央处理器

中央处理器(CPU)是一个大规模集成电路芯片,依靠指令来计算和控制系统,每款CPU在设计时就规定了一系列与其硬件电路相配合的指令系统。多媒体计算机中的CPU一般都加入了丰富的多媒体指令,并集成了更多的多媒体处理单元,以增强计算机对多媒体信息和Internet等的处理能力。如Intel公司生产的第二代酷睿中加入了全新的高清视频处理单元,使得CPU的多媒体处理能力不断得到提升。

当前主流CPU主要包括多核CPU、64位CPU和嵌入式CPU。图2-3分别展示了当前几个CPU制造商的主流产品,如Intel、AMD和ARM。

(a) Intel (b) AMD (c) ARM

图 2-3 三种主流 CPU 产品图示

2. 主板

主板(mainboard)是多媒体计算机基本的也是最重要的设备之一,位于主机箱底部。主板一般为一块大型印制电路板,上面安装了组成多媒体计算机的主要电路系统,一般有CPU插槽/插座、内存插槽、扩展总线、高速缓存、CMOS、BIOS、软/硬盘接口、串口和并口等外设接口以及控制芯片等元件。

目前主板的品牌和型号多种多样,而主要不同的是CPU插槽,由于CPU不断地升级,而主板也在不断地更新,所以主板淘汰得也比较快。当前市场上三大主板品牌分别是华硕(ASUS)、微星(MSI)和技嘉(GIGABYTE)。图2-4显示了华硕公司的产品。

图 2-4 华硕主板

3. 内存

内存(memory)又称为内存储器,是多媒体计算机高速运行的重要部件之一,其作用是用于暂时存放CPU中的运算数据,以及与硬盘等外部存储器交换的数据。一般情况下,多媒体信息都有容量较大的特点,因此内存的运行频率和容量大小对多媒体计算机运行速度影响很大。同时,内存的运行也决定了多媒体计算机的稳定运行。内存主要是由内存芯片、电路板和金手指等部分组成。目前内存的发展主流是DDR(Dual Data Rate,双倍速率)内存。DDR内存条示例如图2-5所示。

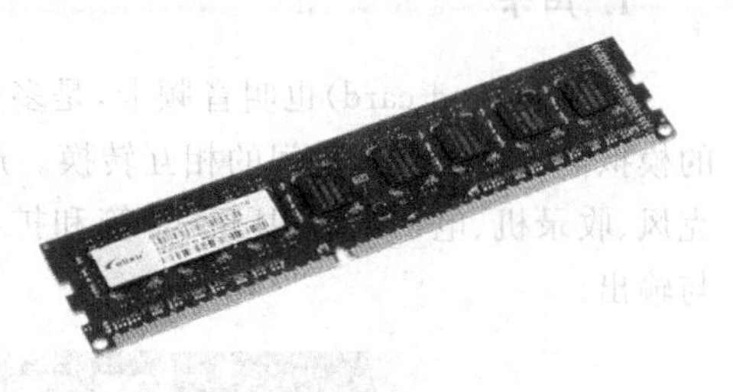

图2-5 DDR内存条

4. 总线和接口

总线(bus)是计算机CPU、内存和输入输出设备等各种功能部件之间传送信息的公共通信干线。多媒体计算机的各个部件通过总线相连接,外部设备则通过相应的接口电路再与总线相连接,从而形成了多媒体计算机硬件系统。按总线传送信息的类型可分为数据总线(传送数据)、地址总线(传送数据地址)和控制总线(传送控制信号)。

描述总线性能的主要技术指标包括总线带宽、总线位宽和总线频率。总线带宽是指单位时间内总线上传送的数据量,可用MB/s表示;总线位宽是指总线一次并行传送的二进制位数,如32位、64位分别表示了总线能同时传送32位和64位数据;总线频率表示总线的速度,常用MHz为单位,如33MHz、66MHz等。

一般而言,总线工作频率越高,总线工作速度越快,总线带宽也就越宽;而总线的位宽越宽,每秒钟数据传输率越大,总线的带宽也越宽。随着CPU技术的发展,总线技术也得到不断创新,由PCI局部总线到AGP图形总线,再出现了EV6总线、PCI-X局部总线和NGIO总线等。

接口是一套规范,只要是满足这个规范的设备,就可以把它们组装到一起,从而实现该设备的功能。接口可划分为外部接口和内部接口。

(1) 外部接口主要用于多媒体计算机连接外部设备。不同类型的设备采用不同的设备接口,如小型计算机系统接口(SCSI),广泛应用在光盘驱动器、硬盘驱动器、CD-R刻录机和扫描仪等高速外设上,已成为一个通用的输入输出设备接口标准;通用串行总线接口标准(USB)提供即插即用和热插拔功能,具有安装简单的特点;高速串行总线接口标准(IEEE 1394(Firewire))用于高速数据传输的设备,如专业数码摄像机、数码相机、数字电视、视频电话、高速硬盘、高档扫描仪和DVD播放器等。

(2) 内部接口主要用于连接多媒体计算机内部设备,包括PCI、PCIe、AGP、PATA、SATA和电源接口等。

2.2.2 多媒体信息采集与处理功能卡

1. 声卡

声卡(sound card)也叫音频卡,是多媒体计算机中处理音频的硬件单元,能完成声波的模拟信号与数字信号间的相互转换。声卡上的输入输出接口(如图 2-6 所示)可以与麦克风、收录机、电子乐器、耳机、音箱和扩音器等设备相连接,实现音频信息的采集、量化与输出。

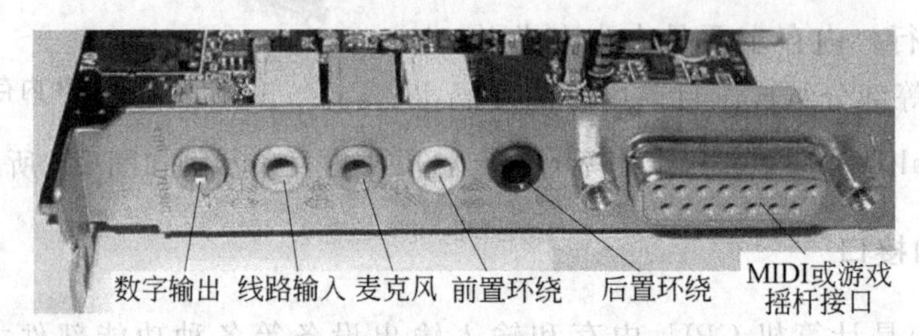

图 2-6 声卡

声卡主要有板卡式、集成式和外置式 3 种接口类型,目前多数主板机都采用集成式,声卡一般不独立存在。声卡的主要功能包括以下几个方面:

(1) 录制数字声音文件。通过声卡及相应驱动程序的控制,对来自麦克风、收录机等音源的模拟信号,经声卡采样后通过相应软件压缩成数字声音文件,存放在计算机系统的内存或硬盘中。

(2) 数字声音回放。将硬盘或激光盘中压缩的数字化声音文件还原成高质量的声音信号,放大后通过扬声器放出。

(3) 数字音效处理。对数字化的声音文件进行加工,以达到某一特定的音频效果。

(4) 混音器功能。控制音源的音量,对各种音源进行组合,实现混响器的功能。

(5) 语音处理。包括 3 种应用:①语音合成,利用语言合成技术,通过声卡朗读文本信息;②语音识别,具有初步的音频识别功能,让操作者用口令指挥计算机工作;③语音通信,利用声卡的播放和录音全双工模式,实现网络上 PC 到 PC 的语音通信。

(6) 提供 MIDI 功能,使计算机可以控制多台具有 MIDI 接口的电子乐器。另外,在驱动程序的作用下,声卡可以将 MIDI 格式存放的文件输出到相应的电子乐器中,发出相应的声音,使电子乐器受声卡的指挥。

声卡的主要性能指标有采样频率、量化位数、MIDI 合成方式和声道数等。

(1) 采样频率:指数字化声音每秒钟对音频信号的采样次数,有 3 种标准:语音效果(11kHz)、音乐效果(22kHz)和高保真效果(44.1kHz)。采样频率越高越好,目前一般声卡都能达到高保真效果,具有 CD 音质水平。

(2) 量化位数:指记录每个采样点的幅度值使用的二进制位数,一般有 16 位和 32 位。量化位数越大越好。

(3) MIDI 合成方式:指 MIDI 音乐回放时,声卡上的 MIDI 合成器采用的合成方式,分为调频(FM)和波形表(wave table)两种。

(4) 声道数：一般包括单声道、立体声道、四声道和5.1声道等。

2. 显卡

显卡全称显示接口卡(video card)，又称为显示适配器(video adapter)，主要用于将计算机系统所需要的各种图形信息进行转换驱动，输出并正确显示在显示器屏幕上，以辅助进行人机对话。显卡的性能好坏和质量优劣会直接影响对信息的理解与处理，从而影响操作的准确性。

显卡主要包括集成显卡和独立显卡。集成显卡是将显示芯片、显存及其相关电路都集中在主板上，成为主板的一部分，其优点是相对便宜、功耗低、发热量小，缺点是更换新显卡不方便。独立显卡是将显示芯片、显存及其相关电路单独集中在一块独立的电路板上，自成体系，通过多媒体计算机主板上的扩展插槽连接到主机，其优点是占系统资源少，硬件升级方便，但功耗与发热量较大，价格相对高昂。

目前流行的独立显卡一般由5个部分组成：

(1) 显示芯片，又称图形处理器(Graphic Processing Unit,GPU)。显示芯片分为集成芯片和独立芯片，当前市场上的主流是独立芯片。生产显示芯片的主要厂商有Intel、ATI、SIS、Matrox和3D Labs等。

(2) 显卡BIOS，主要用于存放显示芯片与驱动程序之间的控制程序，另外还存有显卡的特征参数和基本操作等。

(3) 显存，主要功能是暂时储存显示芯片要处理的数据和处理完毕的数据。显存的性能指标包括：①位宽，市场上主要有128位、192位和256位几种，位数越大，则相同频率下所能传输的数据量越大；②带宽，常见的有8GB/s、16GB/s等，位宽决定带宽；③容量，大小决定了其能显示颜色的数量和分辨率的高低，目前市面上的显卡显存容量从256MB～4GB不等；④显存速度，一般以ns(纳秒)为单位，常见的速度有1.2ns、1.0ns和0.8ns等；⑤显存频率，与速度有密切关系。

(4) 显卡PCB板，即显卡的电路板，它把显卡上的其他部件连接起来。

(5) 信号输出端子，将显示信息和控制信号传送至显示器。

3. 视频采集卡

视频采集卡(video capture card)也叫视频卡，是一种专门用于对视频信号进行实时处理的设备，可以对模拟视频信号(激光视盘机、录像机、摄像机和电视机等设备的输出信号)进行数字化转换和处理，并以数字化视频数据文件的形式存储在计算机中。

视频采集卡按照其用途可分为广播级视频采集卡、专业级视频采集卡和民用级视频采集卡，它们档次的高低主要体现在采集图像的质量不同。广播级档次最高，用于电视台制作节目；专业级比广播级性能稍低，分辨率相同，但压缩比稍大，用于广告公司、多媒体公司制作节目及多媒体软件；民用级性能最低，用于普通非专业人士。

视频卡按照功能划分有5种：

(1) 视频转换卡：将计算机的VGA信号转换成PAL、NTSC或SECAM制视频信号,输出到电视机和录像机等视频设备中。

(2) 视频捕捉卡:将视频信号转换成静态图像信号,进而对其进行加工和修改,并保存标准格式的图像文件。

(3) 动态视频捕捉卡:对动态影像实时转换成压缩数据存储,还可重放影像。常用于现场监控和安全保卫等场合。

(4) 视频压缩卡:采用JPEG和MPEG数据压缩标准,对视频信号进行压缩和解压缩,用于制作DVD和VCD等。

(5) 视频合成卡:把文字、图片以及字幕叠加到模拟视频信号源上,常见的模拟视频信号源有录像、光盘以及电视等。

视频采集卡按照视频信号输入输出接口可以分为1394采集卡、USB采集卡、HDMI采集卡、VGA视频采集卡、PCI视频采集卡和PCI-E视频采集卡。

选购视频采集卡时应从接口、制式、分辨率、帧速率、视频格式和功能选择几个方面进行综合考虑。

2.2.3 多媒体I/O设备

多媒体I/O设备即多媒体输入输出设备,常见设备如表2-1所示。

表2-1 多媒体I/O设备

分 类	设备名称	功 能
输入设备	手写板	文字、图像输入设备
	扫描仪	图像输入设备
	数码相机	图像、视频输入设备
	麦克风	音频输入设备
	触摸屏	数据输入设备
输出设备	显示器	文字、图像、视频输出设备
	打印机	文字、图像输出设备
	音箱和耳机	音频输出设备

1. 手写板

手写板是一种最常见的手写输入设备,可用于文字和图像的输入(如图2-7所示)。目前,一般的手写板还提供光标定位功能,因此可以同时替代键盘与鼠标,成为一种独立的输入工具。

图2-7 手写板

手写板可以用专门的手写笔或者手指在特定的区域内书写,通过感应将笔或者手指走过的轨迹记录下来,然后识别为文字或图像。对于不喜欢使用键盘输入的人来说,手写板非常有用。手写板还可以用于精确制图,例如可用于电路设计、CAD设计、图形设计、自由绘画以及文本和数据的输入等。

手写板对笔或手指的感应方式主要分为电阻压力式、电容压力式和电磁感应式等。目前最为成熟的技术是电磁感应板，已在市场上广泛应用。电磁感应板又分为有压感和无压感两种类型，有压感的手写板可以感应到手写笔在手写板上的力度，从而产生粗细不同的笔画，常见的压感级数可达到 2048、1024 和 512 级之多，可广泛应用于艺术设计和手写签名等领域。

手写笔分为无线、有线和蓝牙 3 类，其中蓝牙手写笔在手写板、手写笔与计算机之间都没有连线，价位较高。

手写板的主要性能指标有字符识别率、最大分辨率和最大有效面积。识别率应达到 95%以上；最大分辨率有 5080LPI、2540LPI 等；普通手写板最大有效面积一般为 5 英寸×4 英寸、4 英寸×6 英寸等，用于专业绘画的可达 8 英寸×6 英寸。

2. 扫描仪

扫描仪(scanner)可以将图形或图像信息转换成数字信号，主要用于对照片、文本页面、图纸、图画和底片等对象进行扫描，转换成黑白或彩色的平面图像素材。在配以适当的应用软件后，扫描仪还可以自动识别扫描文字信息，并将其转化为文本格式。

(1) 类型

根据扫描原理，扫描仪可分为反射式扫描和透射式扫描两类：

① 反射式扫描。指原稿经光线反射，通过反射镜片和聚焦透镜被 CCD(Charged Coupled Device，电荷耦合器件)接收，形成电信号，随后经过译码处理生成图像数据。平板式扫描仪均属于反射式扫描仪(如图 2-8 所示)。这种扫描仪不适于扫描透明物件。

② 透射式扫描。扫描时，光线透过原稿，经过反射镜片和聚焦透镜被 CCD 接收，形成电信号，经过译码生成图像数据。胶片扫描仪属于透射式扫描仪(如图 2-9 所示)。

图 2-8 平板式扫描仪

图 2-9 透射式扫描仪

(2) 指标

扫描仪的主要技术指标有扫描分辨率、色彩数、扫描速度、扫描幅面和内置图像处理能力。

① 扫描分辨率：指扫描仪的光学系统可以采集的实际信息量，通常用每英寸长度上扫描图像所含有采样点的个数来表示，标记为 dpi(dot per inch)。扫描分辨率反映扫描仪记录图像信息的能力，如 1200dpi 表示该扫描仪的 CCD 排列密度为每英寸 1200 个 CCD 器件。因此扫描图像的清晰度程度常与 dpi 值相关，dpi 值越大，扫描图像越清晰。

② 色彩数：表示彩色扫描仪所能产生的颜色范围。通常用表示每个像素点颜色的

数据位数表示。扫描仪在扫描时，原稿上的色彩分解为 R(红)、G(绿)、B(蓝)三基色，每个基色有若干个灰度级别。灰度级别越高，色彩数越多，色彩精度就越高，扫描出来的图像色彩越丰富。色彩数用每个像素点上颜色的二进制数据位数表示，常见的彩色扫描仪有 24 位、32 位或 48 位。

③ 扫描速度：扫描速度与分辨率、内存容量、软盘存取速度以及显示时间、图像大小有关。通常用指定的分辨率和图像尺寸下的扫描时间来表示，如某型号扫描仪，在标准 A4 幅面、彩色图像、分辨率为 300dpi 时，完成一行扫描的时间为 2.2 毫秒/线。扫描速度反映了扫描仪的工作效率。

④ 扫描幅度：表示扫描仪所能扫描图稿尺寸的大小，常见的有 A4、A3、A1 和 A0 等。

⑤ 内置图像处理能力：包括补偿显示器和打印机的色彩偏差能力、色彩校正能力、亮度可调能力、自动优化能力、半色调处理能力等。

3. 数码相机

数码相机(Digital Camera，DC)是一种数字成像设备，使用光敏元件作为成像器件，利用电子传感器，把光信号转换成电信号，并记录在存储器上，然后借助计算机对图像进行处理(如图 2-10 所示)。数码相机集成了影像信息的转换、存储和传输等部件，具有数字化存取模式，与计算机交互处理和实时拍摄等特点。光线通过镜头或者镜头组进入相机，通过成像元件转化为数字信号，数字信号通过影像运算芯片处理后储存在存储设备中。

图 2-10 数码相机

数码相机的成像元件是光电耦合组件(Charged Coupled Device，CCD)，它就像传统相机的底片一样，是感应光线的电路装置，像一颗颗微小的感应粒子，铺满在光学镜头后方。当光线从镜头透过，投射到 CCD 表面时，CCD 就会产生电流，将感应到的内容转换成数码信息储存起来。CCD 的像素数目越多，单一像素尺寸就越大，收集到的图像会越清晰，分辨率就越高。因此，CCD 的数目是相机等级的重要判断标准之一。

数码相机主要技术指标如下所述。

(1) 像素数。包括有效像素(effective pixels)和最大像素(maximum pixels)。有效像素指真正参与感光成像的像素值，而最大像素是感光器件的真实像素，这个数据通常包含了感光器件的非成像部分。有效像素是在镜头变焦倍率下所换算出来的值，一般高档机的有效像素都在 2000 万以上。

(2) 分辨率。指单位成像尺寸上面的像素个数，用像素乘积来描述，单位为 dpi。一般来讲，像素越大，分辨率也越高。对于一张图片来讲，像素是固定不变的，但是分辨率却是可以随时改变的，随着图像的放大，分辨率将逐渐减小。数码相机可以提供高、中、低多种档次的图像分辨率供用户选择，比较高档的专业单反数码相机的最高图像分辨率可达到 7000×5000 以上，一般普通的图像分辨率可选择 1024×768、1600×1200 或 2048×1536。

(3) 变焦倍数。数码相机的变焦有两种：数码变焦与光学变焦，两者都有助于望远拍摄时放大远方物体。但数码变焦实际上是画面的电子放大，使图像在LCD屏幕上显得比较大，但不会使图像更清晰。而光学变焦与普通相机一样，都是通过光学镜头结构来实现的。光学变焦倍数决定了远距离拍摄时放大与缩小物体的能力，光学变焦倍数越大，能拍摄的景物就越远。一般的数码相机的光学变焦倍数大多在3～5倍之间，比较好的可达20倍以上的光学变焦效果。

(4) 存储性能。包括存储卡类型、容量和支持的文件格式等。存储卡主要有SD卡、记忆棒、CF卡、SM卡、MMC卡和XD卡等，较为普遍的是CF卡和SD卡。记忆棒主要在索尼的数码相机中使用，XD卡主要用在富士和奥林巴斯的数码相机中。常见的数码相机支持的图像文件格式有TIFF、JPEG和RAW等，视频格式有MOV、MPEG等。

(5) LCD显示屏大小。一般显示屏越大越方便，但耗电量也大。常见的数码相机显示屏为2英寸或3英寸。

数码相机按用途可分为单反相机、卡片相机、长焦相机和家用相机等。

如佳能的S100V数码相机，其有效像素为1210万，最高分辨率为4000×3000，可选择的其他高、中、低分辨率还有4000×2248、2816×1584、1920×1080、640×360等多个等级；5倍光学变焦，存储卡类型为SD/SDHC/SDXC卡，图片文件格式为RAW和JPEG，视频格式为MOV(H.264)，显示屏大小为3英寸。

4. 麦克风

麦克风就是通常所说的话筒，是将声音信号转换为电信号的能量转换器件(如图2-11所示)。按信号换能原理可分为电动式(动圈式、铝带式)，电容式(直流极化式)、压电式(晶体式、陶瓷式)、电磁式、碳粒式和半导体式等。

图2-11 麦克风

麦克风的性能指标如下所示。

(1) 灵敏度：指麦克风的开路电压与作用在其膜片上的声压之比。单位是伏/帕。

(2) 指向性：描述麦克风对于来自不同角度的声音的灵敏度。

(3) 频率范围：麦克风能接受的声音的频率范围，通常在30～20000Hz之间。

5. 触摸屏

触摸屏是一种定位设备，附着在显示器的表面，与显示器一起发挥作用。当用户用手指、笔或其他设备接触到触摸屏，接触点的信号(光、声或电流等)会发生改变，触摸屏控制器检测到这种改变后，将通过传感器送到CPU，从而确定触点在屏幕上的坐标位置，配以应用软件，便可执行相应的操作。触摸屏的引入改善了人机交互方式，使得操作简单。

触摸屏可以分为电阻式、电容式、红外线式、表面声波式和矢量压力传感式。

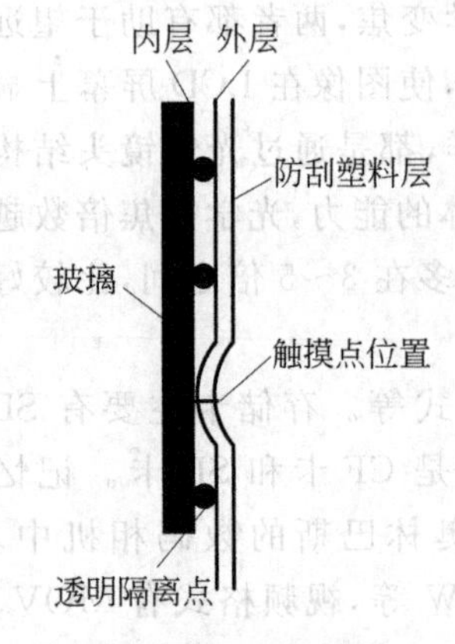

图 2-12 电阻式触摸屏结构

1）电阻式触摸屏

目前最常用的触摸屏，屏体是一块覆盖在显示器表面的多层复合薄膜，由一层玻璃或有机玻璃作为基层，表面涂有透明的导电层，上面再盖一层经硬化处理、光滑防刮，也涂有透明导电层的塑料层。在两层导电层之间有许多细小的透明隔离点把它们隔开绝缘（如图 2-12 所示）。

当手指触摸屏幕时，原来相互绝缘的两层导电层就在触摸点位置有了接触，电阻发生变化，在 X 和 Y 两个方向上产生信号，然后送到触摸屏控制器，控制器侦测到这一接触并计算出触摸位置。

电阻式触摸屏的优点是其内部跟外界完全隔离，因此不怕水、灰尘等污染，任何物体的触摸都有感应。但其外层的复合薄膜容易被划坏而导致报废。

电阻式触摸屏分为四线电阻屏和五线电阻屏两种，五线电阻比四线电阻分辨率高，但成本代价大。

2）电容式触摸屏

电容式触摸屏利用人体的电流感应进行工作，是一块 4 层复合玻璃屏，表面涂有铟锡氧化物，在屏幕上提供一个连续电流。当用户触摸电容屏时，由于人体固有的电场，用户的指尖和工作面形成一个耦合电容。因为工作面上接有高频信号，这样指尖将吸收走一个很小的电流。这个电流分别从触摸屏 4 个角上的电极中流出。流经这 4 个电极的电流与指尖到四角的距离成反比，控制器通过对这 4 个电流比例和强弱进行精密计算，得出触摸点的位置。

电容式触摸屏的特点是可靠、精确，但环境电场发生改变时会引起测量漂移，造成不准确，安装也不方便。

3）红外触摸屏

在显示器屏幕的前面安装一个外框，外框的 X、Y 方向有排布均匀的红外发射管和红外接收管，对应形成横竖交叉的红外线矩阵。当屏幕被触摸时，手指或其他物体就会挡住经过该点的横竖红外线，由控制器判断出触摸点在屏幕的位置。外框分外挂式和内置式两种。

红外触摸屏的优点是可用手指、笔或任何能阻挡光线的物体来触摸，不受电流、电压和静电干扰，适宜于恶劣的环境条件。不足之处是对光照环境因素比较敏感，防光线干扰能力弱。

4）表面声波触摸屏

表面声波触摸屏是一块安装在显示器屏幕前的玻璃平板，由声波发生器发出的超声波在触摸屏表面传递，当手指接触到屏幕时，触点上的声波被阻止，声波接收器就会收到一个因手指阻挡和吸收而衰减的波形，由此确定触摸位置。

表面声波触摸屏的优点有性能稳定，反应速度快，不受温度、湿度环境影响，抗暴能力强。缺点是需要经常清洁维护，以防止灰尘、油污等沾在屏幕的表面，阻塞触摸屏表面的导波槽，使声波不能正常发射或波形改变。

6. 显示器

显示器通常也被称为监视器，是多媒体计算机最基本和最重要的设备。显示器主要用于将计算机主机传送出的各种信息可视化显示到屏幕上，便于操作者进行观察，其发展经历了由小到大，由单色到彩色，分辨率由低到高的漫长的历程。显示器主要有以下几种：

(1) 阴极射线管(Cathode Ray Tube,CRT)显示器(如图 2-13 所示)。采用阴极射线管，体积较大、品种繁多，其外观经历了球面、柱面、平面直角、纯平几个发展阶段，显示器的屏幕尺寸有 15、17、19、21 英寸等。在色彩还原、亮度调节、控制方式、扫描速度、清晰度以及外观等方面更趋完善和成熟。

(2) 液晶(Liquid Crystal Display,LCD)显示器(如图 2-14 所示)。以液晶作为显示元件，具有可视面积大、外壳薄、辐射几乎为 0 等优点；与 CRT 显示器相比，又有亮度稍暗、色彩稍差、视角较窄等缺点。近年来，各国采用 TFT(非晶硅薄膜晶体管)作为 LCD 显示元件，使显示亮度、色彩和视角有了长足的进步。

(3) 发光二极管(Light Emitting Diode,LED)显示器。是一种通过控制半导体发光二极管的显示方式。与 LCD 显示器相比，其显示器更薄，拥有更广的色域，寿命更长，更省电，属于典型的绿色光源，具有更高的对比度。

(4) 等离子(Plasma Display Panel,PDP)显示器(如图 2-15 所示)。是继 CRT、LCD 后的新一代显示设备，是利用显示屏上排列上千个密封的小低压气体室，通过电流激发使其发出肉眼看不见的紫外光，然后紫外光碰击后面玻璃上的红、绿、蓝 3 色荧光体，发出肉眼能看到的可见光来成像。具有高亮度、高对比度、纯平面图像无扭曲、超薄、超宽视角、环保无辐射等优点，但无法改变分辨率，且功耗较大。

图 2-13 CRT 显示器

图 2-14 液晶显示器

图 2-15 等离子显示器

显示器的技术参数通常包括分辨率、点距、对比度和刷新率等。

(1) 屏幕分辨率：主要划分成两大类，即普屏和宽屏。普屏显示器分辨率主要有 640×480、800×600、1024×768、1280×1024、1600×1200 等模式，通常长：宽＝4：3。宽屏的分辨率主要有 800×600、1024×768、1280×800、1440×900 等模式，一般都提供普屏的 4：3 比例模式，并提供宽屏特有的 16：9 或 16：10 比例模式。一般而言，分辨率越高，显示在屏幕上的图像的质量也越高。

(2) 显示器点距：屏幕上相邻两个同色像素单位之间的距离。点距的单位为毫米(mm)。目前点距主要有：0.20、0.22、0.24、0.26、0.28、0.31 和 0.39 等规格。一般来讲,点距越小,图像显示越清晰,其价格也就越高。

(3) 显示器对比度:是定义最大亮度值(全白)除以最小亮度值(全黑)的比值。CRT显示器的对比值通常高达500∶1,以致在CRT显示器上呈现真正全黑的画面是很容易的。但对LCD来说就不是很容易了,由冷阴极射线管所构成的背光源很难去做快速地开关动作,因此背光源始终处于点亮的状态。为了要得到全黑画面,液晶模块必须完全把由背光源而来的光完全阻挡,但在物理特性上,这些组件并无法完全达到这样的要求,总是会有一些漏光发生。一般来说,人眼可以接受的对比值约为250∶1。

(4) 屏幕刷新频率:是指电子束对屏幕上的图像重复扫描的次数。刷新率越高,所显示的图像稳定性越好。每分钟屏幕画面更新的次数一般是60～200Hz。根据显示器类型的不同,其刷新速度调整应适中,以使显示器的显示功能达到最优状态。

一台多媒体计算机的显示效果取决于多方面的因素,其中最主要的两个因素就是显卡和显示器性能。对多媒体计算机显示效果的设置,在Windows操作系统中选择"控制面板"→"显示",在"显示属性"对话框中可以设置屏幕分辨率、颜色质量等,在"高级"设置选项中还可以设置屏幕刷新频率(如图2-16所示)。

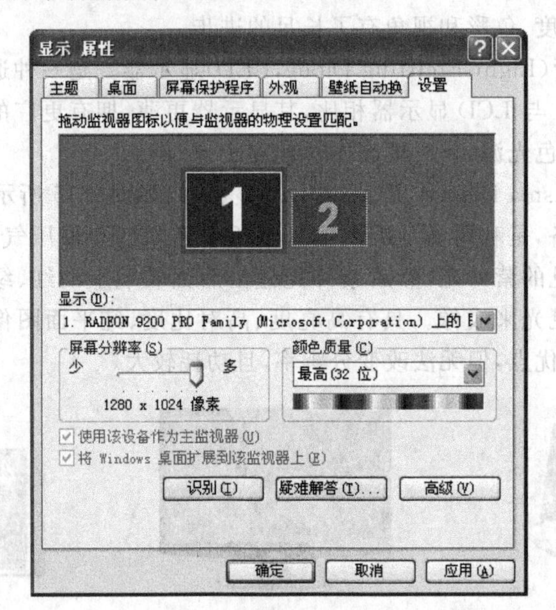

图 2-16 显示属性设置

7. 打印机

打印机是多媒体计算机的输出设备之一。随着打印技术的飞速发展,传统打印概念不断得到更新,越来越多的高新技术被用于新型打印机,使得打印精度、速度和彩色还原度日益增强,打印机种类也在不断增加,而价格则在不断降低。

打印机的种类很多,按打印元件对纸是否有击打动作,分击打式打印机与非击打式打印机;按打印字符结构,分全形字打印机和点阵字符打印机;按一行字在纸上形成的方式,分串式打印机与行式打印机;按所采用的技术,分柱形、球形、喷墨式、热敏式、激光式、静电式、磁式、发光二极管式等打印机。当前市场上,激光、喷墨、针式打印机为主流,而多媒体设备使用最多的打印机是彩色激光打印机与彩色喷墨打印机。

1) 针式打印机

针式打印机是通过打印头中的24根针击打纸张,从而形成字体。在使用中,用户可以根据需求来选择多联纸张,一般常用的多联纸有2联、3联、4联纸。多联纸一次性打印完成只有针式打印机能够实现,喷墨打印机和激光打印机无法实现多联纸打印。当前,针式打印机主要应用在银行窗口、财务、税务、邮局窗口等部门,用于打印多联票据,能快速完成各项单据的复写,大大提高了工作效率。针式打印机的不足之处在于打印分辨率不高,且噪声比较大。

2) 彩色激光打印机

彩色激光打印机是一种高档打印设备,是在普通单色激光打印机的黑色墨粉基础上增加了黄、品红、青三色墨粉,并依靠硒鼓感光4次,分别将各色墨粉转移到转印硒鼓上,转印硒鼓再将图形转印到打印介质上面,达到输出彩色图形的结果。与普通黑白激光打印机相比,彩色激光打印机打印处理更为复杂,技术含量更高,是高科技精密设备(如图2-17所示)。

彩色激光打印机的技术指标主要包括打印速度、打印精度和最大打印幅面。打印速度是指打印整幅样稿的速度,以打印机每分钟可以打印的页数(PPM)作为计量单位,如20 PPM(A4幅面)。打印精度即打印分辨率,以每分钟打印多少个点(dpi)作为计量单位,如600dpi。最大打印幅面以A4幅面和A3幅面为主。

3) 彩色喷墨打印机

近年来,彩色喷墨技术发展极快,一般使用四色或六色墨水,利用超微细墨滴喷在纸张上,形成彩色图像(如图2-18所示)。

图 2-17 激光打印机

图 2-18 喷墨打印机

彩色喷墨打印机可分为家用型、办公型、专业型和照片专用型4种。

家用型打印机结构简单,纸张幅面以A4为主,打印精度为600～2880dpi。

办公型打印机带有大容量纸盒,打印速度快,精度高,噪声低,打印幅面大。可支持网络共享打印,适合办公环境大批量打印的需要。这类打印机的打印精度为600～1440dpi。

专业型彩色喷墨打印机采用六色彩色墨水(黑色、青色、洋红色、黄色、淡青色、淡洋红色),打印头采用超精细墨滴技术,在高分辨率打印时,色彩丰富,灰阶过渡细腻,主要用于彩色质量要求高的场合。打印精度为1440～2880dpi。

照片专用型打印机输出照片尺寸较小,一般与数码照相机配套使用,无须经过计算机而可直接打印数码相机的数字化图像。照片专用型彩色喷墨打印机配合六色墨水和照片专用纸,打印精度可达 1440dpi 以上。

衡量打印机好坏的指标主要有 4 项:打印分辨率,打印速度、打印幅度和噪声等。

8. 音箱

音箱是把音频电能转换成相应的声能,并把它辐射到空间去,供人的耳朵直接聆听的设备。根据音箱的用途,可分为专业音箱、家用音箱和电脑音箱。电脑音箱主要是指围绕计算机等多媒体设备而使用的音箱,目前主要的品牌有漫步者、麦博、惠威、三诺、雅兰仕和奋达等。根据箱体个数的不同,可以分为 2.0 声道、2.1 声道和 5.1 声道等(如图 2-19 所示)。

图 2-19 2.1 声道的音箱

由于人耳对声音的主观感受正是评价一个音响系统音质好坏的最重要的标准,因此音箱的性能对一个音响系统的放音质量起着关键作用。音箱的技术参数主要有以下 3 项:

(1) 灵敏度。单位是分贝(dB),指当给音箱系统中的扬声器输入电功率为 1W 时,在音箱正面各扬声器单元的几何中心 1m 距离处所测得的声压级。灵敏度是音箱最重要的指标,灵敏度越高,则意味着达到一定的声压级所需的功率越小。一般电脑音箱的灵敏度为 80～90dB。

(2) 频率范围。灵敏度在不同的频率有不同的数值,这就是频率响应,将灵敏度对频率的依赖关系用曲线表示出来,便称为频率响应曲线。人的听觉频率范围是 20～20 000Hz,音箱的频率范围在此范围之内。如麦博 M-200 的频率范围是 35～20 000Hz,其中,35Hz 表示音箱在低频方向的伸展值,这个数字越低,音箱的低频响应就越好; 20 000Hz 表示该音箱可达到的高频延伸值,该数字越高,表明该音箱的高频特性越好。

(3) 阻抗。单位为欧姆(Ω),阻抗值越小,需要推动的电流就越大,要求的功放功率也相应高一些。

9. 耳机

耳机在计算机外设中有着相当重要的地位,特别是在网吧、办公室等公共场合,更是计算机的必备品。现在市面上耳机品牌众多,产品线也非常齐,从 10 元左右的简便型耳机,到百元、数百元的中高档耳机,到数千元的静电监听耳机。从佩戴方式上,耳机可分为耳塞式、挂耳式、入耳式和头带式(如图 2-20 所示)。从换能方式上,可分为动圈方式、动铁方式和静电式等,其中动圈机耳机是最普通、最常见的耳机,它的驱动单元基本上就是一只小型的动圈扬声器,由处于永磁场中的音圈驱动与之相连的振膜振动。动圈式耳机效率比较高,且可靠耐用。

图 2-20 耳机

衡量耳机的质量可以从音质、舒适性和耐用性等几

方面考虑,其技术指标有:

(1) 灵敏度。当给耳机施加1mW的电功率时,耳机所产生的耦合于仿真耳(假人头)中的声压级,1mW的功率是以频率为1000Hz时耳机的标准阻抗为依据计算的。动圈式耳机的灵敏度一般都在90dB以上。

(2) 频率响应范围。好的耳机频率范围可达到5～40 000Hz。

(3) 阻抗:阻抗大小是线圈直流电阻与线圈的感抗之和,民用耳机和专业耳机的阻抗一般都在100Ω以下。

当前计算机的音频设备配置中耳麦也是一种很常见的选择。耳麦是耳机与麦克风的整合体,与普通耳机不同的是,耳麦带有普通耳机所没有的麦克风。

2.2.4 多媒体计算机存储设备

存储设备是储存信息的设备,通常是将信息数字化后再以利用电、磁或光学等方式的媒体加以存储。常见的存储设备按照制造技术可以划分成以下6类。

(1) 电存储设备:各式内存储器,如RAM、ROM等;

(2) 磁存储设备:硬盘、软盘、磁带等;

(3) 光存储设备:CD、DVD等;

(4) 磁光存储设备:MO(磁光盘);

(5) 其他物理设备:如纸卡、纸带等;

(6) 专用存储系统:用于数据备份或容灾的专用信息系统,利用高速网络进行大数据量存储信息的设备。

以下介绍当前多媒体计算机中主流的存储设备,包括大容量磁存储设备、光存储设备、移动存储设备和网络存储。

1. 大容量磁存储设备

硬盘是最常用的大容量磁存储设备,包括内置硬盘和移动硬盘两种类型。硬盘的盘片是表面涂有一层很薄的磁性材料的铝合金片或高强度玻璃片,不工作时,硬盘的磁头贴在盘片上,或停放在盘片外磁头专用的停放架上,而在读写期间,硬盘的磁头不接触盘片,其盘片及磁头均密封在金属盒中,构成一体,不可拆卸。硬盘的性能指标主要包括容量、转速、平均寻道时间、传输速率、缓存和硬盘接口等,下面分别介绍。

1) 容量

硬盘的容量以吉字节(GB)为单位。硬盘厂商通常使用10^3作为数量级,而Windows等操作系统则以$2^{10}=1024$作为数量级,因此在格式化硬盘时所看到的容量比厂家的标称值要小。

2) 转速(rotational speed 或 spindle speed)

单位表示为RPM(Revolutions Per Minute),以每分钟多少转来表示。RPM值越大,内部数据传输速率就越高,访问时间就越短,硬盘的整体性能也就越好。目前,硬盘转速主要为4200RPM、5400RPM和7200RPM。

3) 平均寻道时间(average seek time)

是指硬盘的磁头移动到盘面指定磁道所需的时间。它直接影响硬盘的随机数据传输速度。目前硬盘的平均寻道时间通常为 8～12ms，而 SCSI 硬盘则应小于或等于 8ms。

4）传输速率(data transfer rate)

是指硬盘读写数据的速度，以每秒多少兆字节为单位，即 MB/s。硬盘传输速率包括内部数据传输速率与外部数据传输速率。内部数据传输速率反映硬盘缓冲区未用时的性能，它主要依赖于硬盘的旋转速度。外部数据传输速率是系统总线与硬盘缓冲区之间的数据传输速率，它与硬盘接口类型和缓存大小有关。

5）缓存

是硬盘控制器上的一块内存芯片，具有极快的存取速度。它是硬盘内部存储和外界接口之间的一个缓冲器。其容量与硬盘整体性能相关。缓存容量越大，容纳的预读数据越多，系统等待时间就越短。

6）硬盘接口

硬盘接口主要有 ATA、IDE、SATA、SCSI 和 SAS 等类型。相比而言，SCSI 接口的硬盘性能更为优越，但价格昂贵，一般用于中、高端服务器和高档工作站中。普通用户则大多使用 SATA 接口硬盘。

2. 光存储设备

与磁存储设备相比，光存储设备出现得晚一些。1980 年，飞利浦公司与索尼公司才为 CD 定制了标准，这就是“红皮书标准”。1982 年索尼公司研制了第一张实用 CD，称为 CD-DA(Compact Disc-Digital Audio)盘，即“数字激光唱片”，存储容量为 640MB，可以放 74 分钟的音乐。自此以后，光盘技术突飞猛进。

从红皮书标准颁发后，随着光盘技术的进步，又出现了多个 CD 标准。

① CD-DA 标准(红皮书)：音乐 CD 标准，最早应用于存储数字化的高保真立体声音乐。

② CD-ROM 标准(黄皮书)：用于存储计算机能读的各种多媒体信息。

③ CD-I 标准(绿皮书)：交互式光盘标准。

④ CD-R 标准(橙皮书)：可追加写读光盘标准。

⑤ Video CD 标准(白皮书)：视频光盘标准，采用 MPEG-1 压缩技术。

⑥ DVD 标准：采用 MPEG-1 压缩技术。

光存储设备主要包括光存储介质和光存储驱动设备两部分。

1）光存储介质

光存储介质，即光盘，如 CD、DVD 盘等，是以光信息作为存储物的载体。光存储介质利用激光，在扁平、具有反射能力的盘片上刻出小坑点，这些不同时间长度的坑点和坑点之间的平面组成了一个由里向外的螺旋轨迹。当激光光束扫描这些坑点和坑点之间的平面组成的轨迹时，由于反射的程度不同，就能表示二进制的 0 和 1(如图 2-21 所示)。将通道码还原之后，就可得到所要的数据。但坑点和非坑点本身并不代表 0 和 1，而是光

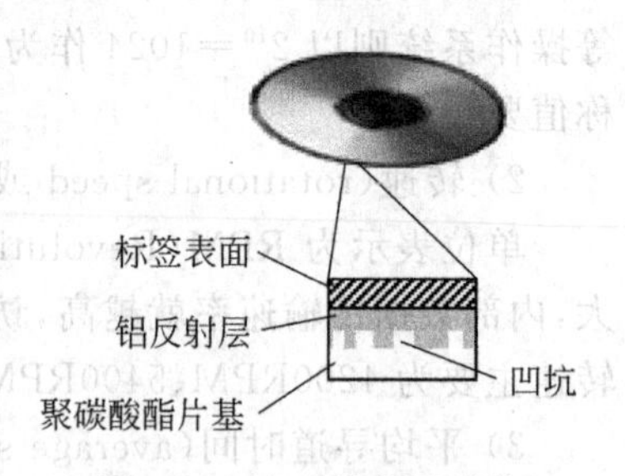

图 2-21 光盘的物理结构

道上坑点和平面交界的跳变代表数字1，两个边缘之间的平滑地方代表数字0，0的个数由平滑地带的长度决定的。

光盘可分为不可擦写光盘（如CD-ROM、DVD-ROM等）和可擦写光盘（如CD-RW、DVD-RAM等）。常见的几种光盘类型及其性能指标如下：

(1) CD光盘。这种光盘的外径为120mm、厚度为1.2mm；存储容量为650MB，一张刻满信息的音乐CD光盘的播放时间约为74分钟；展开的螺旋轨迹长度可接近6km；采用波长为780～790nm的红外激光读取数据，在读取过程中，激光束必须穿过透明衬底才能到达凹坑读取数据。

(2) VCD光盘，即影音光盘或视频压缩光盘。由索尼、飞利浦、JVC和松下等厂商于1993年制定；视频部分采用MPEG-1压缩编码；图像分辨率采用PAL制式（352×288像素）和NTSC制式（352×240像素）；音频部分采用MPEG 1/2 Layer 2(MP2)编码，音质可达到立体声的取样频率（44.1kHz，16位）；可全屏幕动态播放；时间约74分钟；增加交互式菜单功能；可随意选择播放片段。整个视频质量和VHS录像带相当。

(3) DVD数字通用光盘。是CD/VCD的后继产品，与CD/VCD相比，DVD盘的记录凹坑更细，螺旋储存凹坑之间的距离更小，采用波长为635～650nm的红外激光读取数据，所以DVD光盘的存储容量及读写速度比CD光盘更大、更快。

DVD从物理结构上可以分4种：①单面单层(DVD-5)存储容量约为4.7GB；②单面双层(DVD-9)存储容量约为8.5GB；③双面单层(DVD-10)存储容量约为9.4GB，这种DVD在两面都同时存放资料，在观看该种格式盘片时，要翻转盘片才能继续观看；④双面双层(DVD-18)存储容量约为17GB，其采用两面四层的空间去记录数据，能把压缩率减到最低，效果也最为突出。一般市面上出售的DVD的包装上都注明了DVD的格式，常见的有D9(即DVD-9)、D5(即DVD-5)等。

DVD从用途上又可分为4种：①DVD-Video，用于观看电影和其他可视娱乐，分电影格式及个人计算机格式；②DVD-ROM，基本技术与DVD-Video相同，它包含与计算机友好的文件格式，主要用于存储数据；③DVD-R，一次性写入式DVD刻录格式；④DVD-RAM，多次读写的光盘，可复写10万次以上，但盘片易碎，不能在DVD或DVD-ROM驱动器上使用；⑤DVD-Audio，DVD的音频格式，可采用杜比数字或DTS规格。

(4) 蓝光DVD。利用波长较短的蓝色激光读取和写入数据，波长越短的激光，能够在单位面积上记录或读取的信息越多。蓝光DVD的轨道间距和最小凹槽长度更短，因此读写率更高。单面单层的蓝光DVD盘片的存储容量被定义为23.3GB、25GB和27GB，数据的读写速率达到72Mb/s。

(5) HD DVD(High Definition DVD)光盘。高清DVD标准之一，由东芝、NEC和三洋公司共同推广。盘片与CD盘片大小相同，使用405nm波长的蓝光读取和写入数据，单层容量为15GB，双层容量为30GB。相比于蓝光DVD，其最大的优势在于能兼容当前的DVD，在生产难度方面也小于蓝光DVD。

2) 光存储驱动设备

光存储驱动设备，即光驱，是用来读写光盘内容的设备。目前，光驱可分为CD-ROM驱动器、DVD光驱(DVD-ROM)、康宝(COMBO)和刻录机等。随着多媒体的应用日益广泛,光驱已成为多媒体计算机的标准配置。市场上光驱品牌很多,可用以下的技术指标为参考来选购光驱。

(1) 数据传输率(data transfer rate)。数据传输率是指驱动器每秒最多可传输多少兆字节(MB/s),即单位时间内光驱可从盘片向计算机传送的数据量,直接影响多媒体播放质量。光驱的速度通常用“倍速”描述,1 倍速为 150kB/s,常见倍速有 4 倍速、8 倍速、32 倍速和 48 倍速等,如,32 倍速光驱的理论传输速率是: 150×32= 4800kB/s。

(2) 平均访问时间(average access time)。光驱读取光盘上的数据时,激光头需要在不同轨道间转换来读取数据,并不是简单的顺序读取。平均访问时间就是指光驱检索一条信息所花费的平均时间,以毫秒为单位。它用于衡量驱动器运行任务繁重与否,反映了光驱内部结构的协调能力,此值越小越好。

(3) 数据缓存容量(data buffer capacity)。类似于硬盘上的缓冲存储器,可缓解光驱与计算机其他设备间速度不匹配的矛盾。一般而言,缓存容量越大,读盘次数越少,数据传输率越高,光驱工作速度越快。现在大多数光驱的缓存为 2MB。

(4) 容错性。也叫纠错能力。光盘被光驱激光头读取数据的那一面易被划花、有灰尘或杂物,此时会破坏原有数据的正确性;此外,光盘长时间存放可能会变质而影响数据的完整性。一个光盘错误数据的多少通常取决于损伤的面积及程度,损伤的面积越大、程度越严重,错误数据就越多。光驱纠错能力是指将错误数据纠正并还原成正确数据的能力。光驱的纠错能力越强,能纠错的光盘种类就越多。目前市面上日本光驱的性能稳定,但读盘能力一般;韩国产品的稳定性较差,读盘能力较强;中国台湾产品读盘能力比日本产品强但比韩国产品稍差,稳定性较韩国产品好;新加坡产品读盘能力比日本产品强,但低于韩国和中国台湾产品。

(5) 接口标准与规范:内置光驱常用接口标准有 IDE 接口和 SCSI 接口;外置光驱的接口标准有 SCSI 接口、并行接口、IEEE 1394 接口及 USB 接口等。

3. 移动存储设备

移动存储设备主要包括存储卡、U 盘和移动硬盘,下面主要介绍存储卡和 U 盘。

1) 存储卡

存储卡是用于手机、数码相机、便携式计算机、MP3 和其他数码产品上的独立存储介质,一般是卡片的形态,故统称为存储卡,又称为数码存储卡、数字存储卡等。存储卡具有体积小巧、携带方便、使用简单的优点。同时,大多数存储卡都具有良好的兼容性,便于在不同的数码产品之间交换数据。近年来,随着数码产品的不断发展,存储卡的存储容量不断得到提升,应用也快速普及。主要包括 CF 卡(Compact Flash)、MMC 卡系列(MultiMedia Card)、SD 卡系列 (Secure Digital)、记忆棒系列(Memory Stick)、XD 图像卡(XD Picture Card)和 SM 卡(Smart Media)等类型(如图 2-22 所示)。

2) U 盘

全称 USB 闪存盘(USB flash disk)。它是一个 USB 接口的无须物理驱动器的微型高容量移动存储产品,可以通过 USB 接口与计算机连接,实现即插即用。其主要的优点是:小巧便于携带,存储容量大,价格便宜,性能可靠。U 盘体积很小,仅大拇指般大小,

图 2-22 不同型号的存储卡

重量极轻，一般在 15g 左右。U 盘容量有 1GB、2GB、4GB、8GB、16GB、32GB、64GB 等。

4. 网络存储

网络存储是一些网络公司推出的在线存储服务，向用户提供文件的存储、访问、备份和共享等文件管理功能，使用起来十分方便。目前国内常见的网盘有百度网盘、T 盘（金山网络出品）、EverBox（盛大网盘）、微软 skydrive、迅载网盘、千军万马网盘、网易网盘和联想网盘等，有些是完全免费的，有些是收费兼免费的，用户可根据需要选用。

2.2.5 多媒体个人计算机标准

1. 多媒体个人计算机的主要特征

多媒体个人计算机（Multimedia Personal Computer，MPC）是指能够对文字、声音、图形、图像和动画等多种媒体信息进行输入、输出和综合处理的个人计算机。对音频、图形、图像和视频等多媒体信息的处理能力是区别 MPC 与一般 PC 的主要特征。

(1) 音频处理：声卡是 MPC 的标准配置，具有录制、处理和重放声波信号以及用 MIU 技术合成音乐的功能等。

(2) 图形处理：MPC 图形处理功能较强，通过显卡、显示器和操作系统软件配合，可获得色彩丰富、形象逼真的图形，也可实现 3D 动画效果。

(3) 图像处理：MPC 借助显卡和显示器可以生动、逼真地显示静止图像，也可在图像处理软件的辅助下处理各类图像。

(4) 视频处理：在高性能显卡等设备和相关软件辅助下，MPC 具有较强的视频处理能力，不仅能播放多种格式的视频文件，也能实现对视频图像的实时录制和压缩。

(5) 软件资源：多媒体计算机的软件资源非常丰富，既有大量的多媒体素材，还有多种多样的多媒体软件开发工具和应用软件。

2. MPC 标准

为了统一各厂商的多媒体计算机接口标准和协调计算机市场，1990 年由 Microsoft、Philips 和 NEC 等公司组织成立了多媒体微机市场委员会（Multimedia PC Marketing Council，Inc.），对 MPC 的基本配置进行规范，分别于 1990 年 10 月、1993 年 5 月和 1995 年 6 月制订了 3 个 MPC 标准，依次为 MPC-1、MPC-2 和 MPC-3。3 个 MPC 标准所规定的最低硬件配置比较见表 2-2。

制定 MPC-1、MPC-2 和 MPC-3 标准的目的是规范多媒体计算机的基本需求，有利于资源共享和数据交换。这在当时对多媒体计算机的发展具有积极作用，也受到众多厂家和用户的支持。但随着计算机和多媒体技术的发展，MPC 的标准会越来越高。

表 2-2 MPC 的 3 个技术标准

标准代号	MPC-1	MPC-2	MPC-3
制定时间	1990 年 10 月	1993 年 5 月	1995 年 6 月
CPU	386SX(16MHz)	486SX(25MHz)	Pentium(75MHz)
内存/MB	≥2	≥4	≥8
硬盘/MB	≥30	≥160	≥540
CD-ROM	150kB/s，1X	300kB/s，2X	600kB/s，4X
声卡	8b	16b	16b
显卡	640×480/8b	640×480/16b	640×480/16b
视频播放	—	—	NTSC 制式：30 帧/秒，352×240 PAL 制式：25 帧/秒，352×288 数据格式：MPEG-1 压缩模式
I/O	MIDI、串并口、游戏杆接口	MIDI、串并口、游戏杆接口	MIDI、串并口、游戏杆接口

2.3 多媒体软件系统

多媒体软件系统按功能可分为多媒体系统软件、多媒体素材处理软件、多媒体创作工具和语言以及多媒体应用软件 4 部分：多媒体系统软件是多媒体系统的内核，既要负责协调各种多媒体硬件设备的工作，又要高层软件提供对各种媒体数据传输、处理等的综合利用功能，包括多媒体操作系统和多媒体设备驱动程序；多媒体素材处理软件主要用于采集、整理和编辑各种媒体数据，是进行多媒体应用系统开发的基础；多媒体创作工具和语言是帮助开发者制作多媒体应用软件的工具；多媒体应用软件是在多媒体硬件平台上设计开发的面向应用的软件系统。

2.3.1 多媒体系统软件

1. 多媒体设备驱动软件

多媒体设备驱动程序(multimedia device driver)是一种实现多媒体计算机核心设备与其他设备通信的特殊程序,是操作系统控制硬件设备工作的接口。设备的初始化、打开、正常工作和关闭必须通过设备驱动程序来完成。一般多媒体设备的驱动程序与操作系统的类别和版本相关,在不同类型的操作系统和同类操作系统的不同版本下,均需安装与之相匹配的多媒体设备驱动程序。在个人计算机最常用的操作系统 Windows 中,由于自带大量设备的驱动程序,因此,在多数情况下,不需要再重新安装所有设备的驱动程序。

2. 多媒体操作系统

操作系统是计算机的核心,负责管理和控制计算机的所有软硬件资源,对各种资源进行合理调度和分配,改善资源的共享和利用情况,最大限度地发挥计算机的效能,同时也控制计算机的硬件和软件之间的协调运行,改善工作环境,向用户提供友好的人机界面。

多媒体操作系统除具有一般操作系统的功能外,还具有多媒体底层扩充模块,支持高层多媒体信息的采集、编辑、播放和传输等处理功能。多媒体操作系统从用途上来看,可分为以下几类:①用于 MPC 的通用多媒体操作系统,如 Microsoft 公司的 Windows 系列、Linux 和 Apple 公司的 Mac OS 系列等;②用于娱乐和学习的专用多媒体操作系统,如 CD-I 实时光盘操作系统 CD-RTOS (Real Time Operation System)等;③用于移动设备的移动多媒体操作系统,如 Nokia 公司的 Symbian 系统、Apple 公司的 iOS 系统、Google 公司的 Android 系统和 Microsoft 公司的 Windows mobile 系统等。

1) 通用多媒体操作系统

(1) Windows 操作系统:Windows XP/NT/2000/2003/Vista/7 等版本适用于多媒体个人计算机,能提供标准化图形用户界面(GUI),采用了统一的应用程序界面、统一的操作方式、统一的编程接口和开发工具软件包。Windows 操作系统主要提供以下多媒体功能:多媒体数据编辑处理,支持声卡和显卡等多种多样的多媒体设备,支持多媒体实时任务调度和多媒体设备的同步控制,支持多媒体通信。

(2) Mac OS 操作系统:Mac OS 是一套运行于苹果 Macintosh 系列计算机上的、基于 UNIX 内核的图形化操作系统。一般情况下,无法在普通 PC 上安装。Mac OS 是首个在商用领域成功的图形用户界面操作系统。现在疯狂肆虐的计算机病毒几乎都是针对 Windows 的,由于 MAC 的架构与 Windows 不同,所以很少受到病毒的袭击。现行最新的系统版本是 OS X Mountain Lion。

2) 专用多媒体操作系统

专用多媒体操作系统的代表有由 Philips 和 Sony 公司共同开发的 CD-I 光盘实时操作系统 CD-RTOS,是处于应用程序和硬件设备之间的程序,主要由 3 部分组成:①负责处理多任务管理、进程管理、进程通信、任务调度、I/O管理、中断处理和系统服务的请求及任务同步的CD-RTOS内核；②包含高级存取和数据同步程序、数学函数、I/O和其他程序的系统相关库；③用来快速处理输入和输出，使高层软件和硬件驱动隔离开，连接内核程序和设备驱动程序的接口和管理程序。

3）移动多媒体操作系统

（1）Symbian操作系统：Symbian系统是Symbian公司为手机而设计的操作系统。2008年12月2日，Symbian公司被Nokia公司收购。Symbian是一个实时性、多任务的纯32位操作系统，具有功耗低、内存占用少等特点，非常适合手机等移动设备使用，经过不断完善，可以支持GPRS、蓝牙、SyncML以及3G技术。

（2）iOS操作系统：苹果iOS是由苹果公司开发的手持设备操作系统。苹果公司最早于2007年1月9日的Macworld大会上公布这个系统，最初是设计给iPhone使用的，后来陆续套用到iPod touch、iPad以及Apple TV等苹果产品上。

iOS的系统结构分为4个层次：核心操作系统（the Core OS layer），核心服务层（the Core Services layer），媒体层（the Media layer），Cocoa 触摸框架层（the Cocoa Touch layer）。最新版的iOS系统（iOS5）中，系统操作占用大概774.4MB的内存空间。

（3）Android操作系统

Android是一种以Linux为基础的开放源码操作系统，主要使用于便携设备，可支持智能手机、平板电脑和电视等设备。

2.3.2 多媒体素材处理软件

多媒体素材处理软件主要用于各种媒体数据的采集、编辑和加工处理，主要包括以下几类。

（1）文本素材处理软件：主要完成文本素材的采集、编辑、加工、识别及图形化处理等。常用软件主要有Word、WPS、Notebook（记事本）和Ulead Cool 3D等。其中Ulead Cool 3D主要用于制作动态文字和其他各种三维部件。

（2）图形图像素材处理软件：主要完成图形图像的采集、增强、编辑、加工和转换等，常用软件包括Photoshop、ImageReady、Illustrator、CorelDraw、AutoCAD、Freehand和光影魔术手等专业级图形图像处理软件，还有如金山画王、印章制作、亿图图示专家等专业化软件，以及Windows自带的绘图软件等小软件。

① Photoshop：主要用于图像设计、编辑与处理，功能强大，是使用最多的一种图形图像工具软件。关于Photoshop的详细介绍见本书第4章。

② ImageReady：Adobe公司开发的处理网络图形和动画为主的图像编辑软件。关于ImageReady的详细介绍见本书第4章。

③ Illustrator：出版、多媒体和在线图像的工业标准矢量插画软件，主要用于产品包装、网页图形、演示、标志设计、文字处理和工程绘图等。

④ CorelDraw：矢量图形图像软件，应用于商标设计、标志制作、模型绘制、插图描画、排版及分色输出等诸多领域。

⑤ AutoCAD：美国Autodesk公司首次于1982年生产的自动计算机辅助设计软件，

是一种矢量图形图像软件，用于机械、建筑等领域的二维绘图、详细绘制、设计文档和基本三维设计等。

⑥ Freehand：平面矢量图形制作软件，可用于广告创意、书籍海报制作、机械制图和建筑蓝图绘制等。

⑦ 光影魔术手：一个照片画质改善和个性化处理的免费软件。该软件简单、易用，使每个人都能制作精美相框、艺术照和专业胶片效果。

(3) 音频素材处理软件：主要完成对音频信号的录制、播放和剪辑等处理。常用的音频工具软件主要有 CoolEdit Pro(或 Adobe Audition CS)、GoldWave 和 CakeWalk Pro Audio 等。

① CoolEdit Pro：一个非常出色的数字音乐编辑器和 MP3 制作软件，提供了多轨编辑、数字信号处理(DSP)等功能，支持 WAV、MP3、AU、MPEG、MOV 和 AVI 等众多的音频格式。现已被 Adobe 公司收购，重新开发成 Adobe Audition CS 系列。关于 CoolEdit 的详细介绍见本书第 3 章。

② GoldWave：一种小巧好用的数码录音及编辑软件，可以对音频内容进行播放、录制、编辑以及转换格式等处理，支持多种声音格式，如 WAV、MP3、AU、MPEG、MOV 和 AVI 等。

③ CakeWalk Pro Audio：是目前流行的专业工具制作软件，可用于制作 MIDI 格式的音乐，可以用来作曲、配器、演奏、录音和合成等，功能十分强大。

(4) 动画素材处理软件：主要完成动画的生成、合成和编辑等处理。动画通常分为二维和三维动画。二维平面上实现的一些简单动画属于二维动画，常见软件有 GIF Construction Set 和 Flash 等。三维动画可以实现三维造型以及各种具有真实感的物体模拟等，常见软件包括 Xara3D、3ds Max 等。

① GIF Construction Set：一种能处理和创建 GIF 格式文件的功能强大的工具，能快速、专业地为网页创建 GIF 文件。

② Flash：广泛应用于网页互交多媒体动画设计的工具软件，具有提供各种创建原始动画素材的方式，可将图形图像生成逐帧动画，支持多种文件格式(能导入/导出位图、视频和音频等媒体文件)和通用的浏览器，功能强大。关于 Flash 的详细介绍见本书第 5 章。

③ Xara3D：一种 3D 图形工具软件，可用于制作高质量的三维动画，全面支持中文。

④ 3ds Max：一种功能强大、使用广泛的三维动画编辑软件。

(5) 视频素材处理软件：主要能完成视频素材的采集、编辑、压缩和转换等处理。视频信息通常经过视频采集卡从录像机或电视等模拟视频源上捕捉视频信号，在视频编辑软件中与其他素材一起进行编辑和处理，最后生成高质量的视频剪辑。常用的视频工具软件主要有 Premiere、Media Studio Pro 和会声会影等。

① Premiere：功能强大的视频编辑软件，提供了编辑、特技处理和剪辑等视频编辑功能，以及静态图像和声音处理的工具。关于 Premiere 的详细介绍见本书第 5 章。

② Media Studio Pro：功能强大的专业桌面数码视频编辑软件，提供一整套视频捕捉、编辑及特效制作等艺术解决方案。

③ 会声会影：一套操作简单的DV、HDV影片剪辑软件。具有成批转换功能与捕获格式完整的特点。

2.3.3 多媒体系统开发工具和语言

多媒体系统开发工具和语言即多媒体创作工具，是指利用程序设计语言，通过调用多媒体硬件开发工具或函数库来实现，并能被用户方便地编制程序，组合各种媒体，生成多媒体应用系统的工具软件。多媒体创作工具主要分为以下几类：

(1) 以图标和流程线为基础的多媒体创作工具。以对象或事件的顺序来组织数据，并以流程图为主干，将各种图标、声音、视频和按钮等连接在流程图中，形成完整的多媒体应用系统。例如，Authorware是一种解释型、基于流程的图形编程语言，可用于创作与发行交互式与学习型应用软件开发，特别适合于教育训练、教学多媒体应用方面的开发。

(2) 以时间轴为基础的多媒体创作工具。以帧为单位，将数据或事件按时间顺序组织。如Director，以总谱为基础，采用了一种拟人化舞台，形象地把多媒体系统中的每一个对象称为舞台演出中的一个“角色”，而且还有一张对号入座的卡片，用以同步各种演出活动。所有要单独控制的素材，包括声音、文本、图形图像、调色板、视频、动画和按钮等，都作为“角色”统一管理。

(3) 以卡片和页面为基础的多媒体创作工具。按照类似于书的页面来组织和管理，具有出色的超文本和超媒体功能。如ToolBook，脚本模式的应用程序可以被想象成一本有许多页的书，每页是展示在它自己的窗口中的一个画面，它包括许许多多媒体对象(图形按钮等)和大量的交互信息。

(4) 以传统的程序设计语言为基础的多媒体创作工具。例如Visual C++、Visual Basic和Delphi等，这些多媒体编程语言都具有功能强大、编程灵活、扩展性好、面向对象、提供丰富的控件、适用于复杂的多媒体产品制作的特点。但需要自编代码，对制作人员要求高。

2.3.4 多媒体应用软件

这类软件直接面向用户，服务于用户，如各类浏览与播放软件，主要用于浏览图像、播放音频或视频等多媒体数据，如常用的图像浏览软件ACDSee，常用的音视频播放软件Windows Media Player、Winamp、千千静听(TTPlayer)和RealPlayer等。

ACDSee：一种图像浏览工具，支持BMP、GIF、JPG和TGA等多种常见的图形图像文件格式，图片打开速度极快。

Windows Media Player(媒体播放器)：Windows操作系统内置的媒体播放器，主要用于控制多媒体设备并播放多媒体文件，如声音、音乐、动画和视频等。

Winamp：一个非常著名的高保真的音乐播放软件，支持MP3、MP2、MOD、S3M、MTM、ULT、XM、IT、669、CD-Audio、Line-In、WAV和VOC等多种音频格式。可以定制界面skins，支持增强音频视觉和音频效果的Plug-ins。

千千静听(TTPlayer)：目前最好用的音乐播放器之一，是一款完全免费的音乐播放软件，拥有自主研发的全新音频引擎，集音效、转换、播放和歌词等众多功能于一身。

RealPlayer：一个在 Internet 上通过流技术实现音频和视频的实时传输的在线收听工具软件。支持播放各种在线媒体视频，包括 Flash、FLV 和 MOV 等格式，并且在播放过程中能够录制视频。

本章小结

本章介绍了多媒体计算机的硬件和软件系统组成。硬件系统主要由多媒体计算机核心设备、多媒体 I/O 设备、多媒体存储设备和网络通信设备等几个部分组成；同时对计算机硬件的性能和技术指标作了介绍；还介绍了多媒体驱动软件、多媒体操作系统、多媒体素材处理软件、多媒体创作工具软件和多媒体应用软件的相关知识。通过本章的学习，为进一步学习多媒体技术打下基础。

思考与练习

一、填空题

1. 手写笔分为________、________和________3类。
2. 显示器的技术参数通常包括________、________、________和________等。
3. 声卡的主要性能指标有________、________、________和________等。
4. 常见的移动多媒体操作系统有________、________和________等。

二、问答题

1. 简述多媒体系统的层次结构。
2. 简述多媒体计算机的核心设备。
3. 试通过比较多媒体个人计算机标准的异同来确定多媒体个人计算机的基本特征。
4. 简述多媒体计算机系统软件的分类和功能。
5. 多媒体素材处理软件主要包括哪些？各有什么功能？

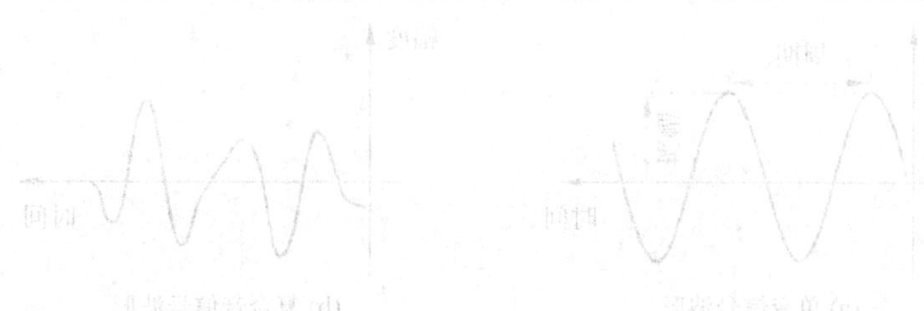

第3章 chapter 3

数字音频处理技术

多媒体计算机需要综合处理声、文、图信息。声音是携带信息的重要媒体，对音频的处理技术是多媒体技术研究中的一个重要组成部分。本章首先介绍声音的基础知识，然后介绍音频数字化过程以及在音频数字化中涉及的一些重要概念：采样、量化、音频编码与压缩、数字音频的质量等，最后对常用的音频文件格式和音频软件做了详细介绍。

3.1 音频处理概述

音频处理是多媒体技术中的一个重要内容。早期的PC虽然带有扬声器，但它只能实现一些简单的发声功能。自从配备了声卡之后，计算机才能真正实现声音录放、合成等功能，为计算机的应用开辟了一个声像结合的新世界。

3.1.1 什么是声音

世界上存在各种各样的声音，如人类的话音、各种动物发出的声音、不同的乐器声、自然界的风雨雷声等等，这些声音既有许多共同的特性，也有各自的特性。在利用计算机处理这些声音时，既要考虑它们的共性，又要考虑它们各自的特性。

从物理学的角度上讲，声音是一种机械波，由物体振动产生，并在弹性介质(如空气等)中传播，如人类话音由声带振动产生，弦乐器声音由弦振动产生，……。我们可以用声波来表示声音。声波是一条随时间变化的连续曲线，如图3-1(a)显示的是一个单一频率和幅度的声音波形。声音波形中两个连续的波峰(或波谷)之间的距离称为一个周期；振幅则是指声波波形的最大位移，它是波形的最高(低)点与基线之间的距离。

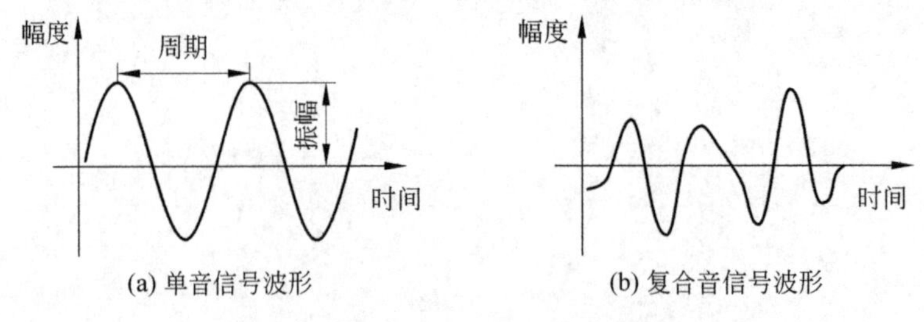

(a) 单音信号波形　　(b) 复合音信号波形

图 3-1　单音信号和复合音信号波形

单音信号一般只有电子仪器才能产生，自然界存在的声音大多是复合音，即由若干频率和振幅各不相同的正弦波组成的音频信号，如图3-1(b)所示。

3.1.2 声音的基本参数

声音的三要素是音调、音色和音强。音调指声音的高低；音色指具有特色的声音；音强指声音的强度，也称响度或音量。而这三要素取决于声音信号的两个基本参数：频率和振幅，其间有着密切的联系。

1. 频率

根据物理学定义，频率是周期的倒数。声音的频率表示声波每秒中出现的周期数目，即变化的次数，以赫兹(Hz)为单位。

频率反映出声音的音调高低。频率越高，音调越细越尖；频率越低，音调越粗越低。声音按频率可分成3类：

(1) 次音(亚音)信号：指频率低于20Hz的声音。

(2) 音频(audio)信号：指频率范围在20Hz～20kHz之间的声音。

(3) 超音频(超声波)信号：指频率高于20kHz的声音。

这3类声音中，人的听觉器官只能感知到音频信号，而次音信号和超音频信号是人类无法听到的，因此在多媒体技术中，处理的声音信号主要就是音频信号，包括乐音、语音以及自然界的各种声音等。例如，人类发音器官发出的声音频率范围大约是80～3400Hz，而人类正常说话的声音信号频率通常为300～3000Hz，人正常说话的这种声音信号称为语音(speech)信号。

在复合音中，最低频率的声音称为基音，其他频率的声音称为谐音，基音和谐音是构成声音音色的重要因素。

2. 振幅

声波的振幅决定声音的强度，振幅越高，声音越强；振幅越低，声音越弱。

常用的幅度单位是分贝(dB)，体现的是声强。人耳刚刚能听到的最低声音称为听阈，如0dB。此外，当声强过高，达到120dB以上时，会使人耳感到疼痛，称为痛阈。

人耳的听觉范围就在听阈与痛阈之间。

3.1.3 人的听觉特性

音频信号的感知过程与人耳的听觉系统密不可分。进入20世纪80年代之后，科学工作者一直在研究利用人类听觉系统的感知特性来处理声音信号的技术，特别是在利用人的听觉特性达到压缩声音数据方面，已经取得很大的进展，如MP3的编码方式就是建立在感知声音编码的基本原理之上的。下面简单介绍人类听觉系统的几个特性。

1. 频率与音强的关系

研究表明，人耳对不同频率段声音的音强敏感度差别很大，即不同频率的声音要达到能被人耳听到的水平所需要的强度是不一样的。因此不同频率的纯音，0dB的音强不同，例如，1kHz纯音，0dB的音强达到10～16W/cm²（瓦特/平方厘米）；而100Hz的纯音，0dB的音强则为10～12W/cm²。通常人耳对2～4kHz范围的信号最敏感，即使幅度很低，音量很小，都能被人听到；而在低频区和高频区，能被人听到的信号幅度要高得多。

此外，人耳对于频率的分辨能力除了与频率本身有关以外，也受音强影响，音强过强或太弱都会导致人耳对频率的分辨能力降低。

2. 掩蔽效应

人的听觉具有掩蔽效应，指一种音频信号会阻碍听觉系统感受另一种音频信号的现象，前者称为掩蔽音，后者称为被掩蔽音。掩蔽效应可分为频域掩蔽和时域掩蔽。

频域掩蔽是指在一定频率范围内，若同时存在一强一弱两个音频信号时，强音频信号会掩蔽另一个弱音频信号，使得弱音不被人耳察觉，即被强音"掩蔽"掉。

时域掩蔽是发生在掩蔽音和被掩蔽音不同时出现的情况下，包括超前掩蔽和滞后掩蔽。超前掩蔽是指较强的掩蔽音出现之前较弱的被掩蔽音无法听到，一般很短，大约只有5～20ms。而滞后掩蔽是指较强的掩蔽音即使消失了一段时间，较弱的被掩蔽音也无法听到，可以持续50～200ms。产生时域掩蔽的主要原因是人的大脑处理信息需要花费一定的时间。

3.1.4 音频信号处理过程

计算机只能处理离散的二进制数据，无论是何种多媒体数据，若需要用计算机进行存储、输出或处理，首先需要将原来的模拟信号数字化，即将连续的模拟数据转变成离散数据，这种离散数据用计算机可以处理的二进制形式表示。

对于音频来说，其模拟信号是在时间和幅度上连续的。时间上的连续意味着在一个指定的时间范围内声音信号的幅值有无穷多个；幅度上的连续指幅度的数值有无穷多个。模拟的音频信号必须经过一定的变化和处理，使其从模拟信号变成时间和幅度都离散的二进制数字信号之后才能由计算机编辑和存储，这个过程称为音频数字化过程。

在音频信号处理过程中，模拟音频信号输入一般采用麦克风或录音机产生，再由声卡上的WAVE合成器的模/数转换器对模拟音频进行数字化转换，再压缩编码后，转换为一定字长的二进制序列，并在计算机内传输和存储。在数字音频回放时，由数字到模拟的转换器（数/模转换器）解码可将二进制编码恢复成原始的声音信号，通过音响设备输出（如图3-2所示）。

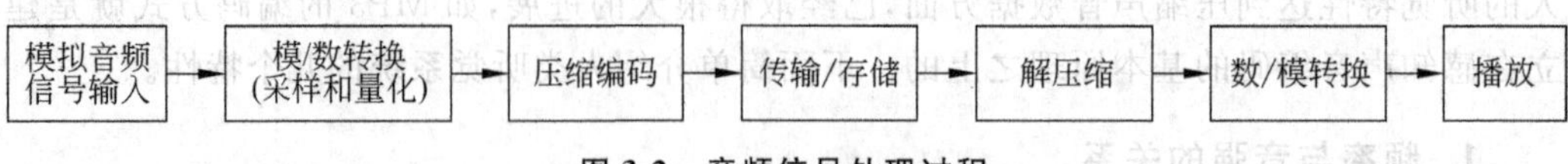

图3-2 音频信号处理过程

3.2 音频的数字化

在上述音频信号处理过程中，采样、量化和压缩编码是必不可少的 3 个步骤。实现时间上的离散过程称为采样，实现幅度上的离散过程称为量化。而压缩编码的目的则是为了尽可能在保证音频效果的前提下减少音频文件的数据率。

3.2.1 音频的采样

采样是把模拟音频信号在时间域上，按照设定的固定时间间隔，读取音频信号波形的幅度值，再用若干位二进制数表示。经过采样后，从原来随时间连续变化的模拟信号得到了一组样本，即一组离散的模拟信号。

若每隔相等的时间间隔采样一次，这种采样称为均匀采样(如图 3-3 所示)；而采样时间间隔不恒定的，则是非均匀采样。

采样时间间隔称为采样周期，它的倒数称为采样频率，单位为 Hz。采样频率决定了每秒钟所取声波幅度样本的次数。一般来讲，采样频率直接影响到声音的质量，采样频率高，每秒采集的样本多，声音的保真度越好，但所要求的数据存储量也越大，因此要根据需要权衡合适的采样频率。

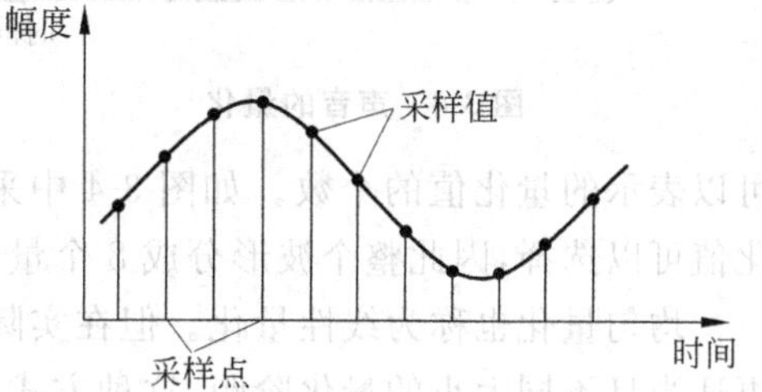

图 3-3 声音的采样

音频数字化中的采样频率高低根据奈奎斯特理论(Nyquist theory)，由声音信号本身的最高频率决定。奈奎斯特理论指出，采样频率若高于声音信号本身最高频率的两倍时，就能把数字声音不失真地还原成原始声音。奈奎斯特理论用公式表示为：

$$f_s \geqslant 2f \quad 或 \quad T_s \leqslant T/2$$

其中，f_s 为采样频率，f 为音频信号的最高频率；T_s 为采样周期，T 为音频信号的最小周期。

表 3-1 列出几种常用的采样频率。例如，人类发音器官发出的声音频率范围大约是 80～3 400Hz，因此通常最少采用 8kHz 的采样频率来处理人的声音信号。对于音频信号，根据不同的质量标准，通常采用 3 种采样频率，即 44.1kHz(高保真效果)、22.05kHz(音乐效果)和 11.025kHz(语音效果)。

表 3-1 常用的采样频率

效　果	采样频率/kHz	频率范围/Hz
语音效果	11.025	100～5500
音乐效果	22.05	20～11 000
高保真效果	44.1	5～20 000

3.2.2 音频的量化

采样进行了时间上的离散化，但采样后的信号波形的幅度值仍然是模拟数值，因此量化就是对样本(即采样后的信号波形)的幅度值进行离散化处理。

1. 量化过程

量化过程分两步(如图 3-4 所示)。

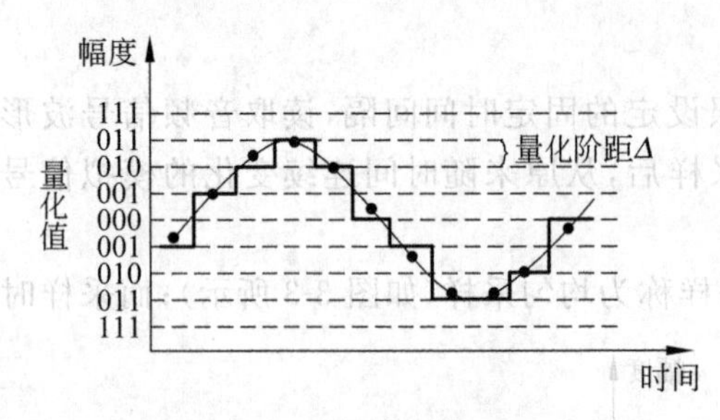

图 3-4 声音的量化

第 1 步：将整个信号幅度值划分为有限个小幅度(量化阶距 Δ)的集合。如果采用相等的量化阶距对采样得到的信号作量化，那么这种量化称为均匀量化。均匀量化中，量化阶距 Δ 如下：

$$量化阶距\ \Delta = 2X_{\max}/2^B$$

其中，$X_{\max}$ 是声波的最大幅值；2^B 是指若采用二进制数据表示量化值，则 B 位二进制码可以表示的量化值的个数。如图 3-4 中采用 3 位二进制数表示量化值，则有 $2^3=8$ 个量化值可以选择，因此整个波形分成 8 个量化阶距 Δ。

均匀量化也称为线性量化。但在实际量化中，通常会以人的听力敏感度为准来设定更适当且不同大小的量化阶距，这种方式称为非均匀量化(如图 3-5 所示)。

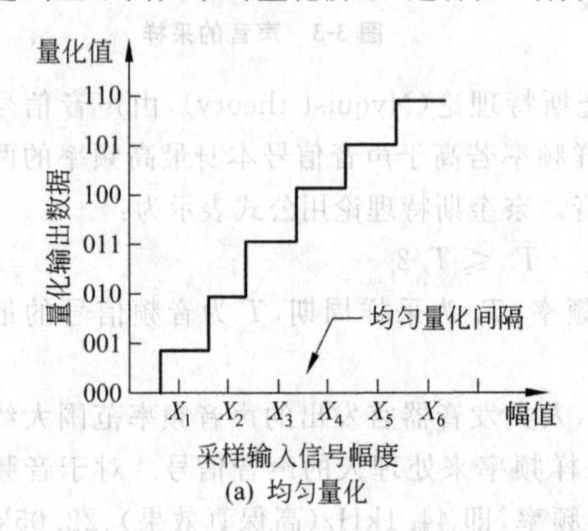

(a) 均匀量化

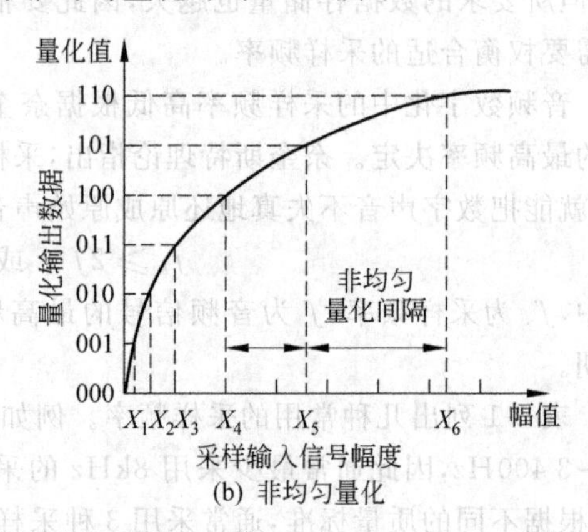

(b) 非均匀量化

图 3-5 均匀量化和非均匀量化

在非均匀量化中，先将来自原始空间的采样值 X 用一个非线性变换电路进行压缩，得到 Z 值，再对 Z 值进行线性量化，从而得到 Y 值。经过这一系列的转换后，Y 与最初的 X 值将存在一定的对应关系。在接收端，再用一个扩张器来恢复 X 值(如图 3-6所示)。

发送端的量化输出数据 Y 与采样输入信号幅度 X 之间通常采用对数压缩，即 $Y=\ln X$。有两种常用的对应关系，一种称为 μ 律压扩算法(μ-law)，另一种称为 A 律压扩算法(A-law)。

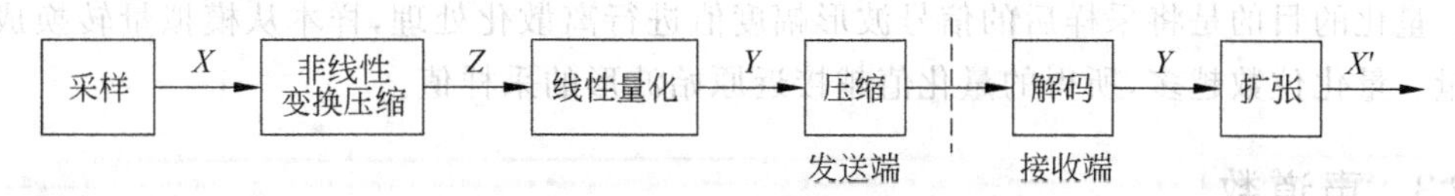

图 3-6 非均匀量化过程

μ 律：

$$\gamma=\frac{\operatorname{sgn}(s)}{\ln(1+\mu)}\ln\left(1+\mu\left|\frac{s}{sp}\right|\right),\quad \left|\frac{s}{sp}\right|\leqslant 1$$

A 律：

$$\gamma=\begin{cases}\dfrac{A}{1+\ln A}\times\dfrac{s}{sp}, & \left|\dfrac{s}{sp}\right|\leqslant\dfrac{1}{A}\\ \dfrac{\operatorname{sgn}(s)}{1+\ln A}\left(1+\ln A\left|\dfrac{s}{sp}\right|\right), & \dfrac{1}{A}\leqslant\left|\dfrac{s}{sp}\right|\leqslant 1\end{cases}$$

$$\text{Where }\operatorname{sgn}(s)=\begin{cases}1, & \text{if } s>0\\ -1, & \text{otherwise}\end{cases}$$

其中：

μ 和 A 为压缩系数。压缩系数 μ 越大，则压缩效果越明显，$\mu=0$ 相当于无压缩。

s 为输入信号，规格化为 $-1\leqslant s\leqslant 1$。

sgn(s)为输入信号 s 的极性(-1 或 1)。

μ 律压扩算法主要用在北美和日本等地区的数字电话通信系统中；而 A 律压扩算法用在欧洲和中国大陆等地区的数字电话系统中。

第 2 步：把落在某个量化界线的 $\pm 1/2$ 范围内的采样值归为一类，赋予同样的量化值。即设采样值为 i_n，若

$$\left(i+\frac{1}{2}\right)\Delta>i_n\geqslant\left(i-\frac{1}{2}\right)\Delta$$

则 $i_n=i\Delta$。

2. 量化精度

量化中采用的二进制数的位数会影响到数字音频的质量。量化精度就是指声音量化后样本值的位数(b/s)。若每个声音样本用 3 位二进制数据表示，则样本取值为 0～7，量化精度为 1/8；若用 16 位二进制数据表示(2B)，则声音的样本取值为 0～65 535，量化精度是 1/ 65 536。

量化后的样本值 Y 与原始值 X 的差 $E=Y-X$ 称为量化误差或量化噪声。量化误差随量化阶距变大而增加，所以样本位数的大小影响到声音的质量，位数越多，量化误差越小，声音质量越高，但数据量会随之增大，需要的存储空间增多。

量化精度可以用信噪比 SNR 表示：

$$\text{SNR}=10\lg((V_{\text{signal}})^2/(V_{\text{noise}})^2)=20\lg(V_{\text{signal}}/V_{\text{noise}})$$

其中，V_{signal} 表示信号电压，V_{noise} 表示噪声电压；SNR 单位为分贝(dB)。

若 $V_{\text{noise}}=1$，采样精度为 1 位表示 $V_{\text{signal}}=2^1$，它的信噪比 SNR=6dB。

量化的目的是将采样后的信号波形幅度值进行离散化处理，样本从模拟量转换成数字量。量化位数越多，所得的量化值越接近原始波形的采样值。

3.2.3 声道数

声道数即声音通道个数，一次采样所记录产生的声音波形个数决定声道数的多少。记录声音时，若每次生成一组声波数据，称为单声道；每次生成两组声波数据，称为双声道（立体声）。一般家庭影院的音响是 4.1 声道，即前后左右各一个声道，“.1”是指低音音箱，也叫低音炮，用来播放分离的低频声音。较好的音响系统可以有 5.1、6.1 和 7.1 声道。

声道数多，音质音色好，更真实，但存储容量也要相应增加。

3.2.4 音频的编码与压缩技术

对于不同类型的音频信号而言，其信号带宽是不同的，如电话音频信号（200Hz～3.4kHz）、调幅广播音频信号（50Hz～7kHz）、调频广播音频信号（20Hz～15kHz）和激光唱盘音频信号（10Hz～20kHz）。随着对音频信号音质要求的提高，信号频率范围逐渐增加，要求描述信号的数据量也就随之增加，从而带来处理这些数据的时间以及传输和存储这些数据的容量增加，因此音频压缩与编码显得尤为重要。

音频压缩编码时通常考虑的因素有音频质量、数据量和计算复杂度等。当前音频编码压缩的技术主要分为 4 类：波形编码、参数编码、混合编码和感知编码（如表 3-2 所示），在本书第 6 章中，对表 3-2 中的部分算法和标准做了较为详细的介绍。

表 3-2 常见音频编码算法和标准

编码类型	算　法	名　称	数据率/kb/s	标准	应　用	质量
波形编码	PCM	脉冲编码调制			公共网 ISDN 配音	4.0～4.5
	μ(A)	μ(A)	64	G.711		
	APCM	自适应脉冲编码调制				
	DPCM	差分脉冲编码调制				
	ADPCM	自适应差分脉冲编码调制	32	G.721		
	SB-ADPCM	子带-自适应差值量化	64	G.722		
参数编码	LPC	线性预测编码	2.4		保密电话	2.5～3.5
混合编码	CELPC	码激励 LPC	4.8		移动通信	3.7～4.0
	VSELP	矢量和激励 LPC	8		语音邮件	
	RPE-CELP	长时预测规则码激励	13.2		ISDN	
	LD-CELP	低延时码激励 LPC	16	G.728		
感知编码	MPEG	多子带感知编码	128		CD	5.0
	AC-3	感知编码			音响	5.0

1. 波形编码

波形编码是基于音频数据的统计特性进行的编码，其目标是使重建语音波形保持原波形的形状。具有算法简单，易于实现，可获得高质量语音等特点。常见的波形编码算法有以下几种。

(1) 脉冲编码调制(Pulse Code Modulation，PCM)。其编码原理就是采样和量化的理论，是一种无压缩、最简单、理论上最完善的编码系统，保真度高，解码速度快，但也是数据量最大的编码系统，CD-DA 就是采用的这种编码方式。采用此种算法的波形音频文件，其存储量计算公式如下：

存储量＝采样频率×量化位数×声道数×时间/8

说明：存储量单位为字节(B)；时间单位为秒(s)。

例如，用 44.1kHz 的采样频率进行采样，量化位数选用 16 位，则录制 1s 的立体声节目，其波形文件所需的存储量为 44100×16×2×1/8 ＝176400(B)。

(2) 自适应脉冲编码调制(Adaptive Pulse Code Modulation，APCM)。根据输入信号幅度大小来改变量化阶距大小的一种波形编码技术。这种自适应可以是瞬间自适应，即量化间距的大小每过几个样本就改变；也可以是音节自适应，即量化阶距的大小在较长时间周期里发生变化。

(3) 差分脉冲编码调制(Differential Pulse Code Modulation，DPCM)。是利用样本间存在的信息冗余度来进行编码的一种压缩编码算法。利用音频信号幅度分布规律和样本间的相关性，在编码中使用预测技术，从过去的样本预测下一个样本的值。对预测的样本值与原始的样本值的差值进行编码，量化差值信号可以用比较少的二进制位数表示，以降低音频数据的编码率。

(4) 自适应差分脉冲编码调制(Adaptive Differential PCM，ADPCM)。综合了 APCM 的自适应特性和 DPCM 的差分特性。使用自适应的预测器和量化器，对不同频段设置不同的量化间距，用小的量化间距对小的差值进行编码，用大的量化间距对大的差值进行编码，较好地解决了 DPCM 编码对幅度急剧变化的输入信号会产生比较大的噪声的问题，使数据得到进一步的压缩，压缩率可达 8∶4、8∶3、8∶2 和 16∶4。

2. 参数编码

将音频信号以某种模型表示，再抽出合适的模型参数和参考激励信号进行编码；播放声音时，使用这些参数通过话音生成模型重构声音信号，这就是通常讲的声码器(vocoder)。这种编码方式产生的话音虽然可以听懂，但因为受到话音生成模型的限制，音质比较差，且算法复杂，计算量大；但它的保密性能好，压缩率高，因此常应用在军事上。

3. 混合编码

将波形编码的高质量和参数编码的低数据率结合在一起的编码方式，取得的效果较好。混合编码充分利用了线性预测技术和综合分析技术，其典型算法有码激励 LPC、矢量和激励 LPC、长时预测规则码激励和低延时码激励 LPC 等。

4. 感知编码

当前,很多数字音频编码系统均采用感知编码原理,即利用人耳的听觉特性,如掩蔽效应等,在编码过程中保留人耳可以听到(感知)的部分,而忽略人耳听不到(不能感知)的部分,将听众察觉不了的信号去除。

这种算法一般属于有损压缩编码,也就是说,压缩后又恢复的数据和原来的数据在理论上是不同的,但由于人耳识别范围的限制,如果选择了适当的压缩方法,尽管数据有损失,并不能感觉出太大的差别。即使有时能看出和听出差别,人的感官上也还能接受。常见的感知编码算法有 MPEG 标准中的音频编码、Dolby AC-3 等。

3.2.5 数字音频的质量

数字音频质量主要受到采样频率、量化精度、声道数和压缩率等因素影响。因此,在将声音资料数字化时,需要知道下列的问题:

(1) 采样频率是多少?

(2) 声音信号数据可以量化到什么程度?量化的阶距是一致的吗?

(3) 声道数是多少?

(4) 压缩率是多少?

根据声音的频带,通常把声音分成 5 个等级,由低到高分别是电话、调幅广播(AM)、调频广播(FM)、光盘(CD)和数字录音带(DAT)。在这 5 个等级中,使用的采样频率和样本精度等都有所不同,如表 3-3 所示。

表 3-3 音质与数据率

等级数值	质量等级	采样频率/kHz	样本精度	声道	数据率(未压缩)/kB/s	频率范围/Hz
1	电话	8	8	单声道	8	200~3400
2	AM Radio	11.025	8	单声道	11.0	100~5500
3	FM Radio	22.050	16	立体声	88.2	20~11 000
4	CD	44.1	16	立体声	176.4	5~20 000
5	数字录音带 DAT	48	16	立体声	192.0	5~20 000
6	DVD Audio	192(max)	24(max)	6 声道	1200.0	0~96 000

数字化之后的音频信息具有数据海量性,对信息的存储和传输造成很大困难,因此对数据进行压缩是解决问题的一个重要手段。数据压缩不仅仅存在于音频信息上,所有的其他多媒体数据,如图像和视频等都存在这个问题,而某些压缩编码算法也具有通用性。对数据压缩算法的研究已成为多媒体信息处理的关键技术。

3.3 音频文件格式及标准

音频文件种类繁多,一般常见的音频文件格式包括 WAV 格式、MPEG 格式、流媒体音频格式(包括 RealMedia 格式、Windows Media 格式、QuickTime 格式等)、MP3 和

MIDI 等。在这些常见的音频文件格式中，按播放方式可以划分为下载格式和流媒体格式，按压缩情况可以划分为压缩和非压缩格式，按音频资源的来源可以分为自然声音和合成声音等。

3.3.1 波形文件格式

下面介绍 3 种常见的波形文件格式。

(1) WAV 文件：扩展名为 wav，称为“波形文件”，是 Microsoft Windows 的标准数字音频文件，由 Microsoft 公司和 IBM 公司于 1991 年 8 月联合开发。由于 Windows 的影响力，这种格式已成为事实上的通用音频格式，一般的音频播放软件和编辑软件都支持这一格式，并将该格式作为默认文件保存格式之一。

此种文件能真实记录声源的声音，声音效果稳定，一致性好，可以达到较高的音质要求。但由于该种文件数据记录详尽，音频数据基本没有经过压缩处理，因此数据量很大，一般适用于存放音频数据并用于进一步处理，而不是像某些压缩音频那样用于聆听。

(2) CD Audio 音乐：扩展名为 cda，是 CD 唱片采用的格式，是当今音质最好的音频格式。不过，在 CD 光盘中以 cda 为扩展名的文件并没有真正包含声音的信息，而只是一个索引信息，不论 CD 音乐的长短，*.cda 文件都是 44B 长，因此直接复制 *.cda 文件到硬盘上是无法播放的，只有使用专门的抓音轨软件才能对 CD 格式的文件进行转换。

(3) VOC 文件：Creative 公司波形音频文件格式，也是声霸卡使用的音频文件格式。该格式的一个明显的缺点是带有浓厚的硬件相关色彩。随着 Windows 平台本身提供了标准的 WAV 格式文件之后，加上 Windows 平台不提供对 VOC 格式的直接支持，该格式逐渐消失，但现在的很多播放器和音频编辑器都还是支持该格式的。

3.3.2 MPEG 音频文件格式

运动图像专家组(Moving Pictures Experts Group，MPEG)，是 1988 年由国际标准化组织(ISO)和国际电工委员会(IEC)联合成立的专家组，负责开发电视图像数据和声音数据的编码、解码和同步等标准。该组织制定的标准称为 MPEG 标准，到目前为止，已经开发和正在研究的有：MPEG-1(数字电视标准，1992 年发布)、MPEG-2(数字电视标准，1994 年发布)、MPEG-4(多媒体应用标准，1999 年发布)和 MPEG-7(多媒体内容描述接口标准)。

在 MPEG-1 和 MPEG-2 标准中，关于音频数据压缩编码的技术标准有 MPEG-1 Audio、MPEG-2 Audio、MPEG-2 AAC 等，它们采用感知压缩编码原理，处理 10～20 000Hz 范围内的声音数据，这种压缩一般属于有损压缩。

最常见的 MPEG 音频文件是 MP3 声音文件格式，其全称是 MPEG-1 Layer 3 音频文件。MPEG-1 标准按照音频本身的压缩质量和编码方案的复杂程度，提供 3 个独立的压缩层次，即 Layer 1、Layer 2 和 Layer 3：

(1) 层一(Layer 1)：编码器最简单，编码器的输出数据率为 384kb/s，主要用于小型数字盒式磁带。

(2) 层二(Layer 2)：编码器的复杂程度中等，编码器的输出数据率为 192～256kb/s，主要用于数字广播声音、数字音乐、只读光盘交互系统(CD-I)和视盘(VCD)等。

(3) 层三(Layer 3)：编码器最复杂，编码器的输出数据率为 64kb/s，主要用于网络上的声音传输。

用这 3 层标准压缩出的文件，分别对应 *. mp1、*. mp2、*. mp3 这 3 种声音文件。

由表 3-4 可见，MP3 压缩率较大，相同长度的音乐文件，用 MP3 的格式存储，所占的存储空间只相当于 WAV 文件的 1/10，但音质与 CD 唱片大体接近，因此在网络、可视电话和通信方面应用十分广泛。

表 3-4 MPEG-1 声音的压缩率

层次	压缩率	立体声信号所对应的位率(kb/s)
1	4：1	384
2	6：1～8：1	192～256
3	10：1～12：1	112～128

3.3.3 流媒体音频文件格式

流媒体技术是网络技术及视/音频技术的有机结合，流媒体是指采用流式传输的方式在 Internet 播放的各种媒体信息，如音频、视频和动画等多媒体文件。

流式传输时，将经过压缩处理后的音频、视频和动画等信息放在流媒体服务器上，由流媒体服务器向用户端连续实时传送信息。在播放前先在用户端的计算机上创建一个缓冲区，预先下载一段数据作为缓冲后即可播放，文件的剩余部分将在后台继续下载。当网络实际连线速度小于播放所耗的速度时，播放程序就会取用缓冲区内的数据，避免播放的中断，使得播放品质得以保证。相对于传统的下载后播放的方式，流媒体使得用户可以边接收边播放，减少了大量的等待时间。

流媒体音频方面，目前主要包括 RealNetwork 公司的 RealMedia 格式、Microsoft 公司的 Windows Media 格式和 Apple 公司的 QuickTime 格式等。

(1) RealMedia：是 RealNetwork 公司推出的流式声音格式，这类文件扩展名为 ra、ram 或 rm，是一种在网络上很常见的音频文件格式。此外这种格式的文件具有很高的压缩比和极小的失真，因此主要目标是压缩比和容错性，其次才是音质。该格式的声音文件的一个特点是可以随网络带宽的不同而改变编码，使得低带宽(28.8kb/s)的用户能在线聆听。在 Real Media 出现之后，网络广播、网络教学和网上点播等众多网络服务应运而生，极大地促进了网络技术的发展。

(2) QuickTime：是 Apple 公司面向专业视频编辑、Web 网站创建和 CD-ROM 内容制作领域开发的多媒体技术平台，主要应用于声音管理，文件扩展名是 mov，所对应的播放器是 QuickTime。QuickTime 支持几乎所有主流的个人计算平台，是数字媒体领域事实上的工业标准，是创建 3D 动画、实时效果、虚拟现实、音/视频和其他数字流媒体的重要基础。

(3) Windows Media：Microsoft 公司的 Windows Media 的核心是 ASF(Advanced Stream Format)，这类文件的扩展名是 asf 和 wmv，与它对应的播放器是 Microsoft 公司的 Media Player。

3.3.4 MIDI

MIDI 是 Musical Instrument Digital Interface(电子乐器数字接口)的缩写，是一种定义 MIDI 电子音乐设备与计算机之间交换音乐信息的国际标准协议，规定了使用数字编码来描述音乐乐谱的规范。在 20 世纪 80 年代初期，MIDI 数字音乐国际标准才正式制定，是被音乐家和作曲家广泛接受和使用的一种音乐形式。

MIDI 是一个脚本语言，它通过对事件编码，来产生某种声音。一个 MIDI 事件可能包含一个音阶的音调、它的持续时间和音量。由 MIDI 控制器(或 MIDI 文件)产生一套指示电子音乐合成器要做什么、怎么做(如演奏某个音符、加大音量、生成音响效果)的标准指令。

因此，MIDI 音频文件与波形音频文件完全不同，MIDI 文件中存放的不是声音信号，而是一套计算机指令，这些指令如同乐谱一样记录下要演奏的符号，包含乐曲中的音符、定时和通道的演奏定义，甚至包括每个通道演奏的音符信息、音长、音量和力度(击键时，键达到最低位置的速度)，是乐谱的一种数字式描述。通过这一套指令可以指示 MIDI 设备或其他相关装置要演奏什么、怎么演奏，比如，用什么乐器的声音演奏什么音符，或调节音量，或产生音响效果等。最后播出的声音是由 MIDI 设备根据这些指令产生，经放大后由扬声器输出。电子琴就是一种常见的 MIDI 设备。

常见的 MIDI 音频文件有 MID 和 RMI 格式的文件等，其中 RMI 是 Microsoft 公司的 MIDI 文件格式，它可以包括图片标记和文本。

1. MIDI 乐音合成方法

MIDI 乐音的合成方法很多，常见的有两种：一种是频率调制(FM)合成法，另一种是乐音样本合成法，也称为波形表合成法。

1) 频率调制(FM)合成法

FM 合成法是 20 世纪 70 年代末到 80 年代初由美国斯坦福大学的一名研究生发明的。这种合成声音的原理是根据傅里叶级数而来。傅里叶级数的理论是：任何一种波形信号都可以被分解成若干个频率不同的正弦波，所以一个乐音也可以由若干个正弦波合成得到。

FM 合成法中，利用 FM 乐音合成器产生若干个频率不同的正弦波(如图 3-7 所示)，将这些不同频率的正弦波形用数字形式表达，通过不同的算法和参数把它们组合起来，如改变数字载波频率可以改变乐音的音调，改变它的幅度可以改变它的音量；改变波形的类型，如正弦波、半正弦波或其他波形，会影响基本

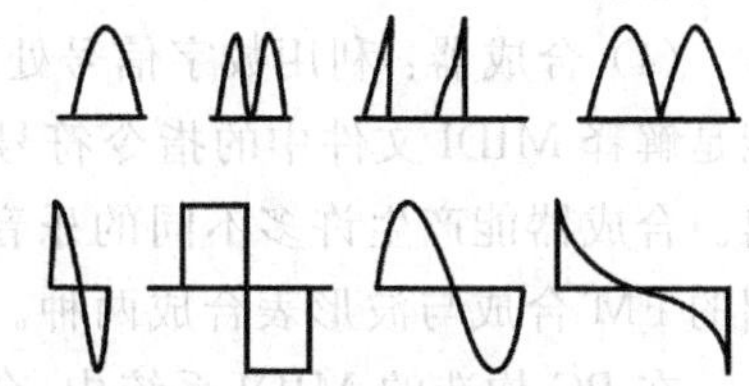

图 3-7 声音合成器波形

音调的完整性等，就可以得到不同乐音的数字信号，最后通过数模转换器(DAC)来生成乐音。

在乐音合成器中，数字载波波形和调制波形有很多种，不同型号的FM合成器所选用的波形也不同。至于这样产生的乐音接近真实的乐音的程度，则取决于可用的波形源的数目、算法和波形的类型。

2) 乐音样本合成法(波形表合成法)

FM合成方式是将多个频率的简单声音合成复合音来模拟各种乐器的声音，但是利用这种方法产生的声音音色少、音质差，是早期使用的方法。而现在用得比较多的一种方法是乐音样本合成法(波形表合成法)。

这种方式和FM合成法最大的不同在于：FM合成法通过对简单正弦波的线性控制来模拟音乐乐器、鼓和特殊效果，而波形表合成法则是采用真实的声音样本进行回放。它先记录各种乐器的真实声音，并进行数字化处理形成波形数据，存储在ROM中。发音时通过查表找到所选乐器的波形数据，再经过调制、滤波和合成等处理形成立体声回放。

由于乐音样本合成器需要的输入控制参数比较少，控制的数字音效也不多，产生的声音质量比FM合成的声音质量更高，更直观，更接近自然的声音。

在进行乐音样本采集的时候，一般是采用44.1kHz的采样频率、16位的乐音样本，这相当于CD的质量。

2. MIDI系统简介

MIDI系统基本设备配置包括MIDI控制器、MIDI端口、音序器、合成器和扬声器。

(1) MIDI控制器：如电子琴等。是当作乐器使用的一种设备，键盘本身并不会发出声音，只是在用户按键时发出按键信息，产生MIDI数据流，数据流由音序器录制生成MIDI文件。

(2) MIDI端口：与其他设备的接口；包括MIDI In(输入)、MIDI Out(输出)和MIDI Thru(穿越)3种。

(3) 音序器：为MIDI作曲而设计的计算机程序或电子装置，用于记录、编辑和播放MIDI声音文件。大多数音序器能输入输出MIDI文件，捕捉MIDI消息，将其存入MIDI文件，并可以编辑MIDI文件。音序器有硬件音序器和软件音序器两种，目前大多数为软件音序器。

(4) 合成器：利用数字信号处理器或其他芯片产生音乐或声音的电子装置。主要功能是解释MIDI文件中的指令符号，然后生成所需要的声音波形，经放大后由扬声器播出。合成器能产生许多不同的乐音，如钢琴声、低音和鼓音等。合成方法主要是前面介绍的FM合成与波形表合成两种。

在PC构造的MIDI系统中，合成器是集成在声卡上的。MPC规定声卡的合成器是多音色、多音调的。MPC规格定义了两种音乐合成器：基本合成器和扩展合成器(如表3-5所示)。

表 3-5 基本合成器和扩展合成器

合成器名称	旋律乐器声		打击乐器声	
	音色数	音调数	音色数	音调数
基本合成器	3 种音色	6 个音符	3 种音色	3 个音符
扩展合成器	9 种音色	16 个音符	8 种音色	16 个音符

基本合成器必须具备同时播放 3 种旋律音色和 3 种打击音色的能力，而且还必须具有同时播放 6 个旋律音符和 3 个打击音符的能力，因此基本合成器具有 9 种音调。其中，音色是声音的音质，取决于声音频率的组成，用于区分一种乐器与另一种乐器的声音，或一个人的声音与另一个人的声音；音调是指合成器能够播放的音符数。

(5) 扬声器：播放音乐的设备。

3. MIDI 音乐特点

MIDI 标准之所以受到欢迎，主要因为它有以下几个特点：

(1) 生成的文件比较小。因为 MIDI 存储的是指令，而不是声音波形，每一分钟 MIDI 音乐大约只占 5～10KB。

(2) 容易编辑。在音序器的帮助下，用户可自由地改变音调、音色以及乐曲速度等，以达到需要的效果。

(3) MIDI 声音适合重现打击乐或一些电子乐器的声音，可用计算机作曲。

(4) 对 MIDI 的编辑很灵活。在音序器的帮助下，用户可自由地改变音调、音色以及乐曲速度等，以达到需要的效果。

因此 MIDI 音乐适合在以下几种情况下使用：需要长时间播放高质量音乐；需要以音乐为背景的音响效果，同时从 CD-ROM 中装载其他数据；需要以音乐为背景的音响效果，同时播放波形音频或实现文-语转换，实现音乐和语音同时输出。

3.4 音频软件的使用

当前音频软件有很多种，一般都包括对音频文件进行播放、录制、编辑、混合以及转换格式等功能。本节主要介绍几款处理数字音频文件的音频软件。此处所说的数字音频主要是指用录音设备录制的真实声音，通过采样和量化等处理，转换成能被计算机接受和处理的数字音频文件。

3.4.1 常见音频软件简介

1. Cool Edit Pro

Cool Edit Pro 是美国 Syntrillium 公司开发的一款功能强大、效果出色的专业化多轨录音和音频处理软件。可以同时处理多个文件，并可以在普通声卡上同时处理多达 128

轨的音频信号；提供多种特效，如放大、降低噪音压缩、扩展、回声、延迟、失真和调整音调等；可生成噪音、低音、静音和电话信号等声音；自动静音检测和删除，自动节拍查找；可以在 AIF、AU、MP3、Raw PCM、SAM、VOC、VOX 和 WAV 等多种文件格式之间进行转换。关于该软件的使用详见 3.4.2 节和 3.5 节。

2. Windows 录音机

该软件是 Windows 操作系统附带的一个声音处理软件，编辑和效果处理功能比较简单，且只能打开和保存 WAV 格式的声音文件。录音时可以设置不同的数字化参数，并可以使用不同的算法压缩声音，其可做的编辑操作有：向文件中添加声音，删除部分声音文件，更改回放速度，更改回放音量，更改或转换声音文件类型，添加回音。

3. GoldWave

该软件是一个共享软件，文件小巧，无须安装即可使用，内含 LameMP3 编码插件，直接制作高品质、多种压缩比率/采样比率/采样精度的 MP3 文件。GoldWave 同时附有许多的效果处理功能，可将编辑好的文件保存成 MP3、WAV、AU、SND、RAW 和 AFC 等多种格式，也可以从 CD、DVD、VCD 以及其他视频文件中获取声音。其他功能还有：以不同的采样频率录制声音信号；声音剪辑，如删除声音片段，复制声音片段，连接两段声音，把多种声音合成在一起等；增加特殊效果，如增加混响时间，生成回音效果，改变声音的频率，制作声音的淡入、淡出效果，颠倒声音等。

4. SoundForge

该软件由 Sonic Foundry 公司开发，具有全套的音频处理、工具和效果制作等功能，界面简单，可操作性强。它不仅能够直观地实现对音频文件的编辑，也能对视频文件中的声音部分进行各种处理，因此特别适用于多媒体音频编辑。此外，SoundForge 的录音界面非常专业且实用，可以满足任何录音要求，录音功能完全达到甚至超过了专业硬件录音设备。SoundForge＋计算机＋声卡就可以组成一台硬盘录音机。在购买有些品牌声卡时，往往会附送 SoundForge。该软件录音后生成 WAV 文件。

5. MIDI 音乐软件

(1) Cakewalk：最著名的 MIDI 工具软件，功能强大，可编辑、创作和调试 MIDI 音乐。Cakewalk 在 4.0 版之后加入了音频处理功能。Cakewalk 有很多种不同的版本，从低到高分别为：CakeWalk Express Gold 初级版、用于家庭娱乐的 CakeWalk HomeStudio 家用版、加入音频编辑功能的 CakeWalk Professional 专业版以及功能齐备的 CakeWalk Pro Audio 专业音频版。

(2) Midisoft Studio：该软件是 Midisoft 公司开发的专业 MIDI 制作软件，能够录制、播放 MIDI 等格式的乐曲，并能够编辑可打印乐谱(五线谱)。

3.4.2 Cool Edit 简介

Cool Edit 是一个功能强大的专业级音频处理软件，它本身具有录音功能，并提供了许多已经设置好的样例音效，还可以让用户随便增减或者自定义各种音效模式音频文件的编辑软件。主要功能有：

(1) 录制音频文件；多文件、多音轨操作。

(2) 对音频文件进行剪切、粘贴、合并和重叠声音操作。

(3) 提供多种特效，如放大、降低噪音压缩、扩展、回声、延迟、失真和调整音调等。

(4) 可生成噪音、低音、静音和电话信号等声音。

(5) 自动静音检测和删除，自动节拍查找。

(6) 多种文件格式转换。

1. Cool Edit 界面

Cool Edit 界面分为两种：波形文件编辑界面和多音轨界面。两种界面可使用功能键 F12 或切换按钮进行切换。

1) 波形文件编辑界面

波形文件编辑界面(图 3-8)一次只能对一个声音文件的波形进行编辑。

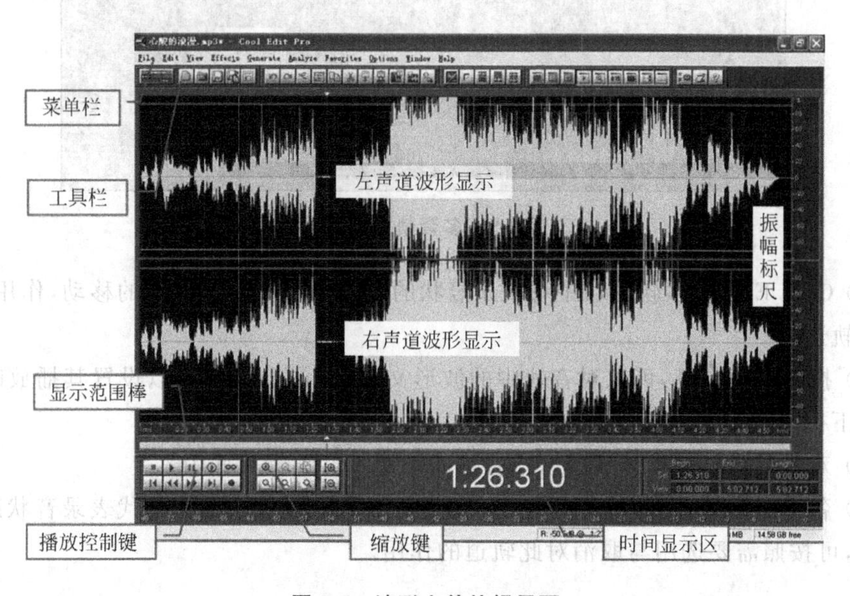

图 3-8 波形文件编辑界面

(1) 界面由标题栏、工具栏、状态栏和编辑区等组成。

(2) 在编辑区，鼠标可以移至波形文件的任意地方进行选择等操作。

(3) 缩放按钮可以缩放编辑区波形的振幅和频率。

(4) 播放控制按钮用于音频的录放控制。

(5) 时间显示区显示指针所在的起始位置、音频文件的时长和当前选择数据范围长度等。

(6) 立体声音频显示两个波形,单声道的音频只有一个波形。

(7) 底部的状态栏提示当前编辑的时间等信息。

2) 多音轨编辑界面

我们听到的音乐一般都是由多个不同音轨混合后得到的,在多音轨编辑界面中最多能完成 128 个音轨的录音、编辑、合成等任务。多音轨界面主要由文件列表窗口和音轨编辑区组成,音轨编辑区中一个音轨可以插入一个波形,如图 3-9 所示。

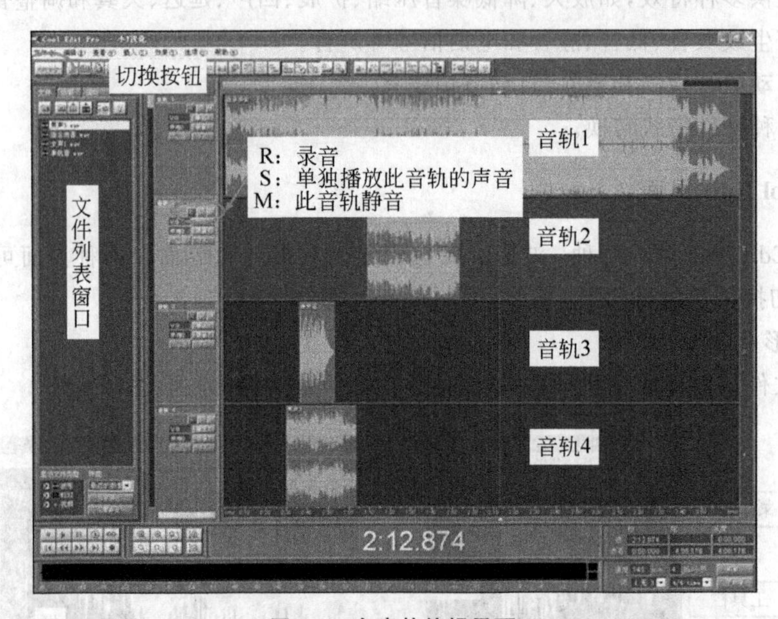

图 3-9　多音轨编辑界面

(1) Cool Edit 的多轨窗口中有一条竖状的亮线,播放时,随着它的移动,作用于经过的所有轨道。

(2) 按住鼠标右键,可以对音轨中的波形文件进行左右拖动,以设置其播放时间;也可以上下拖动,移至其他轨道。

(3) 双击某个音轨可以切换至该音轨的波形文件编辑界面中。

(4) 各个轨道的左边按钮中,有 3 个较醒目的按钮 R、S、M,分别代表录音状态、独奏和静音,可按照需要选用与取消对此轨道的作用。

2. 菜单结构

下面对波形文件编辑界面中几个常用的菜单进行说明,如图 3-10 和图 3-11 所示。

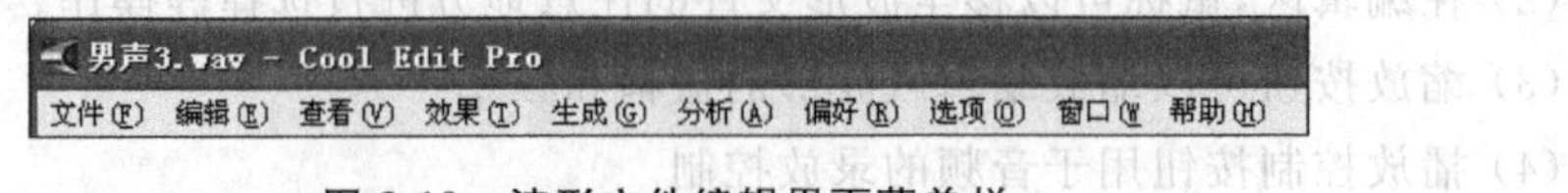

图 3-10　波形文件编辑界面菜单栏

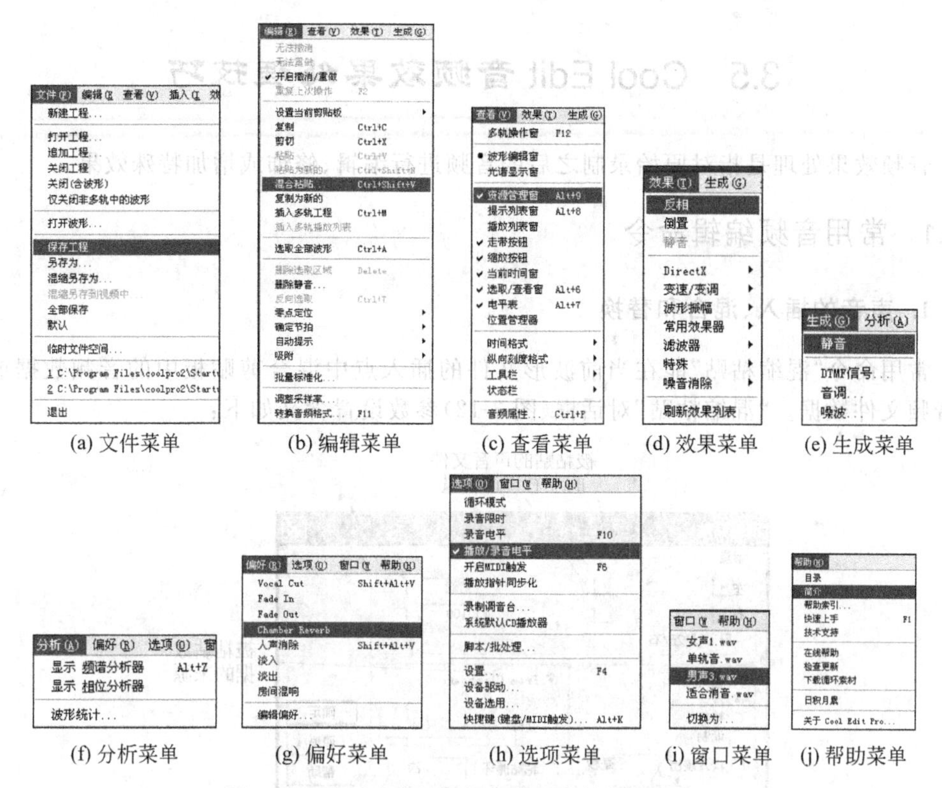

(a) 文件菜单　(b) 编辑菜单　(c) 查看菜单　(d) 效果菜单　(e) 生成菜单

(f) 分析菜单　(g) 偏好菜单　(h) 选项菜单　(i) 窗口菜单　(j) 帮助菜单

图 3-11　波形文件编辑界面菜单栏的各菜单内容

(1)“文件”菜单：提供对工程文件的基本操作，包括建立、打开、追加、保存工程等菜单项。一个工程可能由多个波形文件组成。

(2)“编辑”菜单：提供基本的音频编辑命令，如复制、剪切、粘贴、混合粘贴、全选、删除选区、转换音频格式等菜单项。在进行编辑操作时，应首先选择需要处理的区域，如果不选，则是对整个波形音频文件进行操作。

(3)“查看”菜单：功能是改变窗口视图，打开和关闭各种窗口。

(4)“效果”菜单：进行音频特殊效果编辑。Cool Edit 不仅具有完备的音效编辑功能，包括反相、倒置、变速变调、音量调节和噪音消除等，还提供了许多已经设置好的样例音效让用户选择，用户也可以随便增减或者自定义各种音效模式。

(5)“生成”菜单：产生一些特殊的声音，如静音、噪音以及铃音等，也可以产生一些频率和振幅有规律的声波文件。

(6)“分析”菜单：对波形音频进行频谱、相位分析和波形统计。

(7)“偏好”菜单：列出用户常用的一些音效命令。

(8)“选项”菜单：包括设置循环播放模式、时间录音模式、启用 MIDI、Windows 录音控制台等命令。

(9)“窗口”菜单：在已经打开的多个波形文件之间进行切换。

(10)“帮助”菜单：提供相关帮助信息。

3.5 Cool Edit 音频效果处理技巧

音频效果处理是指对原始录制之后的音频进行编辑、修饰或增加特殊效果。

3.5.1 常用音频编辑命令

1. 声音的插入、混合和替换

常用命令"混缩粘贴"能在当前波形文件的插入点中混合剪贴板中的音频数据或其他音频文件数据。"混缩粘贴"对话框(图 3-12)参数设置含义如下：

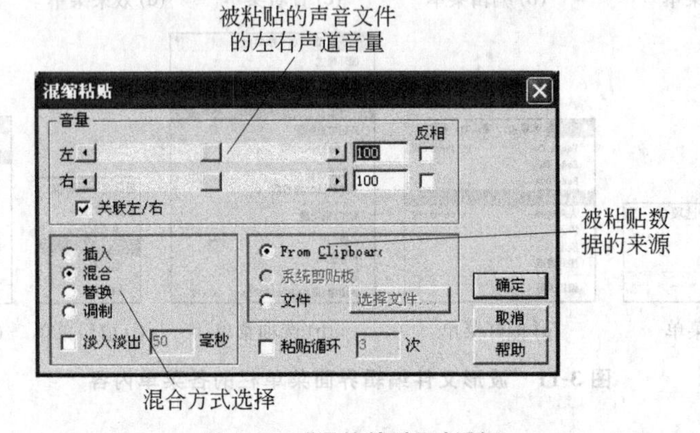

图 3-12 "混缩粘贴"对话框

(1) 左、右音量滚动条代表被粘贴的声音文件的左右声道音量，若为单声道文件，则只有一个声道音量调节。

(2) 混合方式的选择分为插入、混合、替换和调制。

① 插入：将剪贴板中数据插入到当前文件插入点之后，原波形插入点之后的数据后移。

② 混合：被粘贴的数据不会取代当前文件中选定的部分，而是与当前选定的部分叠加，若被粘贴的数据比当前文件的选定部分长，则超出范围的部分将继续被粘贴。

③ 替换：被插入的数据替换原波形数据。

④ 调制：与混合相似，只是音量要相乘混合后输出。

(3) 数据来源：数据可以来自剪贴板和文件等。

2. 将单轨音频转为立体声音频

选择"编辑"菜单→"转换音频格式"命令，设置声道数、采样率和量化位数(如图 3-13 所示)。

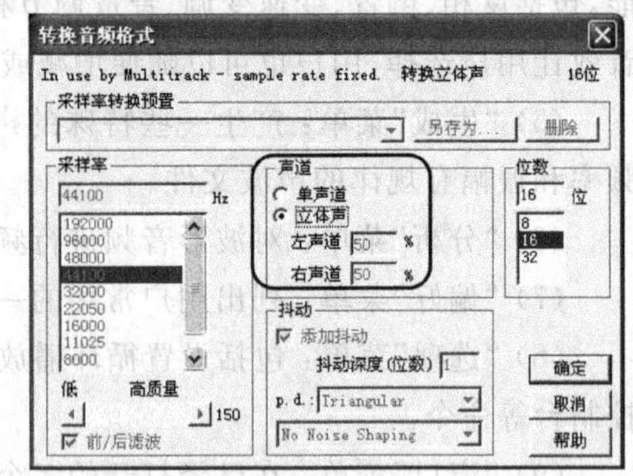

图 3-13 将单轨音频转为立体声音频

3. 调整采样率

选择“编辑”菜单→“调整采样率”命令，可临时设置和调整音频播放时声卡回放的采样率，但不会破坏原始音频。

3.5.2 常用音效命令

1. “效果”菜单的常用命令

(1) 反相：将波形振幅交换，如图 3-14 所示。

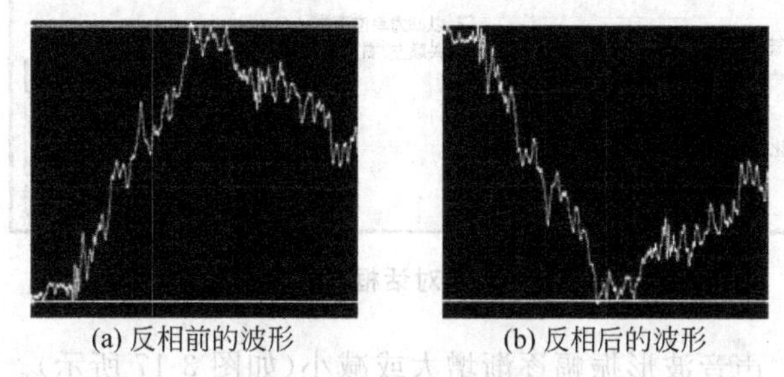

(a) 反相前的波形　　(b) 反相后的波形

图 3-14 “反相”效果

(2) 倒置：把声波从后往前反向播放。

(3) 静音：产生无声音的波形。

2. 改变声音频率和节拍

选择菜单栏“效果”→“变速变调”→“变速器”，改变声波的音调（频率）和节拍。例如，可以改变一首歌的音调到高音，或不改变音调而改变播放速度，如图 3-15 所示。

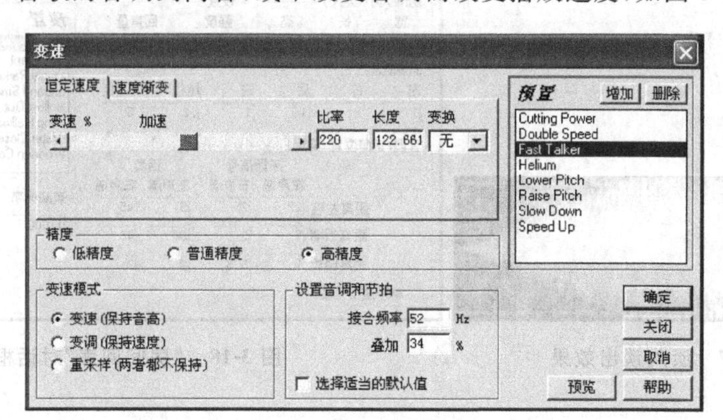

图 3-15 “变速”效果

3. 调节音量大小

选择菜单栏“效果”→“波形振幅”→“渐变”，对话框中有两个选项卡：“恒量改变”和“淡入淡出”，功能分别如下：

(1) 恒量改变：改变整个声波振幅，即改变音量(如图3-16所示)。可以自己设置参数，也可以从预设框中选择样例音效。

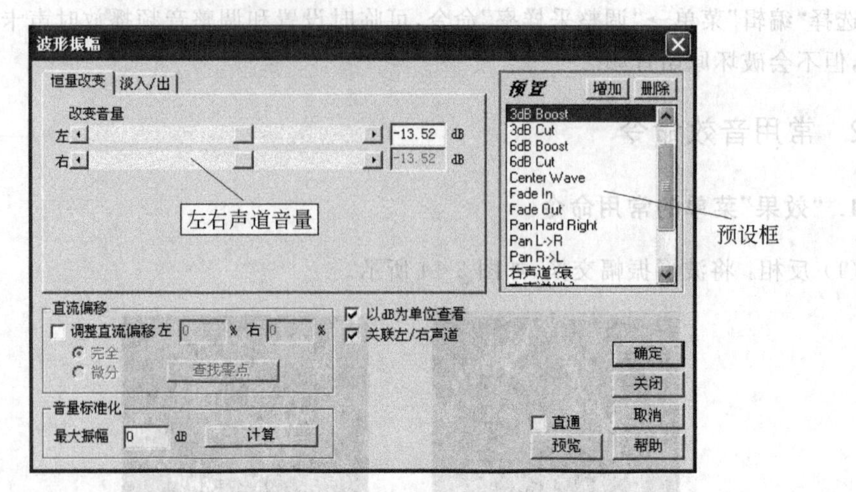

图 3-16 “波形振幅”对话框的“恒量改变”选项卡

(2) 淡入淡出：声音波形振幅逐渐增大或减小(如图 3-17 所示)。

4. 特殊音效

选择菜单栏“效果”→“常用效果器”，可以给音频添加回声、合唱和延时等特效。

如“房间回声”特效(如图 3-18 所示)，通过设置不同参数(房间大小、回声强度等)可以产生各种房间中的回声效果。

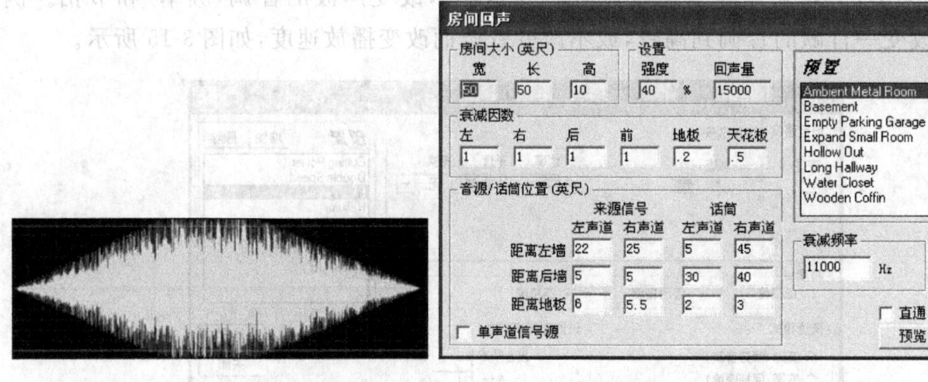

图 3-17 淡入淡出效果　　图 3-18 “房间回声”对话框

5. 噪音消除

选择菜单栏“效果”→“噪音消除”可用于降低背景噪音，例如移去咔嗒声、磁带的咝咝声等一定频率的噪音，并进行破音修复等操作。

3.5.3 特殊音频的生成

选择菜单栏“效果”→“生成”，可生成如下特殊音频：

(1) 静音，即波形振幅为 0 的音频。

(2) DTMF 信号(如图 3-19 所示)。

(3) 音调，在对话框中可设置各种不同频率、音量参数，产生不同的音调(如图 3-20 所示)。图 3-21 为两种参数不同的音调波形图。

(4) 噪波：生成不同类型的噪音，如褐色波、粉噪、白噪等。图 3-22 显示生成噪波的对话框和几种不同噪波的波形图。

图 3-19　DTMF 信号波形图

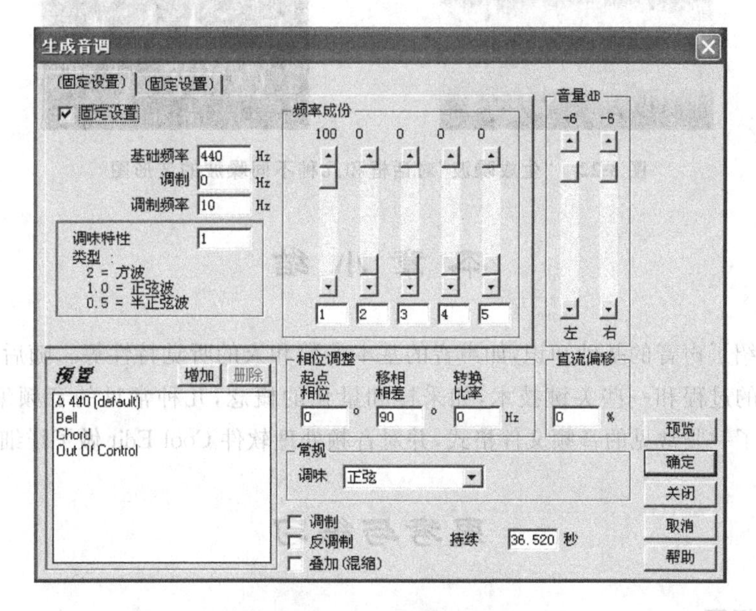

图 3-20　“生成音调”对话框

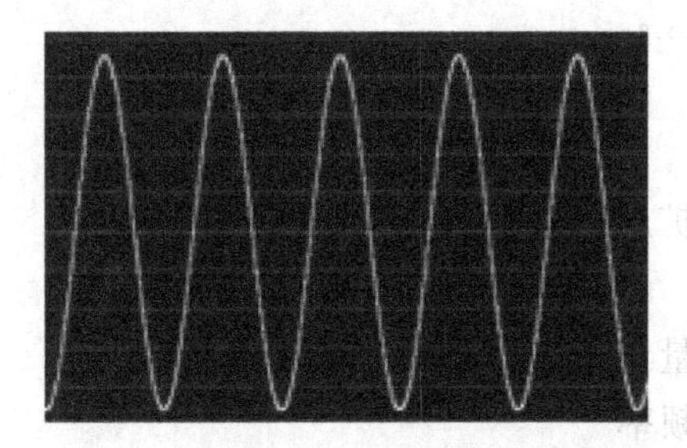

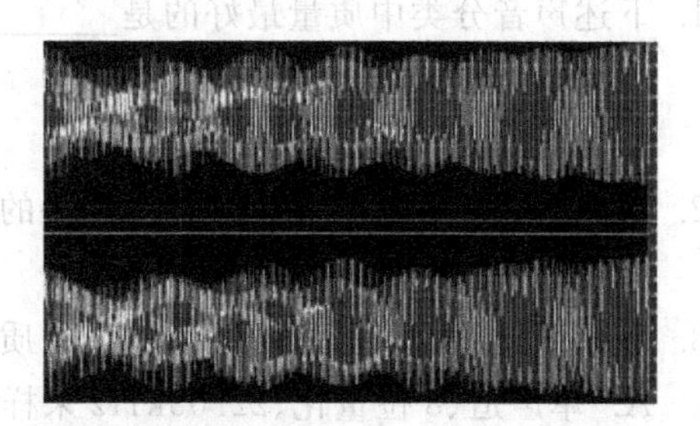

图 3-21　两种不同参数的音调波形

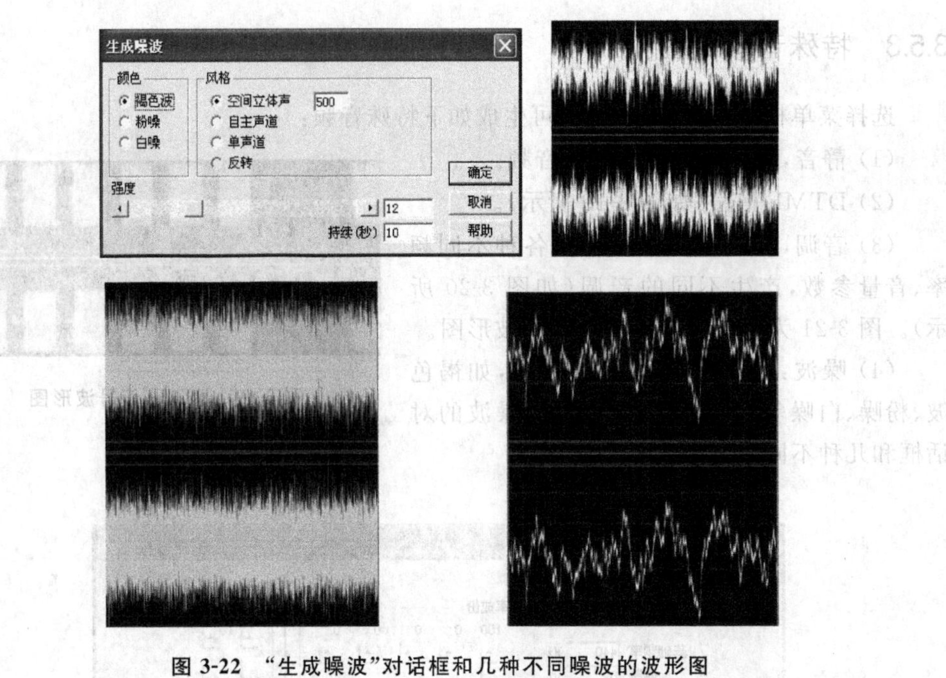

图 3-22 “生成噪波”对话框和几种不同噪波的波形图

本 章 小 结

本章介绍了声音的基础知识,如声音的基本参数和人的听觉特性等。随后详细介绍了数字化音频的过程和一些关键技术,如采样和量化的概念,几种常见的音频编码技术等。最后还介绍了一些常见的音频文件格式,并对音频处理软件 Cool Edit 做了详细介绍。

思考与练习

一、选择题

1. 下述声音分类中质量最好的是________。

   A. 数字激光唱盘　　　　B. 调频无线电广播

   C. 调幅无线电广播　　　D. 电话

2. 下面________不是常用的音频文件的扩展名。

   A. WAV　　B. MID　　C. MP3　　D. DOC

3. 下列采集的波形声音中________的质量最好。

   A. 单声道、8 位量化、22.05kHz 采样频率

   B. 双声道、8 位量化、44.1kHz 采样频率

   C. 单声道、16 位量化、22.05kHz 采样频率

   D. 双声道、16 位量化、44.1kHz 采样频率

4. 在数字音频信息获取与处理过程中，下列顺序正确的是________。

A. A/D 变换、采样、压缩、存储、解压缩、D/A 变换

B. 采样、压缩、A/D 变换、存储、解压缩、D/A 变换

C. 采样、A/D 变换、压缩、存储、解压缩、D/A 变换

D. 采样、D/A 变换、压缩、存储、解压缩、A/D 变换

5. 两分钟双声道，16 位采样位数，22.05kHz 采样频率声音的不压缩的数据量是________。

A. 5.05MB　　B. 10.58MB　　C. 10.35MB　　D. 10.09MB

6. 以下的采样频率中________是目前音频卡所支持的。

A. 20kHz　　B. 22.05kHz　　C. 100kHz　　D. 50kHz

二、判断题

1. MIDI 文件是一系列指令而不是波形数据的集合，因此其要求的存储空间较小。（　）

2. 在音频数字处理技术中，要考虑采样和量化的编码问题。（　）

3. 音频大约在 20kHz～20MHz 的频率范围内。（　）

4. 声音质量与它的频率范围无关。（　）

5. 在数字音频信息获取与处理过程中，正确的顺序是采样、D/A 变换、压缩、存储、解压缩、A/D 变换。（　）

6. 在计算机系统的音频数据存储和传输中，数据压缩会造成音频质量的下降。（　）

7. 采样频率越高，则在单位时间内计算机得到的声音样本数据就越多，对声音信号波形的表示也越精确。（　）

三、问答题

1. 什么是声音？

2. 如果采样频率为 44.1kHz，分辨率为 16 位立体声，上述条件符合 CD 质量的红皮书音频标准，录音的时间长度为 20s 的情况下，文件的大小为多少？

3. 声卡对声音的处理质量可以用 3 个基本参数来衡量，即采样频率、采样位数和声道数。请解释这 3 个参数的含义，并分析它们的变化与声音数据量之间的关系。

第4章 chapter 4

数字图形图像处理技术

据统计，人们获取的信息70%来自视觉系统，因此图形图像是人类最容易接受的信息之一，它具有文字不可比拟的优点。随着计算机技术的发展，图形图像处理技术也得到了长足发展，除了可以利用计算机技术对数字化图像进行尺寸和颜色等处理外，还可以对图像数据进行压缩，生成用于各种场合的图像格式，甚至创造出自然界没有的图像形态。本章主要介绍了人的视觉系统如何认识彩色、计算机系统中颜色的基本概念及表示方法、图像处理的基本概念和方法等基本常识。

4.1 颜色科学

颜色是图像的基础，从许多方面说，在计算机上使用的颜色并没有什么不同，只不过它有一套特定的记录和处理颜色的技术。因此，要理解计算机对图像的处理，以及各种图形图像软件中出现的有关颜色的术语，首先要具备基本的颜色理论知识。

4.1.1 颜色的基本概念

1. 颜色的物理性质

从物理学角度来看，光是电磁辐射，其波长范围很广，其中380～780nm波长的电磁辐射能够被人眼所见，这段波长的光叫可见光。在可见光谱范围内，不同波长的辐射引起人的不同颜色感觉。可见光谱如图4-1所示。

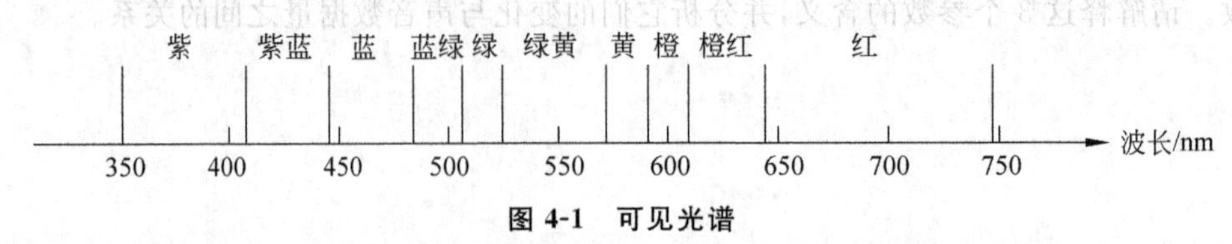

图4-1 可见光谱

因此，颜色是人的视觉系统对可见光的感知结果，一方面是由于物体能发出或者反射和吸收各种不同波长的光线；另一方面是由于人能通过眼睛感受到这些不同波长的光，再通过大脑产生不同颜色的感觉。

能发出光波的物体称为有源物体，它的颜色由该物体发出的光波决定；不发光波的物体称为无源物体，它的颜色由该物体吸收或者反射哪些光波决定。例如人眼能看到红色交通灯，是因为交通灯能发出红色波长的光；而一朵红色的花，人眼之所以将它看成红色，是因为光的红色波长从花朵处反射到人的眼睛中，而绿色和蓝色的波长被花朵吸收了；一朵花可能比另一朵显得更红，是因为它能反射更多的红色，并吸收更多的绿色和蓝色。

2. 颜色的3个特性

颜色可以用色调、饱和度和亮度来描述，人眼看到任意颜色的光都是这3个特性的综合效果。

(1) 色调(hue)：指人眼看到光时所产生的彩色感觉，由光的波长决定，用于区别颜色种类，它反映了该彩色最接近什么样的光谱波长。光源的色调决定于其辐射光的波长；而物体的色调决定于光源的光谱组成和物体表面所反射的各波长辐射的比例。例如，在日光下，一个物体反射480～560nm波段的辐射，而吸收其他波长的辐射，那么该物体表面为绿色。

色调的种类很多，如果要仔细分析，可有1000万种以上，但专业人士可辨认出的颜色大约为三四百种。不同波长的可见光在视觉上有一个自然次序：红、橙、黄、绿、青、蓝、紫，在这个次序中，当人们混合相邻颜色时，可以获得在这两种颜色之间连续变化的色调。黑、灰、白为无色彩。

(2) 饱和度(saturation)：指颜色的纯度，表示一个颜色的深浅程度或鲜明程度，反映颜色中灰色成分的多少，对于同一色调的彩色光，饱和度越深，颜色越鲜明或说越纯。可见光谱的各种单色光是最饱和的彩色，而当光谱色掺入白光成分达到很大比例时，在人眼看来，它就变成为白光了。

(3) 亮度(brightness)：又称为明亮度，光作用于人眼时所引起的明亮程度的感觉，它与被观察物体的发光和反射光的强度有关。亮度的一个极端是黑色(没有光)，另一个极端则是白色。

3. 三原色与三补色

纯颜色通常使用光的波长来定义，国际照明委员会(CIE)定义红(波长700nm)、绿(波长546.1nm)、蓝(波长435.8nm)3种波长是自然界中所有颜色的基础，光谱中的所有颜色都是由这3种波长的光以不同的强度叠加而成的。一般将红、绿、蓝称为三原色，三原色是相互独立的，它们按不同比例混合可以得到其他各种颜色，但任何一种原色都不能由其他两种原色合成。

如果两种色光相混合能形成白光，则这两种色光互为补色，互补色是彼此之间最不一样的颜色。红(R)与青(C)、绿(G)与品红(M)、蓝(B)与黄(Y)互为补色，这是因为在白色中，如果缺少蓝色，只有红、绿，则可以得到黄色；如果缺少绿色，只有红、蓝，则可以得到品红；同样，如果缺少红色，只有蓝、绿，则可以得到青色。

如果我们看到的物体是黄色，那是因为蓝色被物体吸收了，只有红、绿两种颜色的波长反射到眼睛里的原因。

4.1.2 颜色空间

颜色空间又称为颜色模型(color model),是指用数学方法表示颜色,对颜色进行理性而定量的科学描述,用来指定和产生颜色。根据颜色的物理属性、人对颜色的主观感觉以及各种不同用途等,人们开发了很多描述颜色的方法。例如,对于人的视觉来说,可以通过色调、饱和度和明度来定义颜色;对于显示设备来说,可以用红、绿和蓝磷光体的发光量来描述颜色;对于打印或印刷设备来说,可以用青色、品红色、黄色和黑色的反射和吸收来产生指定的颜色。因此,颜色空间可以分为与设备无关和与设备相关两类。

1. 与设备无关的颜色空间

与设备无关的颜色空间是指颜色空间指定生成的颜色与生成颜色的设备无关,用该空间指定的颜色无论在什么设备上生成的颜色都相同。这类颜色空间一般由国际照明委员会(CIE)定义,是颜色的基本度量方法,通常被当作国际性的颜色空间标准,特别是在科学计算中得到广泛的应用。对于那些不能直接互相转换的两个颜色空间,可以利用这类颜色空间作为中间过渡性的转换空间。这类颜色空间有 CIE Lab、CIE XYZ 等。图 4-2 表示了 CIE Lab 颜色空间模型。

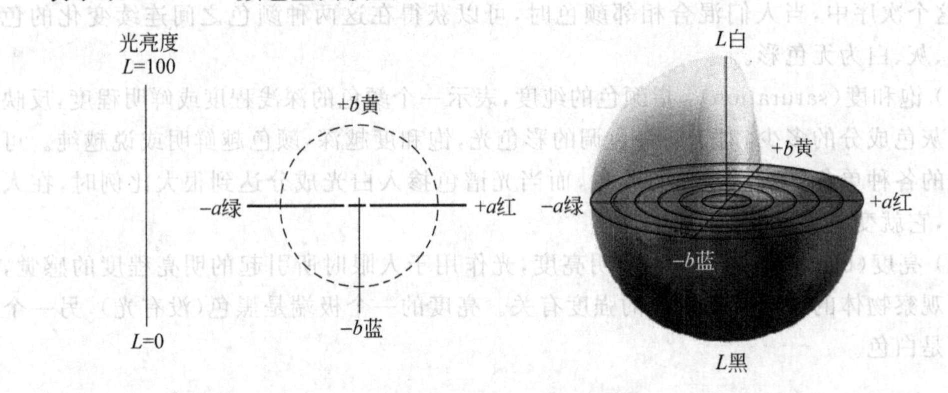

图 4-2 CIE Lab 颜色空间

CIE Lab 是由 CIE 在 1976 年制定的一个衡量颜色的标准,模型中的数值描述正常视力的人能够看到的所有颜色。因为 CIE Lab 描述颜色的显示方式,而不是设备生成颜色所需的特定色料的数量,所以被视为与设备无关的颜色模型。

CIE Lab 颜色空间使用的坐标叫做对色坐标,使用对色坐标的想法来自这样的概念:颜色不能同时是红和绿,或者同时是黄和蓝,但颜色可以被认为是红和黄、红和蓝、绿和黄以及绿和蓝的组合。CIE Lab 色彩空间总共有 3 个轴,垂直轴 L 是亮度分量,a 和 b 轴是两个颜色分量,表示颜色。其中:

L 值代表光亮度,越往上越亮,越往下越暗,其值范围为 0(黑色)~100(白色)。

a 分量代表由绿色到红色的光谱变化,称红—绿轴;b 分量代表由蓝色到黄色的光谱变化,称为黄—蓝轴,a 和 b 的取值范围均为 0~10。

若 $a=b=0$，则表示无色彩，此时 L 就代表从黑到白的比例系数。

2. 与设备相关的颜色空间

与设备相关的颜色空间是指颜色空间指定生成的颜色与生成颜色的设备有关。例如，在计算机显示系统中，使用比较多的颜色空间是 RGB，显示器使用其来显示颜色；而在许多图像处理软件中，常使用 HSB 颜色空间表示颜色；在印刷业中使用比较多的颜色空间是 CMYK；在彩色电视图像的传输中使用比较多的颜色空间有 YUV、YIQ 等。这些与设备相关的颜色空间在 4.1.3 节有详细介绍。

4.1.3 常见的多媒体系统颜色空间

在一个典型的多媒体计算机系统中，常常涉及用几种不同的颜色空间表示图形和图像的颜色，以对应于不同的场合和应用。数字图像的生成、存储、处理及显示时对应不同的颜色空间，因此需要作不同的处理和转换。

1. RGB 颜色空间

在多媒体计算机技术中，用的最多的是以红、绿、蓝为三原色的 RGB 颜色空间，因为计算机彩色监视器的输入需要 R、G、B 3 个彩色分量，通过 3 个分量的不同比例，在显示屏上合成所需要的任意颜色。所以不管在多媒体系统中采用什么形式的颜色空间表示，最后的输出一定要转换成 RGB 颜色空间表示。

RGB 颜色空间产生颜色的原理是通过原色光的相加，因此称为相加混色空间。在 RGB 颜色空间中，任意彩色光 F 的配色方程可写成

$$F = R\times 红色的百分比 + G\times 绿色的百分比 + B\times 蓝色的百分比$$

从理论上讲，任何一种色光都可由 R、G、B 三原色按不同的比例相加混合而成。三原色光越强，到达人眼的光就越多，当三原色分量都为最强时混合为白色光；当三原色分量都为 0，即三原色都没有时混合为黑色光；介于最强和最弱之间的其他等量三原色相加就产生灰色，低值则产生深灰色，而高值则产生浅灰色；等量的红绿相加，而蓝为 0 时，得到黄色；等量的红蓝相加，而绿为 0 时，得到品红色；等量的绿蓝相加，而红为 0 时，得到青色。

任意一种色光，其色度可由相对色系数中的任意两个唯一地确定，因此，各种彩色的色度可以用二维函数表示。用 r 和 g 作为直角坐标系中的两个直角坐标，画出的各种色度的平面图形就叫 RGB 色度图，如图 4-3 所示。

2. CMY 颜色模型

由于 RGB 颜色空间采用三基色相加来表示颜色，因而物理意义很清楚，适合彩色显像管工作，因为显像管是通过发射光线来再现颜色的。但在彩色印刷和打印领域，无法通过颜料发光来产生颜色，因此只能用一些油墨或颜料吸收特定的光波而反射其他光波来产生颜色，这样得到的颜色称为相减色。在理论上说，任何一种颜色都可以用 3 种基本颜料按一定比例混合得到，这 3 种颜色分别是红、绿、蓝的补色青色(cyan)、品红

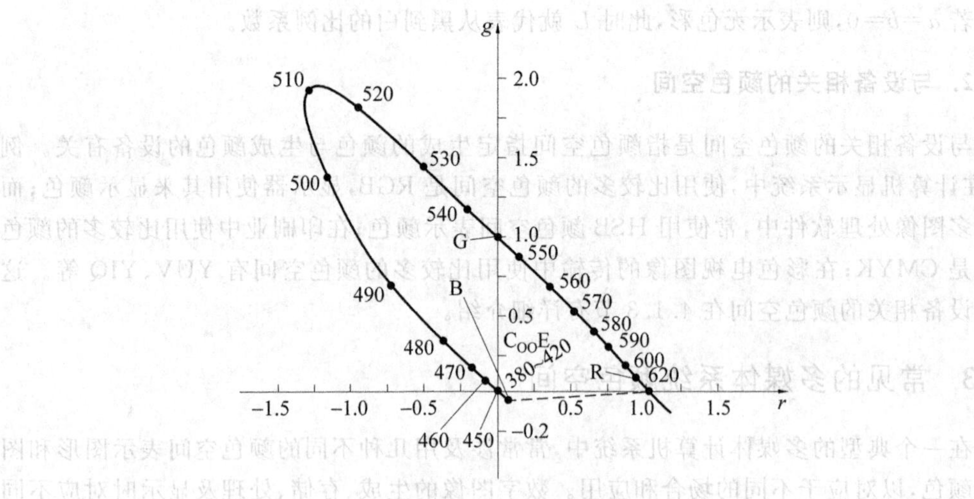

图 4-3 RGB 色度图

(magenta)和黄色(yellow),因此称为 CMY 模型。

用这种方法产生的颜色之所以称为相减色,是因为它减少了为视觉系统识别颜色所需要的反射光:青为"减红"原色,吸收光谱中的红色部分,而反射所有其他波长的辐射;品红为"减绿"原色,吸收光谱中的绿色部分,而反射所有其他波长的辐射;黄为"减蓝"原色,吸收光谱中的蓝色部分,而反射所有其他波长的辐射。

CMY 颜色模型中,光线通过透明油墨吸收和反射的过程如图 4-4 所示。在图 4-4(a)中,红、绿、蓝全色光(白光)通过纸张直接反射,于是人们看到纸张是白色的;在图 4-4(b)中,全色光通过黄色油墨吸收蓝光,反射等量红光和绿光,于是人们看到纸张是黄色的;在图 4-4(c)中,全色光通过黄色、品红油墨吸收蓝光和绿光,只反射红光,于是可看到纸张是红色的;在图 4-4(d)中,全色光通过黄色、品红和青色油墨把蓝光、绿光和红光全部吸收,没有光反射回去,于是人们看到纸张是黑色的。在理论上,任何一种由颜料表现的颜色都可以用这 3 种基色按不同的比例混合而成,但由于彩色墨水和颜料的化学特性,用等量的三基色得到的黑色不是真正的黑色,因此在印刷术中常加一种真正的黑色墨水(K),所以 CMY 又写成 CMYK。

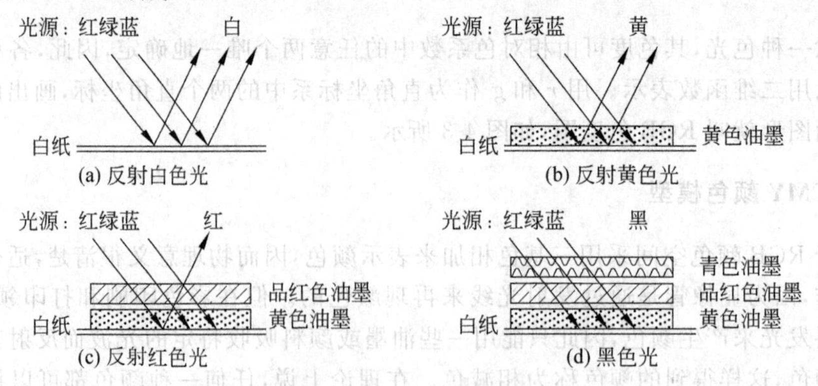

图 4-4 光波的反射与吸收

在RGB加色空间中，光线与光线叠加，因而产生较高亮度的光；在CMYK减色模型中，光线相减，因而产生较暗的光。计算机显示技术与印刷油墨的颜料之间的这种固有差异说明了为什么印刷后图像的颜色要比在监视器上看到的图像颜色暗淡的原因。

相加色与相减色之间有一个直接的互补关系。若每种颜色用1位二进制数表示，RGB和CMY都能产生8种颜色，其互补关系如表4-1所示。利用它们之间的关系，可以把显示的颜色转换成输出打印的颜色。相加混色和相减混色之间成对出现互补色。例如，当R、G、B为1∶1∶1时，在相加混色中产生白色，而C、M、Y为1∶1∶1时，在相减混色中产生黑色。从另一个角度也可以看它们的互补性，表4-1中在R、G、B的颜色为1的地方，在C、M、Y对应的位置上，其颜色值为0，例如，R、G、B为0∶1∶0时，对应的C、M、Y为1∶0∶1，得到同样的绿色。

表4-1　RGB与CMY的互补关系

红R	绿G	蓝B	青C	品红M	黄Y	生成的颜色
0	0	0	1	1	1	黑
0	0	1	1	1	0	蓝
0	1	0	1	0	1	绿
1	0	0	0	1	1	红
1	0	1	0	1	0	品红
1	1	0	0	0	1	黄
0	1	1	1	0	0	青
1	1	1	0	0	0	白

3. HSB颜色空间

RGB模型并不完全适应人的视觉特点，因此，在多媒体计算机中，除了采用RGB模型外，还采用了其他的颜色空间，HSB是常见的一种。HSB分别是指色调、饱和度和亮度。HSB颜色空间比较符合人的视觉规律，是直接面向用户的，也是艺术家、设计师和调色师习惯使用的一种模式。

在HSB模式中，通常用度(°)来表示色调，分别为红(0°或360°)、黄(60°)、绿(120°)、青(180°)、蓝(240°)和品红(300°)；用百分比值表示饱和度和亮度。三者的关系可用图4-5所示的模型表示：色调对应于颜色在颜色轮中的位置；饱和度对应于颜色相对于圆锥体的周边或内部的位置，在径向方向上饱和度用离开圆锥体垂直轴线的距离表示；亮度对应于该颜色在圆锥体垂直轴线上的位置(黑色在底部，白色在顶部)。

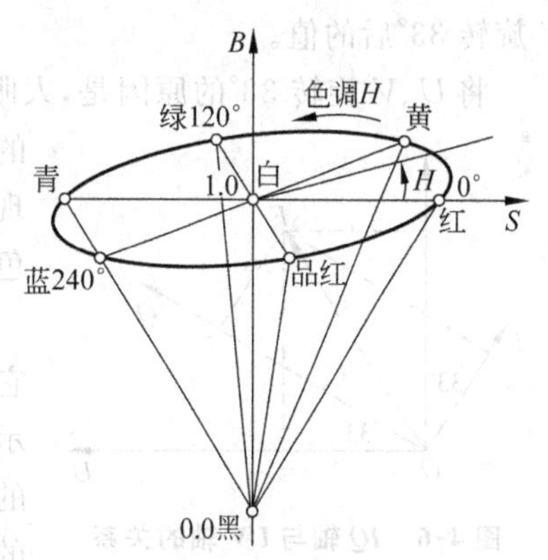

图4-5　HSB颜色空间

4. YUV和YIQ颜色空间

在现代彩色电视系统中，通常采用三管彩色摄像机或彩色CCD(电耦合器件)摄像机，把得到的彩色图像信号经分色和分别放大校正得到 RGB，再经过矩阵变换电路得到亮度信号 Y 和两个色差信号 R-Y、B-Y，最后发送端将亮度和色差 3 个信号分别进行编码，用同一信道发送出去。这就是常用的 YUV 和 YIQ 颜色空间。

1）YUV 颜色空间

YUV 是 PAL 和 SECAM 模拟彩色电视制式采用的颜色空间，其中，Y 为亮度信号；U 和 V 为色差信号，构成两个彩色分量。

亮度信号 Y 和色差信号 U、V 是相对独立的。Y 信号构成黑白灰度图，U、V 信号构成两幅单色图，这 3 幅图是可以分别独立进行编码的。这样，因为 Y 信号的独立，所以可以在黑白电视上接收彩色电视信号，解决了彩色电视与黑白电视的兼容问题。

亮度信号和色差信号独立的另外一个优点是可以利用人眼的特性来降低数字彩色图像所需要的存储容量。实验已经证明，人眼对彩色图像细节的分辨能力比较低，而对亮度，即黑白的分辨能力比较强。所以电视信号在存储时，对于人眼敏感的亮度信号 Y 不进行压缩；而对人眼不那么敏感的彩色信号 U、V，则可以进行适当的压缩，从而降低数字图像所需的存储容量。

在多媒体计算机中的 YUV 彩色空间，一般压缩比例为 $Y:U:V=8:4:4$，具体做法就是把每个像素的亮度信号 Y 都数字化成 1B 的二进制数(256 级亮度)，而 U、V 色差信号每 2 个像素用 1B 表示；若不进行压缩，则 $Y:U:V$ 应该是 $1:1:1$，压缩比为 $8:4:4$，则节约了 1B。若要获得更大的压缩效果，还可以采用压缩比例为 $Y:U:V=8:2:2$，即 U、V 色差信号每 4 个像素用 1B 表示，与不压缩相比，节约了 2B。

2）YIQ 颜色空间

YIQ 是美国、日本等国的 NTSC 模拟彩色电视制式采用的颜色空间，其中，Y 为亮度信号；I 和 Q 为色差信号，构成两个彩色分量。

与 YUV 相比，YIQ 是对 YUV 中的亮度信号 Y' 不变，而色差信号 I 及 Q 则是 U、V 旋转 33°后的值。

将 U、V 旋转 33°的原因是，人眼的彩色视觉特性表明，人眼分辨红、黄之间颜色变化的能力强，这一部分较敏感的颜色在 RGB 色度图中表现在相角为 123°的橙色及其相反方向相角为 303°的青色，如图 4-6 所示。

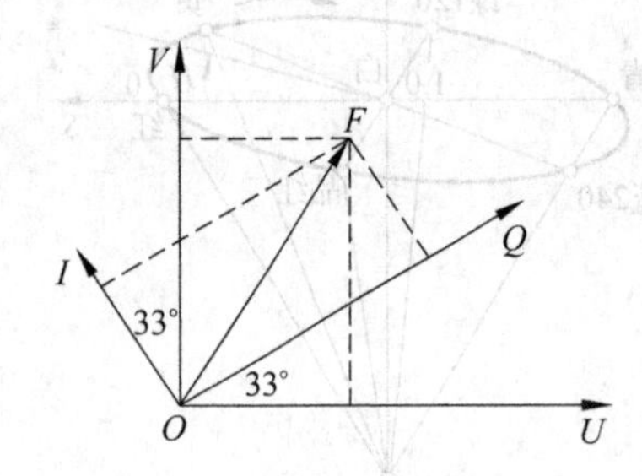

图 4-6　IQ 轴与 UV 轴的关系

因此，将通过 123°～303°线的色度信号称为 I 轴，它表示人眼最敏感的色轴；与 I 轴正交的称为 Q 轴，表示人眼分辨颜色能力弱的色轴——即蓝与紫之间颜色的变化。在信号传输时，对分辨力较强的 I 信号用较宽的频带；分辨力较弱的 Q 信号用较窄的频带。在 NTSC 制中，I 的带宽取 1.3～1.5MHz 和 PAL 制的 U、V 带宽差不多，而 Q 的传送带宽只是 0.5MHz，仅是 I 的带宽的 1/3。

3）YUV、YIQ 与 RGB 颜色空间的关系

根据 NTSC 制式的标准，当白光的亮度信号用 Y 来表示时，它和红、绿、蓝三色光的关系可用如下方程描述：

$$Y = 0.299R + 0.587G + 0.114B$$

这就是常用的亮度公式。色差信号 U、V 是由 $B-Y$、$R-Y$ 按不同比例压缩而成的。因此，YUV 颜色空间与 RGB 颜色空间的转换关系如下：

$$Y = 0.299R + 0.587G + 0.114B$$
$$U = -0.147R - 0.289G + 0.436B$$
$$V = 0.615R - 0.515G - 0.100B$$

如果要由 YUV 空间转化成 RGB 空间，只要进行相应的逆运算即可。

YIQ 颜色空间与 RGB 颜色空间的转换关系如下：

$$Y = 0.299R + 0.587G + 0.114B$$
$$I = 0.596R - 0.275G - 0.321B$$
$$Q = 0.212R - 0.523G + 0.311B$$

4.2 数字图形图像基础知识

4.2.1 图形图像的基本概念

在现实生活中，图形和图像是两个既有区别又有联系的概念，二者都是在二维平面上能在人的视觉系统中产生视觉印象的模拟信号。一般图形所指代的对象往往带有鲜明的几何意义，而图像往往是通过绘制和拍摄获得。计算机中的图形与图像的区别除了和现实生活类似外，二者的差别主要反映在它们的数据表示方法上，二者采用了两种模式完全不同的图片存储方式，不过随着计算机图形学的发展，两者之间的区别越来越小。

1. 图形

在计算机技术中，图形(graphic)一般指用数学方法描述的，以点、直线、圆、椭圆、弧线、扇形和矩形等几何图元为基本元素构成的画面，也可以使用实心或有等级变化的色彩来填充区域。通过对这些数学表达式进行编程，形成能构成一幅图形的所有图元的计算机指令集合，并存储下来，就可以将画面信息保存下来，用这种方式保存画面信息的图片称为矢量图。

构成图形的指令描述了图中所包含的每个图元的大小、形状和颜色等信息，当显示一幅矢量图形时，需要用软件读取这些指令，并将它们转变为屏幕上所能显示的形状和颜色。用来绘制和显示矢量图形的软件通常称为绘画程序(draw programs)，它要求以该程序已设计好的一些图元进行绘画，用户可以用这些图元进行移动、放大、缩小和旋转等各种操作，使其构成所需要的图形。代表工具软件有 AutoCAD、CorelDraw 等(如图 4-7 所示)。

矢量图形通常用于描述轮廓不是非常复杂，色彩不是很丰富的对象，如几何图形、工程图纸等。公式化矢量图形的主要优点是简单，操作方便，例如，当需要管理每一小块图元时，矢量图形法非常有效，可以对图中的每一个部分分别进行控制，在屏幕上任意地移动每一个小图元；目标图像的移动、缩小放大、旋转、复制、属性的改变(如线条变宽变细、

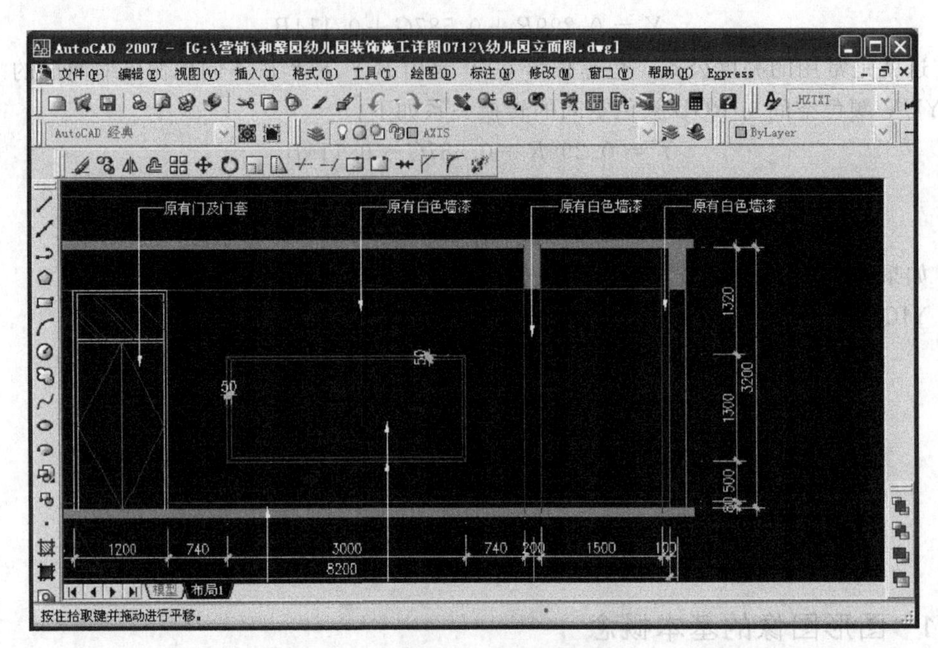

图 4-7 **AutoCAD 绘制的矢量图**

颜色的改变)也很容易做到;相同的或类似的图可以当作图的构造块,并存到图库中,这样不仅可以加速图的生成,而且可以减小矢量图形文件的大小。

但矢量图形有一个明显的缺点,当图很复杂时,计算机就要花费很长的时间去执行绘图指令。此外,对于复杂的彩色照片(例如一幅真实世界的彩照),恐怕就很难用数学来描述,因而就不用矢量图形法表示,而是采用位图法表示。

常见矢量图形文件格式有 3DS、DXF 和 WMF 等。

2. 图像

图像(image)则是指以像素点为基本单位构成的位图,在某些领域中也称为光栅图。位图可用一个矩形点阵表示,矩阵中的每一个点称为像素(pixel)。像素是数字图像中最小的可寻址元素。每个像素用若干个二进制位来指定颜色、亮度和属性。而一幅图像由许许多多描述每个像素的数据组成,这些数据通常称为图像数据。

位图可以用程序来绘制,也可以用扫描仪来扫描照片或平面图片,或用数码相机、摄

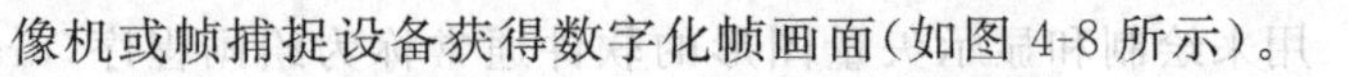
像机或帧捕捉设备获得数字化帧画面(如图 4-8 所示)。

图 4-8 位图

绘制和编辑图像软件工具称为画图程序(paint programs),它要求通过使用指定的颜色画出每个像素点来生成数字化图像。Windows 中使用的标准位图格式是独立于设备的位图格式。通常,图像是以其他工业标准格式(如 PIC)生成的,然后再转换为 DIB 格式以便在应用程序中使用。

位图图像的主要优点是清晰、美观、逼真,能画出比较复杂的图像,并能支持鼠标器。显示位图图像要比显示矢量图形快,

位图可装入内存直接显示。照片、负片以及其他图像常以位图的形式存放。

位图图像的主要缺点是文件所需的存储存容量大，因为位图必须把屏幕上显示的所有像素的信息都要存储起来。一般同样尺寸的一幅图，位图所需的存储空间往往要比矢量图多1～2倍，甚至几十倍。

显示位图文件比显示矢量图文件要快。矢量图侧重于“绘制”和“创建”，而位图偏重于“获取”和“复制”。矢量图和位图之间可以用软件进行转换，由矢量图转换成位图采用光栅化(rasterizing)技术，这种转换也相对容易；由位图转换成矢量图用跟踪(tracing)技术，这种技术从理论上说较为容易，但在实际中很难实现，对复杂的彩色图像尤其如此。矢量图和位图的比较见表4-2。

表4-2 矢量图与位图比较

类型	文件内容	容量	显示速度	应用特点
矢量图	图形指令	与图的复杂程度有关	图越复杂，需执行的指令越多，显示越慢	易于编辑，适于“绘制”和“创建”，但表现力受限
位图	图像点阵数据	与图的尺寸和颜色有关	与图的容量有关	适于“获取”和“复制”，表现力丰富，但编辑较复杂

4.2.2 图像的数字化

如第3章所述，数字化是通过采样和量化，将模拟信号转换成离散信号的过程，图像的数字化也是如此。图像的数字化指将连续的图像函数 $f(x,y)$ 进行空间和幅值的离散化处理，空间连续坐标 (x,y) 的离散化称为采样，$f(x,y)$ 颜色的离散化称为量化。两种离散化结合在一起称为数字化，离散化的结果称为数字图像。

1. 采样

以一幅灰度图像为例，其采样过程就是用空间上部分点的灰度值代表图像，这些点称为采样点。由于图像是一种二维分布的信息，为了对它进行采样操作，需先将二维信号变为一维信号，再对一维信号完成采样。

具体做法是：沿 x 方向以等间隔 Δx 采样，采样点数为 N；沿 y 方向以等间隔 Δy 采样，采样点数为 N，于是得到一个 $N\times N$ 的离散样本阵列 $[f(m,n)]_{N\times N}$（图4-9）。为了达到由离散样本阵列以最小失真重建原图的目的，采样密度（间隔 Δx 与 Δy）必须满足惠特克-卡切尼柯夫-香农(Whittaker-Kotelnikov-Shannon)采样定理。一般来说，采样间隔越小，图像越精确，但图像数据越多。

对于运动图像（即时间域上连续的图像），需先在时间轴上采样，再沿垂直方向采样，最后沿水平方向采样。

2. 量化

采样是对图像函数 $f(x,y)$ 的空间坐标 (x,y) 进行离散化处理，而量化是对每个离散点——像素的灰度或颜色样本进行数字化处理。具体说，就是在样本幅值的动态范围内

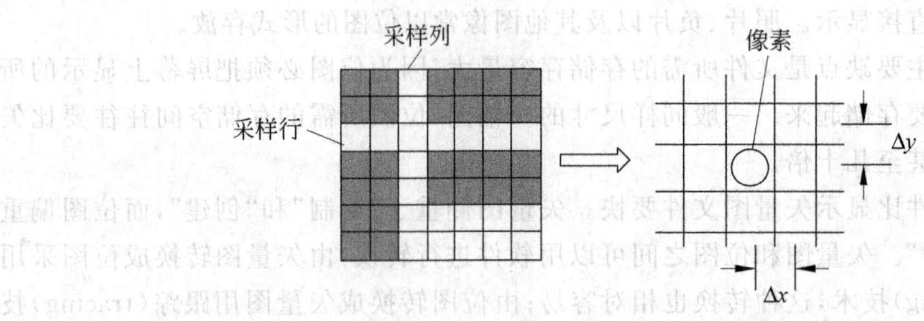

图 4-9 采样示意图

进行分层、取整，以正整数表示。

对于黑白灰度图，可以用 2 的整数幂表示在计算机中的灰度级，即 $G=2^m$，当 $m=8$，7，6，…，1 时，其对应的灰度级分别为 256，128，64，…，2。若 $m=1$，即用灰度级为 2，构成的二值图像只有黑白之分，没有灰度层次；通常会采用 $m=8$，则图像用 256 级灰度表示，这样可以使模数变换时保证有足够的灰度层次。

而彩色幅度如何量化，这要取决于所选用的彩色空间表示。

4.2.3 数字图像的属性

1. 分辨率

分辨率有很多种，很多图像输入输出设备的一个重要性能指标就是其分辨率，如显示器分辨率、扫描仪分辨率、数码相机分辨率和打印机分辨率等，这些设备的分辨率在第 2 章中已经做了介绍。本节所讲的分辨率是图像本身的分辨率。

图像分辨率是确立组成一幅图像的像素数目，单位是 dpi，即每英寸多少个像素点。对同样大小的一幅图，如果组成该图的像素数目越多，则说明图像的分辨率越高，看起来就越逼真；相反，图像显得越粗糙。

当数字图像是用输入设备（如扫描仪、数码相机等）获取时，其图像分辨率取决于输入设备的分辨率设置。如，在用扫描仪扫描彩色图像时，通常要指定图像的分辨率，如果用 300dpi 来扫描一幅 8in×10in 的彩色图像，就得到一幅 2400×3000 像素的图像。

若数字图像是用工具软件（如 Photoshop 等）编辑生成的，其图像分辨率取决于保存图像文件时的参数设置。

2. 图像深度

图像深度是指位图中记录每个像素点所占的位数，它决定了彩色图像中可出现的最多颜色数，或者灰度图像中的最大灰度级数。例如，一幅彩色图像的每个像素用 R、G、B 3 个分量表示，若每个分量用 8 位，那么一个像素共用 24 位表示，就说图像深度为 24，每个像素可以是 $2^{24}=16\ 777\ 216$种颜色中的一种。图像深度越大，表示一个像素的位数越多，它能表达的颜色数目就越多（如表 4-3 所示）。

表 4-3 图像深度与显示的颜色数

图像深度	颜色总数	图像深度	颜色总数
1	2	16	65 536
4	16	24	16 777 216
8	256		

3. 图像数据量

图像数据量取决于图像分辨率、图像深度等因素，图像的分辨率越高、图像深度越深，则数字化后的图像效果越逼真、图像数据量也越大。按照像素点及其深度映射，图像数据大小可用下面的公式估算：

图像数据量＝图像的总像素×图像深度 / 8(B)

例如，一幅 640×480、真彩色的图像，其文件大小约为

$$640\times480\times24/8\approx1(\text{MB})$$

通过以上的分析可知，如果要确定一幅图像的参数，要考虑的因素一是图像的容量，二是图像输出的效果。在多媒体应用中，更应考虑好图像容量与效果的关系。由于图像数据量很大，因此，数据的压缩就成为图像处理的重要内容之一。

4.3 图像文件及工具软件

4.3.1 图像文件分类

静态图像从其图像深度和颜色数目上可分为以下几类。

1. 1位图

1 位图中每个像素值用 1 位二进制数存储，取值为 0 或 1，分别表示黑、白二色。1 位图也称为二进制图像(binary image)或者单色图。

1 位图只有黑、白两种颜色，这种图像适合由黑、白两色构成的没有灰度的图像(如图 4-10 所示)。

2. 灰度图

灰度图(grayscale)指没有彩色，只有黑、白、灰颜色的图像。这种图像的灰度级由表示像素颜色的二进制数位数决定，常见的是用 8 位二进制数表示灰度级，称为 8 位灰度图。

在 8 位灰度图中，若将白色灰度值定义为 255，黑色的灰度值定义为 0，而将由黑到白之间的明暗度均匀地划分成 256 个等级，每个等级由一个相应的灰度值定义，这样就定义了一个 256 个等级的灰度。而图像中每个像素的取值介于黑色和白色之间的 256 种灰度中的一种(如图 4-11 所示)。

图 4-10　1 位图

图 4-11　8 位灰度图

所以，通常所说的黑白照片其实包含了黑、白之间的所有灰度色调，因此应该属于灰度图。

3. 真彩色图像

真彩色是指图像中的每个像素颜色值都分成 R、G、B 3 个原色分量，由这 3 个原色分量决定像素的颜色。当表示三原色分量的二进制数位数较大时，可以产生非常丰富的颜色，由此称为真彩色。

例如，在一幅 24 位真彩色图像中，每个像素值由 3 个字节，即 24 位二进制数值来表示。3 个字节分别表示 R、G、B 三原色分量的强度，每个原色分量的强度等级有 $2^8=256$ 种，可生成的颜色数为 $2^{24}=16\ 777\ 216$种，远远超出了人眼所能辨别的范围，故又称为全彩色图像。

4. 索引图像

索引图像使用颜色查找表(Color Look-Up Table，CLUT)来存储颜色信息。CLUT 是一个事先做好的表，表项入口地址也称为索引号，每个索引号对应一种颜色，如在 16 种颜色查找表中，0 号索引对应黑色……15 号索引对应白色。

图像的像素值表示的是 CLUT 的索引号，而不是三原色分量数值。当图像显示时，根据图像的像素值所对应的索引号在 CLUT 中找到最终的颜色。因此，在这种模式下，图像中所有颜色都是在 CLUT 上预先预定好的，可以选用的颜色也是有限的。如果原图像中的一种颜色没有出现在 CLUT 中，程序会选取已有颜色中最相近的颜色或使用已有的颜色模拟该种颜色。

例如，如果像素点存储的值为 30，则意味着对应着颜色查找表 30 号颜色，CLUT 中第 30 号像素值再转换成相应颜色显示出来(如图 4-12 所示)。

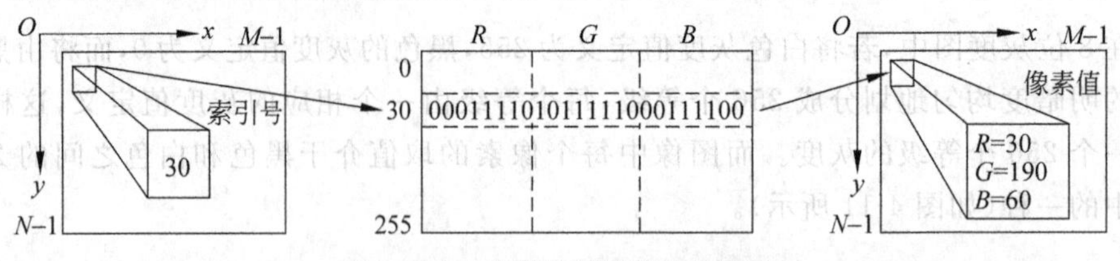

图 4-12　8 位索引图像颜色查找表

5. 其他图像数据类型

双色调模式：通过2～4种自定油墨创建双色调图像。

多通道模式：每个通道为256级灰度。在进行特殊打印时，多通道图像十分有用。原图像中的通道在转换后成为专色通道。将图像转换为多通道模式时，新的灰度信息基于每个通道中像素的颜色值。

4.3.2 常用的图像文件格式

1. GIF格式

GIF(Graphics Interchange Format，图形交换格式)是CompuServe公司在1987年开发的图像文件格式，1989年在1987年版本的基础上进行了扩充，扩充后的版本号为GIF89a，而1987年的版本号为GIF87a，GIF格式的文件扩展名为gif。

GIF是一种索引图像格式，采用LZW压缩算法来存储图像数据，并采用了可变长度等压缩算法。GIF的图像深度为1～8b，即GIF最多支持256种颜色的图像。

GIF的特点主要是支持交错效果、透明颜色效果以及动画(GIF89a)效果。

交错效果在显示图像时支持从模糊逐渐到清晰的显示过程。当通过Internet下载一个图像文件时，由于网络速度的关系，浏览器能边下载边显示收到的图像内容。如果图像在显示过程中严格执行从上到下，一行像素一行像素地显示，可能出现因为网络速度较慢，一幅图像只显示上半部，而下半部没有出现的情况，对于用户来说，就无法看到整幅图像的全貌。GIF支持对图像进行交错处理。交错处理的图像显示时不再严格地从上到下，逐行显示，而是隔8行显示1次，然后再填补其间的空隙直到清晰为止，使用户可以尽早看到图像全局。

GIF89a版本可以描述多帧图像，且支持透明背景，它提供的动画实际上是由多幅GIF图像组成，这些图像在动画中称为帧，浏览器以每幅GIF图像定义的时间间隔顺序显示，形成动画效果。

2. BMP格式

BMP文件(bitmap file)是由Microsoft公司推出的位图文件格式，在Windows环境下运行的所有图像处理软件都支持这种格式，是一种与硬件设备无关的图像文件格式，使用非常广，文件扩展名为bmp。

BMP采用位映射存储格式，除了图像深度可选以外，采用的是无损压缩，因此，其优点是图像完全不失真，缺点是图像文件的尺寸较大。BMP支持的颜色数有2、16、256、1670万几种，支持RGB、索引、灰度及位图等颜色模式，但无法支持含Alpha通道的图像信息。

BMP文件存储数据时，图像的扫描方式是按从左到右、从下到上的顺序。

3. JPEG 格式

JPEG 格式也称作 JPG 格式,是应用最广泛的图像格式,文件扩展名为 jpg。JPEG 格式采用 JPEG 压缩算法,该算法是有损压缩方式,在保存数据的同时也能识别出那些人眼不能看出的信息,并将这些信息的数据去掉,因此一幅图像被压缩后再解压,也就不能完全恢复成原来的图像。当采用 JPEG 的高质量压缩时,未受训练的人眼无法察觉到变化;在低质量压缩率下,大部分的数据被剔除,而人眼对之敏感的信息内容则几乎全部保留下来。

JPEG 是一种压缩效率很高的存储格式,其压缩比约为 1∶5～1∶50,甚至更高,但是它采用的是有损压缩方式,因此不适用于高质量印刷文件。JPEG 格式支持 CMYK、RGB 和灰度等颜色模式,但不支持含 Alpha 通道的图像信息。

4. TIFF 格式

TIFF 格式(Tagged Image File Format,标签图像文件格式),是由 Aldus 和 Microsoft 公司为扫描仪和桌上出版系统研制开发的一种较为通用的图像文件格式,主要用来存储包括照片和艺术图在内的图像,用于精确描述图像的场合,几乎所有绘画、图像编辑和页面版面应用程序都支持这种格式。

TIFF 格式在业界得到了广泛的支持,如 Adobe 公司的 Photoshop、Jasc 的 GIMP 等图像处理应用、Adobe InDesign 这样的桌面印刷和页面排版应用,扫描、传真、文字处理、光学字符识别和其他一些应用等都支持这种格式。

TIFF 格式灵活易变,它又定义了 4 类不同的格式: TIFF-B 适用于二值图像,TIFF-G 适用于黑白灰度图像,TIFF-P 适用于带调色板的彩色图像,TIFF-R 适用于 RGB 真彩图像。TIFF 支持多种编码方法,其中包括 RGB 无压缩、RLE 压缩及 JPEG 压缩等。

5. PNG 格式

PNG(Portable Network Graphic Format)是 20 世纪 90 年代中期开始开发的图像文件存储格式,叫流式网络图形格式,这是一种位图文件存储格式。PNG 格式的目的是企图替代 GIF 和 TIFF,同时增加一些 GIF 文件格式所不具备的特性。PNG 文件格式保留 GIF 文件格式的特性有:

(1) 使用彩色查找表,可支持 256 种颜色的彩色图像。

(2) 图像文件格式允许连续读出和写入图像数据,这个特性很适合于在通信过程中生成和显示图像。

(3) 逐次逼近显示: 这种特性也就是先用低分辨率显示图像,然后逐步提高它的分辨率。

(4) 透明性: 这个性能可使图像中某些部分不显示出来,用来创建一些有特色的图像。

(5) 独立于计算机软硬件环境。

(6) 使用无损压缩。

PNG 文件格式中新增加了下列 GIF 文件格式所没有的特性：

(1) 每个像素可达 48 位的真彩色图像。

(2) 每个像素可达 16 位的灰度图像。

(3) 完全的 α 通道。

(4) 图像的 γ 信息，支持用正确的明度/对比度自动显示图像，且与产生和显示图像的机器无关。

(5) 可靠，直接检测损害的文件。

(6) 加快渐近显示模式是图像的初始显示。

6. EXIF 格式

EXIF(Exchangeable Image File，可交换图像文件)是专门为数码相机的照片设定的，可以记录数字照片的属性信息和拍摄数据。它实际上是 JPEG 文件的一种，遵从 JPEG 标准，只是在文件头信息中增加了有关拍摄信息的内容和索引图。

简单来说，EXIF 信息就是由数码相机在拍摄过程中采集一系列的信息，然后把信息放置在 JPEG/TIFF 文件的头部，也就是说 EXIF 信息是镶嵌在 JPEG/TIFF 图像文件格式内的一组拍摄参数，主要包括摄影时的光圈、快门、日期时间等各种与当时摄影条件相关的信息。

7. PDF 格式

PDF(Portable Document Format)格式是由 Adobe 公司推出的专为网上出版而制订的电子文件格式。它可以覆盖矢量图像和点阵图像，并且支持超级链接。

PDF 格式可以保存多页信息，其中可以包含图形和文本。此外，由于该格式支持超级链接，因此也是网络信息交流经常使用的文件格式。

这种文件格式与操作系统平台无关，也就是说，PDF 文件不管是在 Windows、UNIX 还是在 Apple 公司的操作系统中都是通用的。越来越多的电子图书、产品说明、公司文告、网络资料和电子邮件开始使用 PDF 格式文件。

PDF 文件使用了工业标准的压缩算法，易于传输与储存。对普通读者而言，用 PDF 制作的电子书具有印刷版图书的质感和阅读效果，可以逼真地展现原书的原貌；而显示大小可任意调节，给读者提供了个性化的阅读方式。由于 PDF 文件可以不依赖操作系统的语言、字体以及显示设备，所以阅读起来很方便。像 Adobe 公司以 PDF 文件技术为核心，提供了一整套电子和网络出版解决方案，其中包括用于生成和阅读 PDF 文件的商业软件 Acrobat 等。

8. WMF 格式

WMF(Windows Meta File)简称图元文件，它是 Microsoft 公司定义的一种 Windows 平台下的图形文件格式，属于矢量文件格式。

WMF 文件具有文件短小、图案造型化的特点，整个图形常由各个独立的组成部分拼接而成，其图形往往较粗糙。

9. TGA 格式

Targa 图像文件格式(TGA)是 TrueVison 公司于 1984 年设计的一种文件格式,最初是用于存储 TrueVison 所生产的 Targa 板上显示的图像,后来发展成为一种通用的图像文件格式。该格式的缺点是文件占用较多的存储空间。文件的扩展名为 tga。Targa 图像格式有以下特点:

(1) 色彩表达能力强。Targa 格式最多可支持 32 位彩色图像,可用来保存颜色复杂的图像。

(2) 多种任选项和模式。在 Targa 图像格式中,图像可以用压缩方式存储,也可以用非压缩方式存储;图像数据可按从上到下、从左到右的方式存储,也可按相反的方式进行存储。

10. MAC 格式

MAC 格式是 Apple 计算机所使用的灰度图像模式,可以利用这种模式使 PC 和 Apple 计算机的图像相互交流。文件扩展名为 mac。

11. PCD 格式

PCD 文件格式是由 Eastman Kodak 公司开发的一种光盘读取格式。PCD 文件是 24 位彩色图像,通常一个文件中包含了几个分辨率。文件扩展名为 pcd。

4.3.3 常用图形图像处理软件介绍

计算机在问世之初只是作为科研机构进行科学计算的工具,体积庞大、价格昂贵、使用复杂是其特点。到 20 世纪 50～70 年代,一些科学家像 Noll、Harman、Knowton 以及 Nake 等利用计算机程序语言从事计算机图形图像处理的研究,研究的主题多是图形形成原理,例如,如何编程使得计算机的二进制代码能够表现为一条弧线或是一个三角形等简单的几何图形。20 世纪 70 年代,伴随着个人计算机(PC)的出现,平面图像技术也逐步成熟,使有兴趣从事计算机艺术创作的人有更多的机会随心所欲地进行艺术创作。

1985 年,美国 Apple 公司率先推出图形界面的 Macintosh(麦金塔)系列计算机,广泛应用于排版印刷行业。1990 年,美国计算机行业著名的 3A(Apple、Adobe、Aldus)公司共同建立了一个全新概念——计算机桌上排版(Desk Top Publishing,DTP),它把计算机融入传统的打字和编排,向传统的排版方式提出了挑战。在 DTP 系统中,为了更好地处理图形图像,科学家们根据艺术家及平面设计师的工作特点开发了对应的软件,如 Adobe 公司开发的 Photoshop。DTP 和图像软件的结合,使设计师可在计算机上直接完成文字的录入、排版、图像处理、形象创造和分色制板的全过程,开创了计算机平面设计时代。

如今,随着计算机技术的发展推广,计算机对图形图像的处理能力更加强大,通过图形图像软件和专业的设备,图像自计算机直接输出的精度、准确和美观的程度几乎可以同照片媲美,甚至在某些方面远远超出照片的效果。下面针对目前主要的图形图像软件进行简单的分类介绍。

(1) Adobe Photoshop：如今风靡世界，在平面图像处理领域成为行业权威和标准的Photoshop软件源于20世纪80年代中期，最初的Photoshop只支持Macintosh平台，并不支持Windows。由于Windows在PC上的出色表现，Adobe公司也紧跟发展的潮流，自Photoshop以来开始推出Windows版本(包括Windows 95和Windows NT)。

Photoshop的专长在于图像处理，而不是图形创作。有必要区分一下这两个概念：图像处理是对已有的位图图像进行编辑加工处理以及运用一些特殊效果，其重点在于对图像的处理加工；图形创作软件是按照自己的构思创意，使用矢量图形来设计图形，这类软件主要有Adobe公司的另一个著名软件Illustrator和Micromedia公司的Freehand。对Photoshop详细介绍参见本章4.4节。

(2) Fireworks：是网页三剑客之一的软件，原为Macromedia公司所有。在Macromedia被Adobe兼并之后，Adobe又进一步发展了此软件，但是与Macromedia的风格差别较大，将来有可能被Photoshop等取代。现最新版本是Adobe Fireworks CS4。

Fireworks是一个强大的网页图形设计工具，可以使用它创建和编辑位图、矢量图形，还可以非常轻松地做出各种网页设计中常见的效果，比如翻转图像、下拉菜单等，设计完成以后，如果要在网页设计中使用，可以将它输出为HTML文件，还能输出为可以在Photoshop、Illustrator和Flash等软件中编辑的格式。Fireworks提供专业网络图形设计和制作方案，通过它可以编辑网络图形和动画，支持位图和矢量图。同时它与Dreamweaver和Flash实现网页的无缝连接，与其他图形程序的HTML编辑功能也能密切配合，为用户一体化的网络设计方案提供支持。

(3) CorelDraw：是Corel公司出品的矢量图形制作工具软件，这个图形工具提供了矢量动画、页面设计、网站制作、位图编辑和网页动画等多种功能，是一套屡获殊荣的图形图像编辑软件。

该软件包含两个绘图应用程序：一个用于矢量图及页面设计，一个用于图像编辑。这套绘图软件组合带给用户强大的交互式工具，使用户可创作出多种富于动感的特殊效果及点阵图像即时效果。通过CorelDraw的全方位的设计及网页功能可以融合到用户现有的设计方案中，灵活性十足。

该软件为专业设计师及绘图爱好者提供简报、彩页、手册、产品包装、标识、网页等制作工具；该软件提供的智慧型绘图工具以及新的动态向导可以充分降低用户的操控难度，允许用户更加容易精确地创建物体的尺寸和位置，减少点击步骤，节省设计时间。

(4) Adobe Illustrator：作为全球最著名的图形软件，Adobe Illustrator以其强大的功能和体贴用户的界面占据了全球矢量编辑软件中的大部分份额。据不完全统计，全球有37%的设计师在使用Adobe Illustrator进行艺术设计。尤其基于Adobe公司专利的PostScript技术的运用，使Illustrator已经完全占领专业的印刷出版领域。无论是线稿的设计者和专业插画家、生产多媒体图像的艺术家还是互联网页或在线内容的制作者，使用过Illustrator后都会发现，其强大的功能和简洁的界面设计风格只有Freehand能相比(Freehand是Macromedia公司推出的矢量图形软件，在Macromedia公司被Adobe公司并购后，Adobe公司决定继续发展Illustrator，所以该软件已经退出市场)。

4.4 图像处理软件 Photoshop

4.4.1 Photoshop 简介

Photoshop 是当今世界上一流的平面设计和图像编辑软件。Thomas 和 Knoll 兄弟最初设计和开发了 Photoshop，而后他们与 Adobe 公司合作，于 1990 年推出了 Adobe Photoshop 3.0。Adobe Photoshop 3.0 集传统的暗房技术和印前处理于一身，成为一个优秀的平面设计和图像编辑软件。随着技术的进步，其版本也从 3.0、4.0 发展到 7.0，2003 年 9 月，Adobe 公司又推出了最新版本 Photoshop CS(Creative Suite)。

Photoshop 提供相当简捷和自由的操作环境，并且功能十分强大：支持多种图像格式和颜色模式；能同时进行多图层处理；提供绘图功能与选取功能，使图像编辑十分方便；提供各种图像变形和各种滤镜，可用来制造特殊的视觉效果；具有开放式的结构，支持 TWAIN_32 接口，可以广泛接受各种图像输入设备，如扫描仪和数码相机等。

Photoshop 的每一个版本都增添了新的功能。这使它的功能越来越完善，并因此获得越来越多的支持者，使其在诸多的图形图像处理软件中立于不败之地。目前，Photoshop 已成为出版界中图像处理的专业标准。

本节主要以 Photoshop CS 为例介绍怎样在 Photoshop 中进行简单的图像编辑和处理。

Photoshop 应用程序窗口由菜单栏、工具栏、工具属性栏、图像窗口、浮动面板等几个部分组成。主界面如图 4-13 所示。

图 4-13 Photoshop CS 中文版操作界面图

Photoshop CS的菜单栏中共有10个菜单，分别是文件、编辑、图像、图层、选择、滤镜、分析、视图、窗口和帮助。

1. **Photoshop 工具箱**

Photoshop的工具箱存放着用于创建和编辑图像的各种工具，每一个按钮都表示一种工具。在某些按钮的右下角的一个小三角形，表示还有一些隐藏工具，可在该工具上按住鼠标左键不放或单击右键，所有的隐藏工具都会出现在打开的子菜单中(如图4-14所示)。

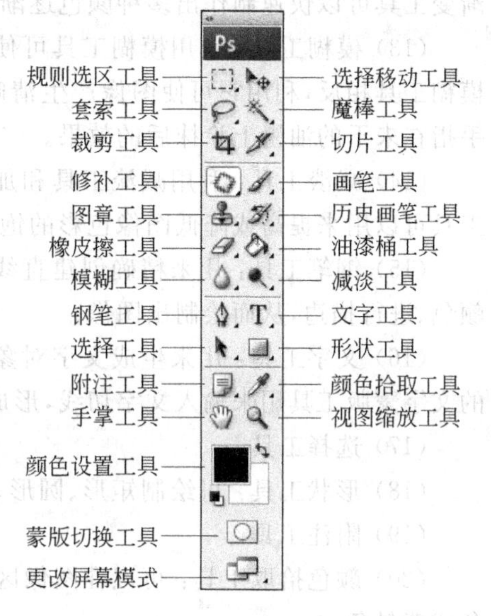

图4-14 工具箱

(1) 规则选区工具：可以创建矩形选区、椭圆形选区、单行像素选区和单列像素选区。

(2) 选择移动工具：可将某层中的全部图像或选择区域移动到指定位置。

(3) 套索工具：包括套索工具、多边形套索工具和磁性套索工具，可以用来在图像窗口中创建任意形状的选区。套索工具是用鼠标自由绘制选区，一般用于精确度要求不高的选择；多边形套索工具是用鼠标单击节点绘制选区的工具，它选择的区域比较精确，但操作非常烦琐，适用于边界多为直线或边界曲折复杂的图案；磁性套索工具主要适用于边界分明的图案的选择，使用该工具时，它会根据选择的图像边界的像素点颜色与背景颜色的差别自动勾画出选区边界，从而快速得到需要的选区。

(4) 魔棒工具：利用魔棒工具可选择图像中颜色相同或相近的像素。使用时只需要在其属性栏中设置适当的选项，然后在图像上需要选择的区域单击鼠标左键，即可选择与鼠标落点处颜色相近的区域。

(5) 裁剪工具：可以自由控制裁切图像的大小和位置，同时对图像进行旋转、变形等操作。

(6) 切片工具。

(7) 修补工具：通过选区来修复图像，可以用该工具制作选区，也可用其他工具制作选区。修补工具是画笔工具功能的扩展，用该工具画一个想要修改的区域，只要将鼠标移动到区域中间并拖动该区域到目的地释放鼠标，则原来选定区域的图像就变成目的地的图像，边缘也和背景融合。

(8) 画笔工具：用前景色创建柔和边线的手绘线；其中的铅笔工具可绘制硬边线的直线和手绘线。

(9) 图章工具：利用图章工具可以在同一幅图像或多幅图像中进行图像复制，其操作方法是按住Alt键不放，在当前图像中要复制的区域单击鼠标取得样本，然后释放Alt键，在目标位置处单击并拖动鼠标即可。

(10) 历史画笔工具：属于恢复工具，其主要作用是在图像中将新绘制的内容恢复到历史记录面板中的“恢复点”处的画面。

(11) 橡皮擦工具：用来擦除图像的颜色。如果在背景层中擦除，则显示背景色；若在普通层中擦除，则变为透明区。

(12) 油漆桶工具：可以为图像中色彩相近并相连的区域填色或填充图案。其中的渐变工具可以快速制作出多种颜色逐渐变化的效果。

(13) 模糊工具：利用模糊工具可使图像产生模糊、柔化的效果；其中的锐化工具与模糊工具相反，利用它可使图像产生清晰的效果；涂抹工具可使被涂抹区域产生类似用手指在未干的油墨上涂抹后的效果。

(14) 减淡工具：利用减淡工具和加深工具可以改善图像的曝光效果。其中的海绵工具可以用来提高或降低图像色彩的饱和度。

(15) 钢笔工具：用来精确创建直线、曲线路径或形状，可以沿这些线段或曲线填充颜色、进行描边，从而绘制出图像。

(16) 文字工具：用来生成文字对象。这时文字对象单独占据一个文字图层。其中的文字蒙版工具用来输入文字切线，形成文字选区。

(17) 选择工具。

(18) 形状工具：可绘制矩形、圆形、多边形和直线等各种相对简单的形状和路径。

(19) 附注工具。

(20) 颜色拾取工具：可以在图像区域中进行颜色采样，并用采样颜色重新定义前景色或背景色。

(21) 手掌工具：如果打开的图像很大或者操作中将图像放大，以至于窗口中无法显示完整的图像时，要查看图像的各个部分，可以用手掌工具来移动图像的显示区域。

(22) 视图缩放工具：要将图像的局部放大或缩小图像的显示范围，就可以利用缩放工具来调整图像的显示比例。

(23) 颜色设置工具：用来设定当前绘图的颜色和图像的底色，即前景色和背景色。

(24) 蒙版切换工具。使用户在快速蒙版模式和脱离快速蒙版模式之间切换。

当选中某个工具之后，将会在工具属性栏中出现相关属性的设置。图 4-15 为减淡工具和颜色拾取工具的属性设置栏。

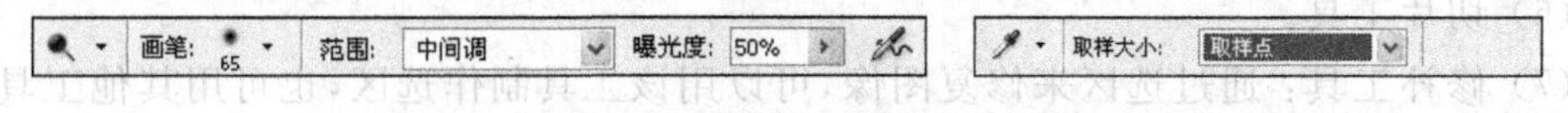

图 4-15　减淡工具属性栏和颜色拾取工具属性栏

2. Photoshop 中的控制面板

Photoshop 共有 14 种控制面板，根据功能和性质分类组合成默认的 5 种控制面板组，各种控制面板可以通过拖动来随意组合，其中图层面板和历史记录面板等尤为重要。控制面板的隐藏和显示操作可通过单击菜单栏“窗口”，在下拉菜单栏中选择各种面板即可。

(1) 导航控制面板：主要用于显示图像的缩略图，可用来快速缩放显示比例，迅速移动图像显示内容。

(2) 信息控制面板：显示鼠标指针所在位置的坐标值、该位置的像素的颜色值信息以及其他有用的测量信息(取决于所使用的工具)。

(3) 颜色控制面板：显示当前前景色和背景色的颜色值。可以根据几种不同的颜色模型编辑前景色和背景色,也可以从显示在调板底部的四色曲线图中的色谱中选取前景色和背景色。

(4) 色板控制面板：可从中选取前景色或背景色,也可以添加或删除颜色以创建自定义色板库。

(5) 历史记录控制面板：用于记录用户的操作,当需要时可以恢复图像和指定恢复某一步操作。

(6) 动作控制面板：可以记录、播放、编辑或删除个别动作,还可以用来存储和载入动作文件。

(7) 工具预设控制面板：用于存储和重用工具设置。

(8) 图层控制面板：列出了图像中的所有图层、图层组和图层效果。用于完成创建、隐藏、显示、复制和删除图层等操作。

(9) 通道控制面板：可以创建并管理通道以及监视编辑效果。可以在通道中进行各种通道操作,如切换显示通道内容、安装、保存和编辑蒙版等。

(10) 路径控制面板：列出了每条存储的路径、当前工作路径和当前矢量蒙版的名称与缩览图像。

4.4.2 Photoshop 常用操作

1. 选区操作与文件保存

选区在 Photoshop 中占有举足轻重的作用,如果在图像中创建了选区,那么几乎所有的编辑操作都只对当前选区内的图像有效,选区外的部分将不受任何影响。

创建选区主要是通过工具箱的规则选区工具、套索工具和魔棒工具进行,其中规则选区工具包括矩形选框工具、椭圆选框工具、单行选框工具和单列选框工具等(如图 4-16 所示)。创建好选区后,可以在“编辑”菜单中对选区进行复制、移动、删除、描边和变换等各种操作。

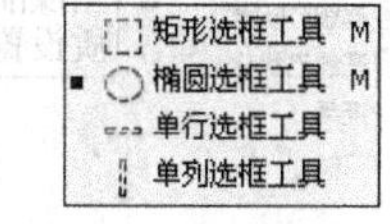

图 4-16 规则选区工具

【例 4-1】 不同羽化值的艺术效果。

用规则选区工具和套索工具创建选区时,可以在相应的工具属性栏中设定羽化值(如图 4-17 所示)。羽化值的设置可以使选区的边缘产生逐渐消失的过渡效果。羽化值不同,可以产生清晰或朦胧的选区边缘。

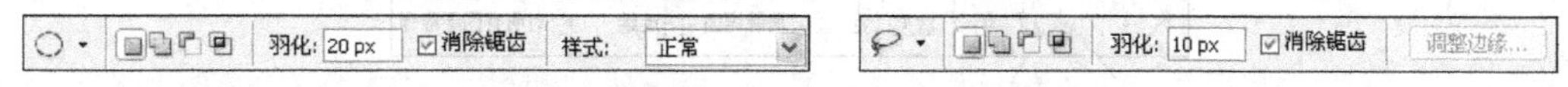

图 4-17 椭圆选框工具和套索工具属性栏

(1) 在菜单栏中选择“文件”→“打开”,打开一幅图像。

(2) 选择椭圆选框工具,在工具属性栏中设置“羽化”值为 0,并在打开的图像中选定选区(如图 4-18(a)所示)。

(a) 用椭圆工具在原图上建立选区 (b) 羽化值0px (c) 羽化值20px (d) 羽化值40px

图 4-18 不同羽化值艺术效果

(3) 在菜单栏中选择"编辑"→"复制"(或按 Ctrl+C 键),复制该选区。

(4) 在菜单栏中选择"文件"→"新建",建立一个新文件,在菜单栏中选择"编辑"→"粘贴"(或按 Ctrl+V 键),将复制的选区内容粘贴到新文件中。由于羽化值预先设置为0,因此复制的图像边缘清晰(如图 4-18(b)所示)。

(5) 修改工具属性栏中的"羽化"值,重复(2)~(4)步,可得到不同的羽化效果。图 4-18(c)和(d)分别是羽化值为 20px 和 40px 的效果。

需要注意的是,对已经创建好的选区,可以通过在菜单栏中选择"选择"→"修改"→"羽化"命令来修改羽化值。

(6) 保存为 JPG 格式的文件,并设置不同的文件质量。在菜单栏中选择"文件"→"存储为",在"存储为"对话框中,选择"JPEG 格式"并单击"保存"按钮,在弹出的"JPEG 选项"对话框中设置图像品质选项,如图 4-19 所示。图像品质不同,图像文件大小会有相应的改变。

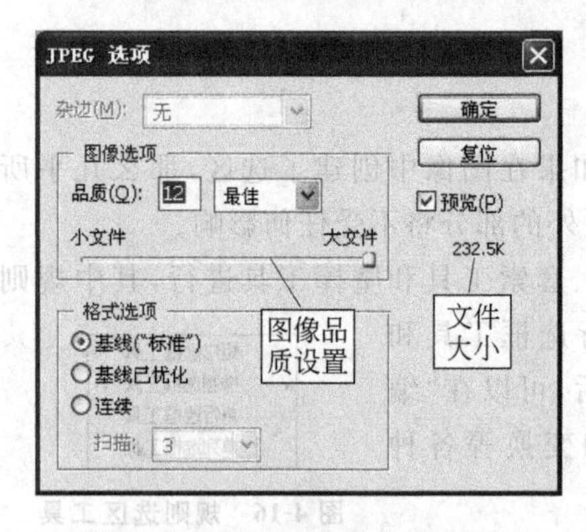

图 4-19 JPEG 图像品质选项设置

【例 4-2】 魔棒工具和选区增减。

魔棒工具可选择图像中颜色相同或相近的像素,因此适合选择图中大块相近颜色的区域。魔棒工具属性栏中,"容差"值确定相邻像素是否在选择颜色范围内,在容许值范围内的相邻像素都会被选上。容差值越大,可选颜色的范围越大,反之颜色范围越小。容差的范围在 0~255 之间,默认值为 32(如图 4-20 所示)。

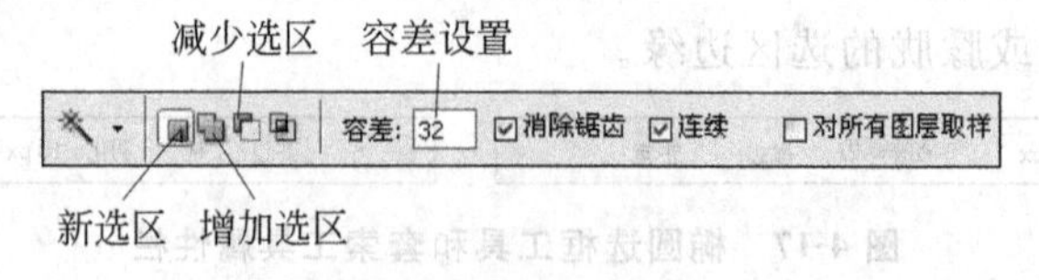

图 4-20 魔棒工具属性栏

(1) 打开一幅图中有大块相近颜色的图像。

（2）选择魔棒工具，在工具属性栏中设置合适的“容差”值，单击图像中需要选定的区域（如图 4-21 所示）。

图 4-21 魔棒工具选择选区

在选择选区时，若选择的范围不符合需要，可以按住 Shift 键添加选区，按住 Alt 键减去选区；或者在属性工具栏中单击“增加选区”和“减少选区”的图标以达到增或减的效果。需要注意的是，无论是规则选区工具、套索工具，还是魔棒工具，均可以用上述方法增减选区范围。

（3）当选择合适的区域之后，在菜单栏中选择“编辑”→“复制”（或按 Ctrl+C 键），复制该选区。

（4）选择工具栏中的“颜色设置工具”（如图 4-22 所示），单击“背景色设置”，在拾色器中将背景色设置为所选区域主要颜色的反色（如图 4-23 所示）。

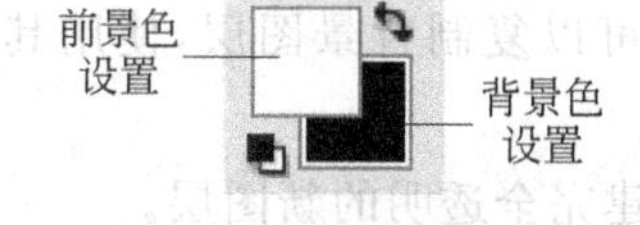

图 4-22 颜色设置工具

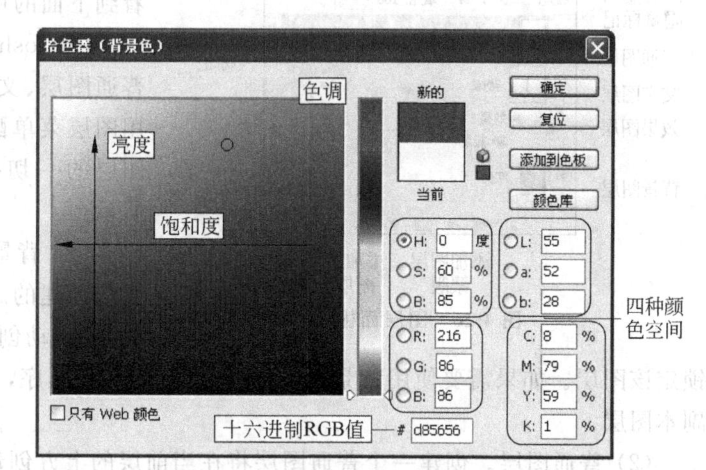

图 4-23 拾色器

（5）建立一个新文件。在“新建”文件对话框中，“背景内容”选择“背景色”（如图 4-24 所示）。

（6）将复制的选区内容粘贴到新文件中（如图 4-25 所示）。

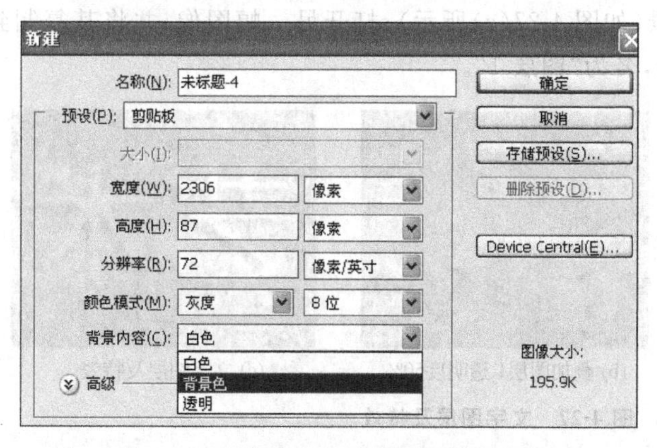

图 4-24 “新建”文件对话框的参数设置

图 4-25 复制选区

2. 图层操作

传统的工艺美术绘制复杂图像时，通常先将图中的对象分别绘制在若干张透明的玻璃纸上，再将这些玻璃纸叠加，从而产生最终效果，这样制作的图像调整起来十分方便。Photoshop 的创作也可以想象成是由若干张含有不同图像、具有不同透明度的玻璃纸叠加而成的，每张“玻璃纸”称为一个图层。

每个层以及层中的内容都是独立的，用户在不同的层中进行设计或修改不会影响其他层，可以非常方便地创建、移动和删除图层、对齐图层及调整图层的叠放次序等。

图层上有图像的部分可以是透明或不透明的，而没有图像的部分一定是透明的。图层叠加时，上面的图层将遮盖下面的图层，但透过上面的图层的透明部分可以看到下面的可见图层。

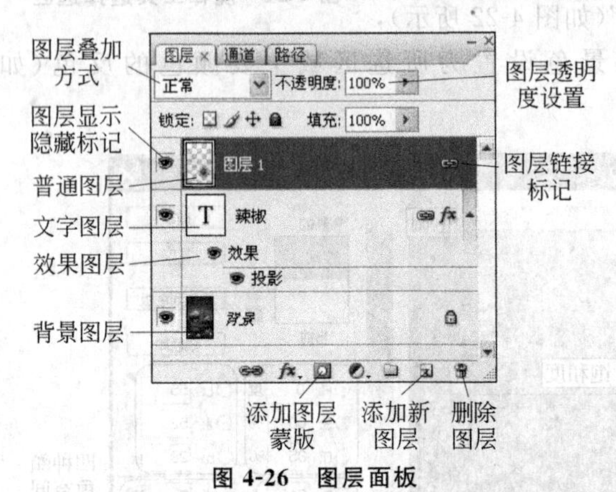

图 4-26　图层面板

Photoshop 中图层分为背景图层、普通图层、文字图层和效果图层等。利用图层菜单配合图层面板，能完成关于图层的一切操作。图层面板如图 4-26 所示。

(1) 背景图层。背景图层实际上是无法创建的。在新建或者打开一幅图像时，将自动创建一个背景图层，而且强行锁定该图层。如果需要使用背景图层或者更改其图层顺序，可以复制背景图层，使用其副本图层。

(2) 普通图层。创建一个普通图层将在当前层的上方创建完全透明的新图层。

(3) 文字图层。利用工具箱的“文字”工具可创建文字图层，文字图层的缩览图显示为T.图标。

(4) 效果图层。对图层中图像或文字创建了效果后形成的图层。

【例 4-3】 文字图层及特效。

(1) 打开一幅图像作为背景(如图 4-27(a)所示)；打开另一幅图像，并将其复制到前一幅图像上，形成一个普通图层，名为“图层 1”。

(a) 背景图层

(b) 叠加图层1,透明度50%

(c) 文字图层及特效

图 4-27　文字图层及特效

(2) 在图层面板中选中“图层 1”，设置其不透明度为 50%，形成叠加效果(如图 4-27(b)所示)。

(3) 选择工具中的文字工具T，并在“颜色设置工具”中选择“设置前景色”，选择合适的文字颜色。

(4) 输入文字，在菜单栏中选择“图层”→“图层样式”，在“图层样式”对话框中选择投影、斜面和浮雕效果，并设置相应的参数(如图 4-28 所示)。文字图层效果如图 4-27(c)所示。

3. 通道操作

存储图像色彩信息的通道称为颜色通道，根据图像色彩模式的不同，图像的颜色通道数也不同。例如，一个 RGB 模式的图像，其每一个像素的颜色数据是由红、绿、蓝这 3 种颜色分量组成的，因此有红、绿、蓝 3 个颜色通道。

Photoshop 中的每一幅图像都需要通过若干通道来储存图像中的色彩信息，在通道中不仅可以对各原色通道(红、绿、蓝)进行明暗度和对比度的调整，而且还可以对原色通道单独执行“滤镜”命令，从而制作出各种特殊效果。对颜色通道的操作在通道面板中完成(如图 4-29 所示)。

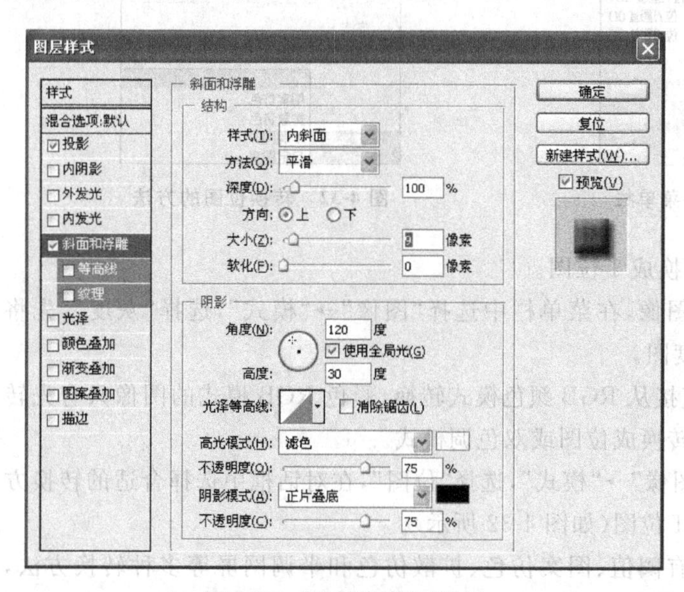

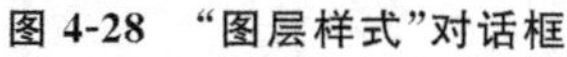
图 4-28 “图层样式”对话框

图 4-29 通道面板

图 4-30 显示了一幅 RGB 彩色图在 3 个不同通道的情况，红色通道的图亮度最高，表示此图中红色分量最多；蓝色通道的图亮度最低，表示此图中蓝色分量最少。亮度越高表示此颜色分量越多，亮度越低表示此颜色分量越少。

4. 图像模式改变

在本章 4.1 节中介绍了颜色空间的概念和多媒体计算机中常用的颜色空间，在 4.3.1

(a) 原图

(b) 红色通道

(c) 绿色通道

(d) 蓝色通道

图 4-30　颜色通道

节中介绍了 1 位图、灰度图和索引图等不同的图像类型。在 Photoshop 中，图像所采用的颜色空间和类型均可以通过菜单栏“图像”→“模式”中的命令进行相互转化（如图 4-31 所示）。

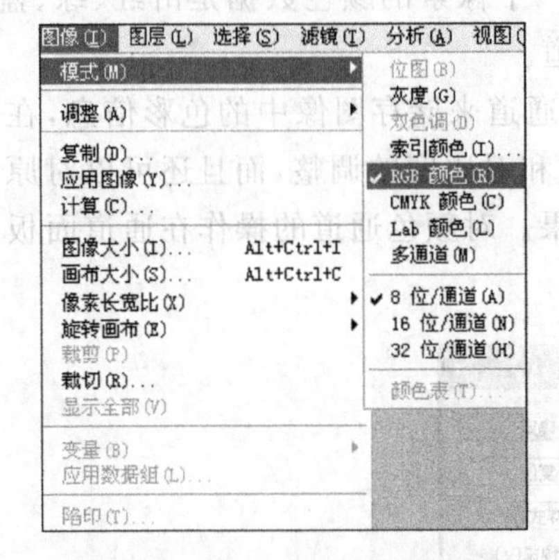

图 4-31　“图像”→“模式”菜单栏

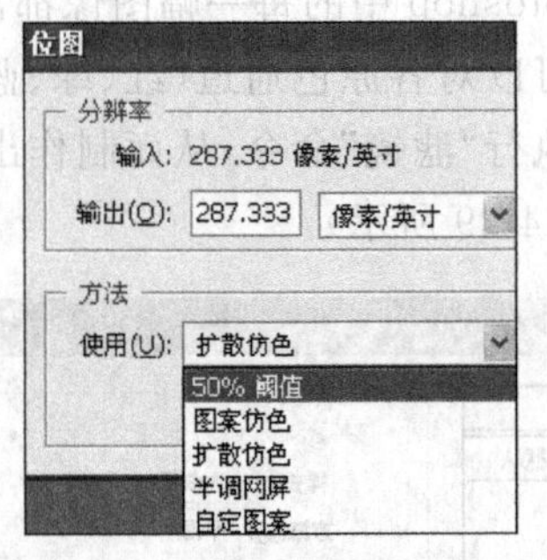

图 4-32　转换位图的方法

【例 4-4】　RGB 彩色图转换成 1 位图。

(1) 打开一幅 RGB 彩色图像，在菜单栏中选择“图像”→“模式”，选择“灰度”，先将 RGB 模式的彩色图转换成灰度图。

位图和双色调模式不能直接从 RGB 颜色模式转换，彩色 RGB 模式的图像只有先转换成灰度图之后，再由灰度图转换成位图或双色调模式。

(2) 再次在菜单栏选择“图像”→“模式”，选择“位图”，在对话框中选择合适的转换方法，将已转换的灰度图转换成 1 位图（如图 4-32 所示）。

灰度图转换成 1 位图时，有阈值、图案仿色、扩散仿色和半调网屏等多种转换方法，每种转换方法的效果不同（如图 4-33 所示）。

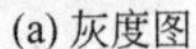
(a) 灰度图

(b) 50%阈值

(c) 图案仿色

(d) 扩散仿色

(e) 半调网屏

图 4-33　灰度图转换成 1 位图的不同效果

阈值转换的方法是将像素点亮度值与“阈值色阶”进行对比，若像素亮度值大于阈值色阶的，该像素为“白色”；反之为“黑色”。阈值色阶取值范围是1～255，阈值色阶越大，图像中黑色像素越多，反之则白色像素多。阈值色阶取值为128时，称为“50%阈值”，若要采用其他阈值色阶，可在菜单栏中选择“图像”→“调整”→“阈值”命令进行调整。

【例4-5】 RGB彩色图转换成索引颜色。

RGB彩色图转换成索引颜色可以直接在“图像”→“模式”中选择“索引颜色”。在弹出的“索引颜色”对话框中，设置颜色查找表CLUT的颜色数和强制颜色等参数，其中，颜色数的值最大为256；强制颜色指在图像中必须出现的颜色，选项有黑白、三原色等（如图4-34所示）。

RGB彩色图转换成索引颜色的另一种方法是：保存文件时，选择菜单栏“文件”→“存储为”命令，在弹出的“存储为”对话框中，选择“CompuServe GIF”格式保存，即保存为索引模式的GIF格式。

颜色查找表CLUT的颜色数量是决定索引图像效果的主要因素。当图像为索引颜色时，选择“图像”→“模式”→“颜色表”命令，可以查看该索引图像的全部颜色。图4-35是一幅索引图像的颜色表，该图像颜色数为50，强制颜色为“黑白”（颜色表中头两格颜色），并选择了“透明色”（颜色表中最后一格颜色）。

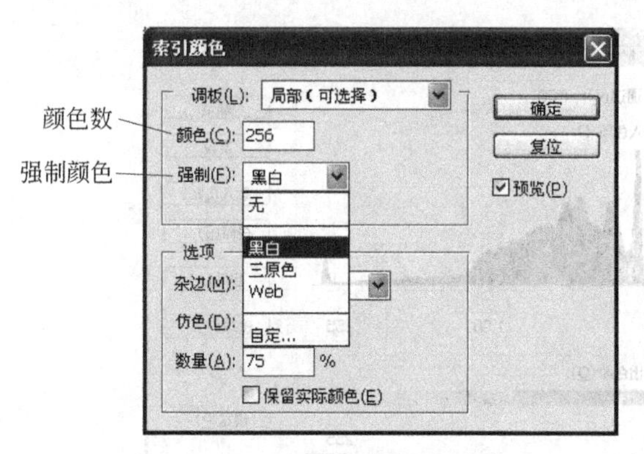

图4-34 “索引颜色”对话框

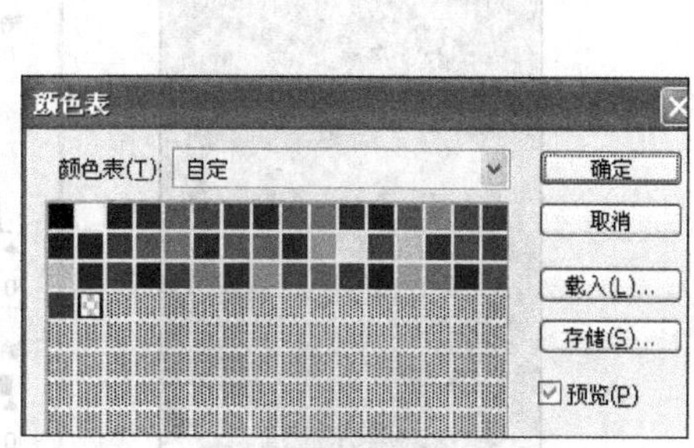

图4-35 某索引图像文件的颜色表

5. 色彩的调整

Photoshop中对图像色彩的调整有很多方法，比较常用的是利用菜单栏“图像”→“调整”中的命令，这些命令可以调整图像色彩层次、亮度/对比度、色相/饱和度、替换颜色和色彩变化等（如图4-36所示）。

【例4-6】 色阶和直方图。

色阶是指一幅图像中像素的亮度信息，取值范围为0～255，0代表黑色，255代表白色。

色阶通过直方图来表现，直方图反映了图像中像素点色阶的分布情况。若直方图中左边的信息较多表示偏暗，反之表示偏亮。在“色阶”对话框中，调整输入输出色阶可以调节图像的明亮度和对比度。

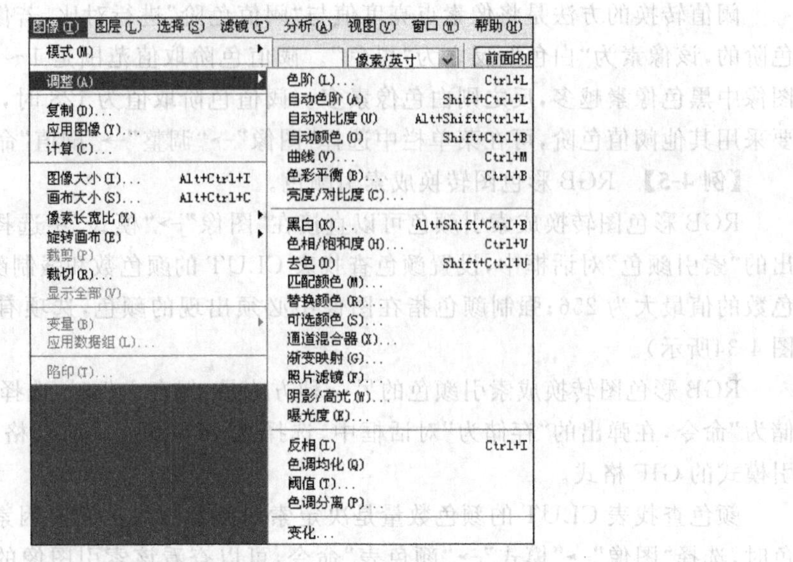

图 4-36 “图像”→“调整”菜单栏

图 4-37 为一幅图像调整色阶前后的效果和直方图的对比。

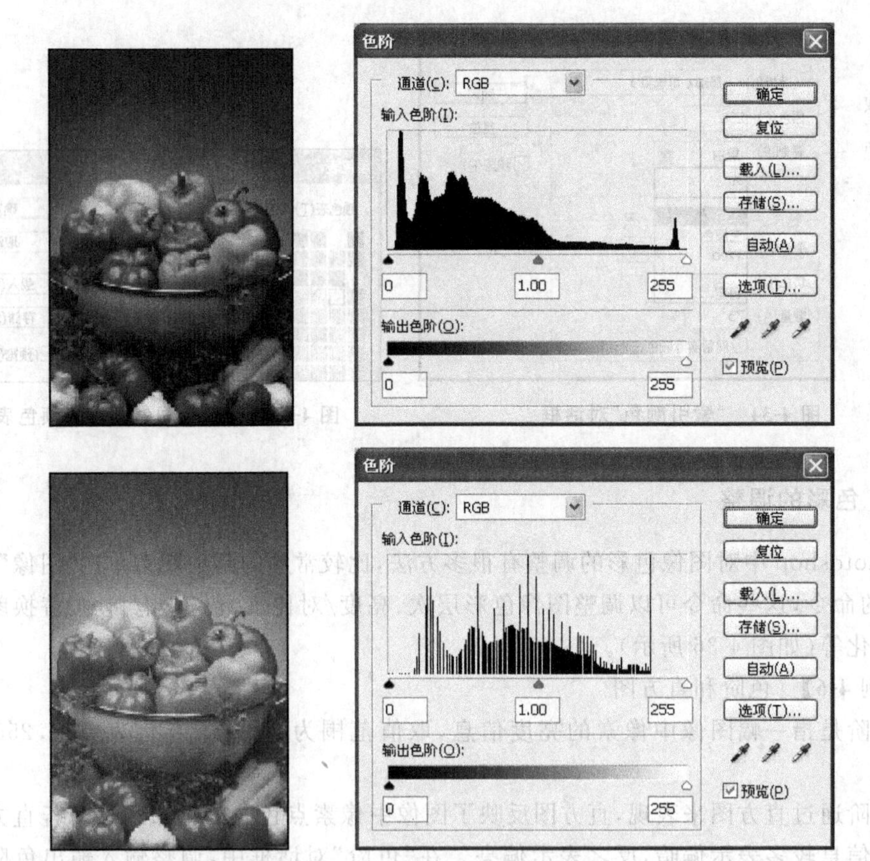

图 4-37 图像色阶调整和直方图

【例 4-7】 调整色相/饱和度。

明度、色相和饱和度是颜色的 3 个基本特性，在菜单栏中选择“图像”→“调整”→“色相/饱和度”命令，在弹出的“色相/饱和度”对话框中，拖动游标就可以对彩色图像的这 3 个基本特性进行调整（如图 4-38 所示）。

需要注意的是，在“编辑”下拉列表框中（如图 4-39 所示），如果选择“全图”，能对图像中的所有像素起作用；若选其他颜色选项，则色彩变化只对当前选中的颜色起作用。

（1）打开一幅彩色图像，图像中要求有红色和绿色。

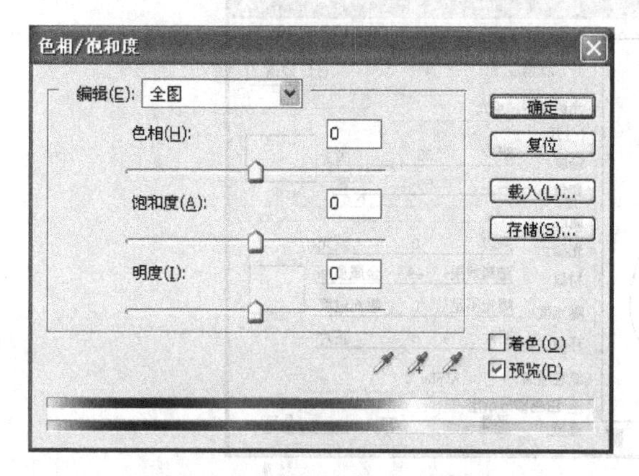

图 4-38 “色相/饱和度”对话框

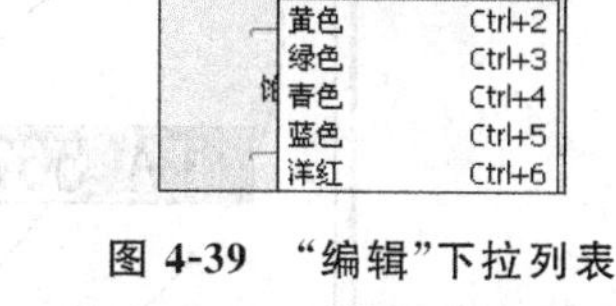

图 4-39 “编辑”下拉列表

湘 A 56789

图 4-40 原图

（2）在“编辑”下拉列表框中，分别选择“红色”、“洋红”，并拖动“饱和度”游标，增强图中红色和洋红色的饱和度。

（3）在“编辑”下拉列表框中，分别选择“黄色”、“绿色”、“青色”和“蓝色”，并拖动“饱和度”游标，降低这些颜色的饱和度。

（4）观察不同颜色饱和度的变化对图像的影响。

6. 滤镜操作

滤镜是 Photoshop 非常强大的工具，它能够在强化图像效果的同时遮盖图像的缺陷，并对图像进行优化。有些滤镜可以对图像进行细微的调整，而另一些则可以对图像产生明显的特殊效果。合理地利用各种滤镜，可以很容易地制作出各种奇幻、多彩的图像。

【例 4-8】 滤镜制作立体的车牌号码。

（1）新建文件，参数设置为 300×300 像素、“分辨率”为 72 像素/英寸、“模式”为 RGB 的文件。

（2）打开其“通道”面板，新建一个 Alpha1 通道，利用文字工具在 Alpha1 通道中输入文字（如图 4-40 所示）。

（3）取消选区，将 Alpha1 通道复制并命名为 Alpha2。选择 Alpha2 通道作为当前通道，在菜单栏中选择“滤镜”→“模糊”→“高斯模糊”命令，设置其半径值为 3。图像效果如图 4-41 所示。

图 4-41 模糊效果图

(4) 在菜单栏中选择“选择”→“载入选区”命令，将 Alpha2 通道中的选区载入。在菜单栏中选择“图像”→“调整”→“亮度/对比度”命令，设置亮度和对比度分别为+19 和−33。

(5) 选择 RGB 通道，在菜单栏中选择“选择”→“载入选区”命令，将 Alpha1 通道中的选区载入，并用黑色填充。

(6) 在菜单栏中选择“滤镜”→“渲染”→“光照效果”命令，在“光照效果”对话框中设置各项参数，如图 4-42 所示。最终得到的效果图如图 4-43 所示。

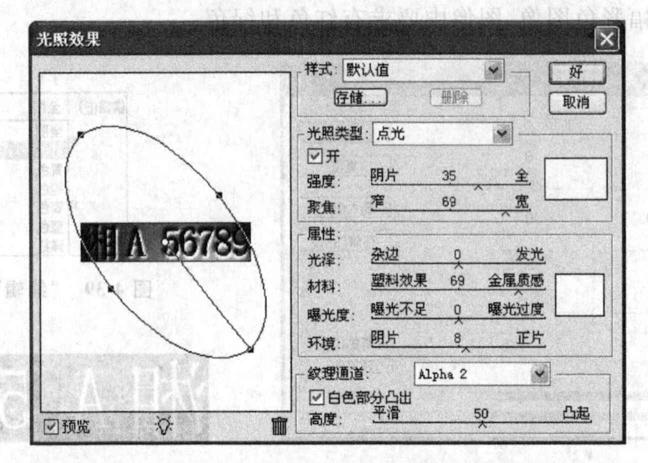

图 4-42 “光照效果”对话框的参数设置

图 4-43 最终效果图

本章小结

本章介绍了数字图形图像和颜色的基础知识、静态图像文件格式和类型以及常用图形图像处理软件，主要包括图形图像的基本概念、图像数字化、颜色的基本知识、几种有代表性的颜色空间、静态图像文件类型、常用图像文件格式以及 Photoshop 常用命令。通过本章的学习，读者能够了解数字图形图像的相关知识，并能掌握 Photoshop CS 中文版的基本操作。

思考与练习

一、选择题

1. 如果我们看到的物体是青色，那是因为______色被物体吸收了。

   A. 红色　　B. 蓝色　　C. 绿色　　D. 黄色

2. 在印刷业中使用比较多的颜色空间是________。
   A. RGB　　B. YUV　　C. CMYK　　D. CIE Lab
3. 如果希望保存图层信息，应采用________文件格式保存图像。
   A. JPG　　B. PSD　　C. GIF　　D. WAV
4. 在 YUV 彩色空间中，$Y:U:V$ 的比值可以是________。
   A. 4∶2∶2　　B. 8∶4∶2　　C. 8∶2∶4　　D. 8∶4∶4
5. 真彩色图像的颜色数量有________种。
   A. 2^{16}　　B. 2^{24}　　C. 2^{8}　　D. 2^{4}
6. ________是通过颜色查找表(CLUT)来存储颜色信息的。
   A. 位图　　B. 索引图　　C. 真彩色图　　D. 灰度图

二、问答题

1. 什么是图形？什么是图像？图形和图像的主要区别是什么？
2. 怎样对图像进行数字化？数字图像的主要属性指标有哪些？
3. RGB、CMYK、Lab、YUV 和 YIQ 颜色空间各自适用的范围是什么？
4. 谈谈你所了解的静态图像文件格式。

第5章 chapter 5

计算机动画与视频处理技术

动态视觉媒体是多媒体产品中最具有吸引力的素材，具有表现力丰富、直观、易于理解、有吸引力等特点，是高品质的多媒体作品中常常会使用的媒体类型。动态视觉媒体包括动画与视频两大类，二者既有很多相同点又有区别。本章主要介绍一些关于计算机动画与视频的基础知识和相关软件的应用。

5.1 计算机动态视觉媒体

1. 动态视觉媒体产生原理

人眼在观察景物时，光信号传入大脑神经需经过一段短暂的时间，因此光的作用结束后，视觉形象并不立即消失，这种残留的视觉称"后像"。当物体快速运动时，即使人眼所看到的影像消失了，人眼仍能继续保留其影像 0.1～0.4s 的时间，这是人眼具有的一种性质，这一现象称为"视觉暂留"。

计算机动态视觉媒体就是利用视觉暂留原理，应用图形与图像的处理技术，借助编程或工具制作软件生成一系列内容相关的画面，快速、连续地播放这些画面，从而产生物体运动的效果。

在动态视觉媒体中，一幅画面称为一个"帧"，帧是组成动态视觉媒体的最基本单位（如图 5-1 所示）。动态效果就是通过对帧的连续播放实现的，而对动态视觉媒体的制作和编辑过程实际上就是对连续的帧进行操作的过程。

图 5-1 帧

要成功地"欺骗"眼和脑，使它们觉得看到了平滑运动的物体，画面更换的速度必须至少达到大约 12 帧/s（一帧就是一幅完整的图像），12 帧/s 以下的速度，多数人能够觉察到新画面所引起的跳跃性，这使得真实运动的假象受到干扰；到 70 帧/s 的时候，真实感和平滑度不能再有改善了，因为眼和脑的处理图像的方式使得这个速度成为极限。一般情况下，电影画面采用 24 帧/s 的速度放映，电视画面采用 25 帧/s 的速度播放。

2. 动态视觉媒体文件的特点

毫无规律和杂乱的画面不能构成真正意义上的动态视觉媒体，动画和视频应遵循一定的构成规则，由此也具有以下共同的特点：

(1) 动画和视频由多个画面(帧)组成，而且画面具有时间上的连续性和延续性。

(2) 画面上的内容要存在差异，但又要具有相关性。

(3) 具有强烈的实时性。

(4) 动态视觉媒体文件的数据量非常大，通常采用压缩代码存储。

3. 技术参数

(1) 帧速度：帧的播放速度。帧速度根据文件类型不同而不同，例如，NTSC电视制式是30帧/s，PAL电视制式是25帧/s，一般动画的帧速度为12～24帧/s。

(2) 数据量：与播放时间、画面几何尺寸、颜色数量和采用的压缩算法等因素有关。

(3) 图像质量：与位图的颜色和分辨率有关，过分的数据压缩将影响图像质量。

4. 动画与视频的异同

计算机的动画与视频既有相同点又存在区别，主要区别在于制作方式不同：计算机动画主要是通过一些工具软件对数字图形图像素材进行编辑制作而成，图像帧主要由人工绘制或计算机图像软件产生，用人工合成的方式形成；而视频中的图像是实时获取的自然景物，是视频信号源(电视、录像等)经数字化后产生的，是对真实世界的记录。

5.2 计算机动画的基础

5.2.1 计算机动画的类型

计算机动画的类型可以从多方面进行划分。

1. 从动画的生成机制划分

1) 实时生成动画

实时生成动画是一种矢量型动画，由计算机指令实时生成并演播。在制作过程中，对画面中的每一个活动对象分别进行设计，赋予每个对象一些特征，然后分别对这些对象进行时序状态设计，即这些对象的位置、形态与时间的对应关系设计。演播时，这些对象在设计要求下实时生成视觉动画。这类动画文件的存储内容主要是关于该动画演播时实时生成的一系列计算机指令，而不是存储在存储介质上的现成的动画画面，如三维动画等。

2) 帧动画

帧动画是由一幅幅在内容上连续的画面采用接近于视频的播放机制组成的图像或

图形序列动画。帧动画占用较大的存储空间，但播放时仅需要按时序调用图像，并进行播放、暂停、反向、快进和快退等操作，不需要大量的实时生成指令运算，因而对计算机性能要求不高，播放比较流畅。

2. 从画面中对象的透视效果划分

1）二维动画

又称平面动画，动画构图比较简单，通常由线条、矩形、圆弧及样条曲线等基本图元构成，色彩使用大面积着色。二维动画中所有物体及场景都是二维的，不具有深度感。尽管创作人员可以根据画面的内容将对象画成具有三维感觉的画面，但不能自动生成三维动画，一旦视角或透视图需要改变，对象必须重新绘制。

2）三维动画

又称 3D 动画，采用计算机技术模拟真实的三维空间，设计者在这个虚拟的三维空间中，按照要表现的对象的形状和尺寸建立矢量模型及场景，再根据要求设定模型的运动轨迹、虚拟摄影机的运动和其他动画参数，最后按要求为模型赋予特定的材质和颜色，并打上灯光，这个步骤称为渲染。当这一切完成后就可以让计算机自动运算，生成最后的画面。三维动画人物建模与渲染的实例如图 5-2 所示。

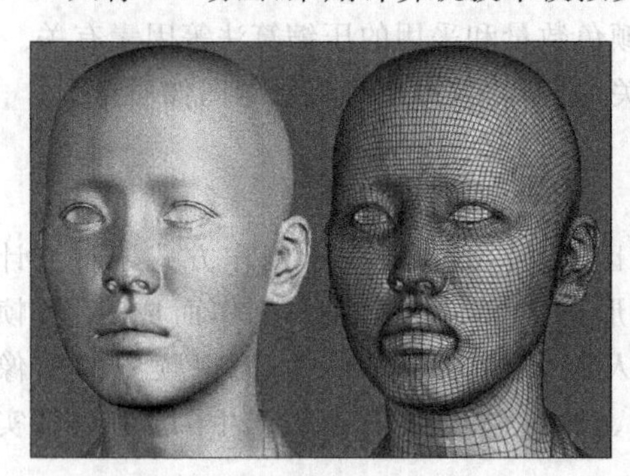

图 5-2 三维动画人物建模与渲染

三维动画虽然也是由线条及圆弧等基本图元组成的，但是与二维动画相比，三维模型还增加了对于深度的自动生成与表现手段，具有真实的光照效果和材质感，因而更接近人眼对实际物体的透视感觉，成为三维真实感动画。

3. 从画面形成的规则和制作方法划分

1）路径动画

路径动画是指让每个对象根据指定的路径进行运动的动画，适合于描述一个实体的组合过程或分解过程，如演示或模拟某个复杂仪器是怎样由各个部件对象组合而成的，或描述一个沿一定轨迹运动的物体等。

2）运动动画

运动动画是指通过对象的运动与变化产生的动画特效。在运动动画中，物体的真实运动一般是由物理力学规律来支配。运动动画能够真实地按照对物体的实际作用情况来描述物体运动的速度、加速度和运动轨迹，也能够在各种场景下根据物理力学公式描述和处理其他作用现象。

3）变形动画

变形动画是将两个对象联系起来进行互相转化的一种动画形式，通过连续地在两个对象之间进行彩色插值和路径变换，可以将一个对象或场景变为另一个对象或场景。大部分变形方法与物体的表示有密切关系，如通过控制运动物体的顶点对物体进行变形等。

4. 从人与动画播放的相互关系划分

1) 时序播放型动画

时序播放型动画是最基本的动画类型，其中既包括逐帧动画，也包括实时生成的动画，其共同特点就是都按照既定的方案播放，用户不能改变其播放的设定，但仍可控制动画的播放、暂停、停止、快进和快退等。

2) 实时交互型动画

实时交互型动画最大的特点就是动画的显示或播放都是在与用户的实时交互下进行的。动画没有预先的显示或播放的时序，由用户随心所欲地操纵，并根据用户的指令给出智能化的反馈。

5.2.2 计算机动画的应用领域

近年来，随着计算机动画技术的迅速发展，它的应用领域日益扩大，带来的社会效益和经济效益也不断地增长。计算机动画可以应用的领域有：

(1) 广告、电影特技领域。计算机动画技术给广大广告和电影制作人员提供了充分发挥其想象力的机会，他们可以利用该技术生成平常难以尝试的创意。利用数码合成及摄像机定位技术，可以实现虚拟景物与实拍画面的无缝合成，使观众难以区分画面中景物的真假。

(2) 工程建筑领域。建筑师利用三维计算机动画技术，不仅可以观察建筑物的内、外部结构，而且可以实现对虚拟建筑场景的漫游。

(3) 教学演示领域。由于计算机动画的形象性，它已被用来解释复杂的自然现象：小到简单的牛顿定律，大到复杂的狭义相对论等。

(4) 产品模拟试验领域。利用动画技术，设计者能够使虚拟模型运动起来，由此来检查只有制造过程结束后才能验证的一些模型特征，如运动的协调性和稳定性等，以便设计者及早发现设计上的缺陷。

(5) 虚拟现实领域。计算机动画技术在虚拟现实中起着非常重要的作用，例如飞行模拟器的设计。该技术主要用来实时生成具有真实感的周围环境图像，如机场、山脉和云彩等。飞行员驾驶舱的舷舱成为计算机屏幕，飞行员的飞行控制信息转化为数字信号直接输出到计算机程序，进而模拟飞机的各种飞行特征。飞行员可以模拟驾驶飞机进行起飞、着陆和转身等操作。

5.2.3 动画文件格式及制作软件

1. 常见的动画文件格式

1) GIF 文件格式

GIF 动画格式可以同时存储若干幅静止图像并进而形成连续的动画，目前 Internet

上大量采用的彩色动画文件多为这种格式的 GIF 文件。很多图像浏览器如"豪杰大眼睛"等都可以直接观看此类动画文件。

2) FLIC(FLI/FLC)格式

FLIC 是 Autodesk 公司在其出品的 Autodesk Animator/Animator Pro/ 3ds Max 等 2D/3D 动画制作软件中采用的彩色动画文件格式，FLIC 是 FLC 和 FLI 的统称，其中，FLI 是最初的基于 320×200 像素的动画文件格式，而 FLC 则是 FLI 的扩展格式，采用了更高效的数据压缩技术，其分辨率也不再局限于 320×200 像素。FLIC 文件采用行程编码(RLE)算法和 Delta 算法进行无损数据压缩，首先压缩并保存整个动画序列中的第一幅图像，然后逐帧计算前后两幅相邻图像的差异或改变部分，并对这部分数据进行 RLE 压缩，由于动画序列中前后相邻图像的差别通常不大，因此可以得到相当高的数据压缩率。它被广泛用于动画图形中的动画序列、计算机辅助设计和计算机游戏应用程序。

3) SWF 格式

SWF 是 Micromedia 公司的产品 Flash 的矢量动画格式，它采用曲线方程描述其内容，不是由点阵组成内容，因此这种格式的动画在缩放时不会失真，非常适合描述由几何图形组成的动画，如教学演示等。由于这种格式的动画可以与 HTML 文件充分结合，并能添加 MP3 音乐，因此被广泛地应用于网页上，成为一种"准"流式媒体文件。

2. 常用动画制作软件

动画制作软件根据动画的类型一般分为二维和三维动画制作软件：二维动画制作软件有 Flash、Adobe ImageReady、GIF Animator 等，而三维动画制作软件有 Ulead Cool 3D、3ds Max、Maya 和 Poser 等。

1) Flash

Macromedia 公司出品的一款功能强大的二维动画制作软件，可以制作帧动画和矢量动画，在本章 5.3 节有详细介绍。

2) Adobe Imageready

另一款常用的动画制作软件，在本章 5.4 节有详细介绍。

3) GIF Animator

GIF Animator 是一款专门用作平面动画制作的软件，操作和使用都十分简单，比较适合非专业人士使用。这款软件提供"精灵向导"，使用者可以根据向导的提示一步一步地完成动画的制作，同时，它还提供了众多帧之间的转场效果，实现画面间的特色过渡。

这款软件的主要输出类型是 GIF 格式的文件，因此主要用作一些简单的标头动画的制作。

4) Ulead Cool 3D

Cool 3D 是由 Ulead 公司出品的一款专门用作三维文字动态效果的文字动画软件，主要用作制作影视字幕和界面标题。

这款软件具有操作简单的优点，它采用的是模板式操作，使用者可以直接从软件的模板库里调用动画模板来制作文字三维动画，只需先用键盘输入文字，再通过模板库挑选合适的文字类型，选好之后双击即可应用效果，同样，对于文字的动画路径和动画样式也可从模板库中进行选择，十分简单易行。

5）3ds Max

3ds Max 是 Autodesk 出品的一款三维动画制作软件，功能很强大，可用作影视广告、室内外设计等领域。它的光线和色彩渲染都很出色，造型丰富细腻，与其他软件相配合可产生很专业的三维动画制作效果。

这款软件采用的是关键帧的操作概念，通过起始帧和结束帧的设置，自动生成中间的动画过程，使用很广泛。

6）Maya

Maya 是 Alias/Wavefront 公司出品的三维动画制作软件，对计算机的硬件配置要求比较高，所以一般都在专业工作站上使用，个人计算机随着性能的提高，使用者也逐渐多了起来。

Maya 软件主要分为 Animation（动画）、Modeling（建模）、Rendering（渲染）、Dynamics（动力学）、Live（对位模块）和 Cloth（衣服）6 个模块，有很强大的动画制作能力，很多高级、复杂的动画制作都是用 Maya 来完成的，许多影视作品中都能看到 Maya 制作的绚丽的视觉效果。

7）Poser

Poser 主要用于人体建模，常配合其他软件来实现真实的人体动画制作。它的操作也很直观，只需鼠标就可实现人体模型的动作扭曲，并能随意观察各个侧面的制作效果。它有很丰富的模型库，使用者通过选择可以很容易地改变人物属性，另外它还提供了服装和饰品等道具，双击即可调用，十分简单。

5.3 动画软件 Flash

5.3.1 Flash 的功能和界面

Flash 采用了时间线和帧的制作方式，提供遮罩、交互等功能，并能对音频进行编辑，因此不仅在动画方面有强大的功能，在网页制作、媒体教学和游戏等领域也有广泛的应用，并成为交互式矢量图和 Web 动画的标准。无论是专业的动画设计者还是业余动画爱好者，Flash 都是一个很好的动画设计软件。Flash 主要有以下几个功能：

（1）可以绘制矢量图形、编辑文本、创作动画以及应用程序。

（2）可以导入位图、视频和声音信息。

（3）支持编程，可以制作交互性很强的动画和应用程序。

（4）既可以创作帧动画也可以创作矢量动画，但主要应用于矢量动画的制作。矢量动画文件较小，适合 Web 开发，设计人员可以使用 Flash 创建带有同步声音的长篇动画和完整的 Web 站点。

Flash 源文件以 fla 为扩展名，包含动画制作、设计和测试交互性内容等信息。动画制作好后，可以发布为 SWF、可执行文件 EXE 或 HTML 文件。

Flash 主工作界面如图 5-3 所示，界面主要由菜单栏、工具栏、时间轴、图层区、属性面板、动作面板和场景等几部分组成。

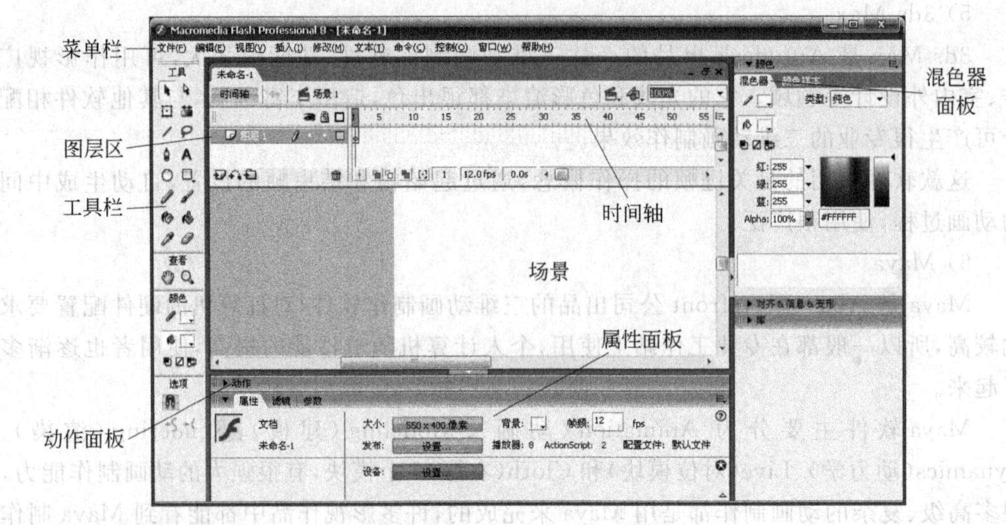

图 5-3　Flash 8 的工作界面

1. 菜单栏

用于常用命令的执行，如新建文件、设置绘图环境、图形翻转和动画发布等。

2. 工具栏

工具栏分 4 个区域：绘图工具区、视图区、颜色区和工具选项区，集中了绘画、文字及修改等常用工具（如图 5-4 所示），其中工具选项区的内容随所选工具的不同而变化，用于对绘图工具进行细节上的设置。使用这些工具，可以十分方便地绘制、选取、喷涂及修改作品。部分工具的功能如下：

选取工具：用来选定和拖曳。

部分选取工具：用来部分选定和拖曳。

任意变形工具：对图形进行任意变形。

填充变形工具：用来调整图形内的渐变色。

线条工具：用来画线条。

绳套工具：用来选定对象。

钢笔工具：用来绘制路径。

文字工具：用来输入文字。

圆形工具：用来画圆形。

矩形工具：用来绘长方形等。

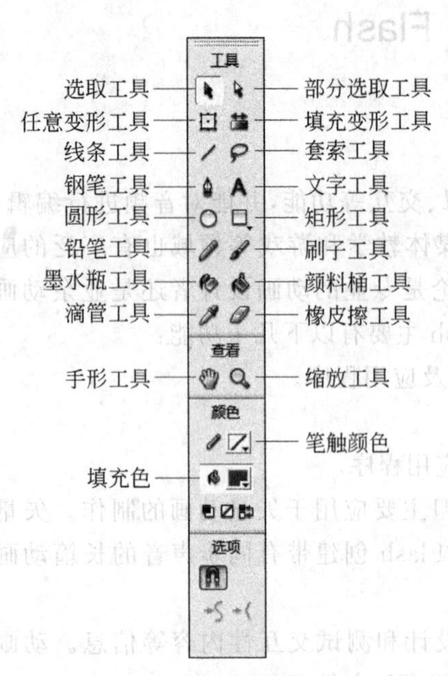

图 5-4　工具栏

铅笔工具：画图用。
刷子工具：涂抹用。
墨水瓶工具：用来添色。
颜料桶工具：用来添色。
滴管工具：用来取色。
橡皮工具：涂擦用。
手型工具：用来移动画面。
放大工具：用来放大或缩小。
笔触颜色：更改笔触颜色。
填充色：设置图形填充颜色。

3. 图层区

图层区主要用于对动画中的各个图层进行管理，如图层的新建、命名和锁定等操作。当动画中有很多图形对象，需要将它们按一定的上下层顺序放置时，就可以利用图层区对这些不同图层中的图形对象进行管理。

4. 时间轴

Flash 中的时间轴主要用于创建动画和控制动画的播放等操作。时间轴的左侧是图层区，右侧是帧管理器，由播放指针、帧、时间轴标尺及状态栏组成。Flash 时间轴中的帧是有数量限制的，如果没有足够的帧，可以通过场景和影片剪辑来实现。

动画的时间就是通过时间轴上的帧来体现的，帧以其在时间轴上出现的次序从左到右依次水平排列。如果动画设置为 12 帧/s，则 2s 长的动画共有 24 帧，第 2s 的影片将出现在第 13 帧中。

5. 场景

场景是设计者直接绘制帧图或从外部导入图形之后进行编辑处理形成单独帧图的场所，也是把单独的帧图合成动画的场所。场景就像舞台，舞台由特定的大小、音响和灯光等条件组成，同样，一幕场景需要固定的分辨率、帧频和背景等。在编辑 Flash 动画之前应先在属性面板中设置好所需的参数。

6. 常用面板

Flash 的默认界面中包括了多个常用面板，如属性面板、动作面板和混色器面板等，这些面板主要用于设置舞台中图形对象的属性。面板是通过“窗口”菜单中的相关命令打开或关闭的。

5.3.2 Flash 中的几个基本概念

1. 图层

Flash 中的图层概念与 Photoshop 中的图层概念类似，就像一张透明的纸，每一个图层之间相互独立,修改某一图层时,不会影响到其他图层上的对象。

但由于 Flash 主要用于动画制作,与 Photoshop 中的图层不同的是,Flash 图层带有自己的时间轴,包含自己独立的帧。制作者可以将一系列复杂的动画构成元素进行细分,将它们分别放在不同的图层上,然后依次对每个图层上的对象进行编辑,这样不但可以简化烦琐的工作,也方便以后的修改,从而有效地提高工作效率。

在 Flash 8 中,图层分为 6 种:引导层、普通层、被引导层、遮罩层、被遮罩层和文件夹,可以建立图层文件夹进行管理。引导层中的内容在播放时是看不见的,利用这一特点,可以单独定义一个不含被引导层的引导层,该引导层中可以放置一些文字说明、元件位置参考等。

2. 帧

帧是进行动画制作的最基本的单位,每一个精彩的动画都是由很多个精心雕琢的帧构成的。在 Flash 中,时间轴上的每一帧都可以包含需要显示的所有内容,如图形图像、声音、各种素材和其他多种对象等。根据帧的属性和功能,分为关键帧、空白关键帧和普通帧 3 种,如图 5-5 所示。

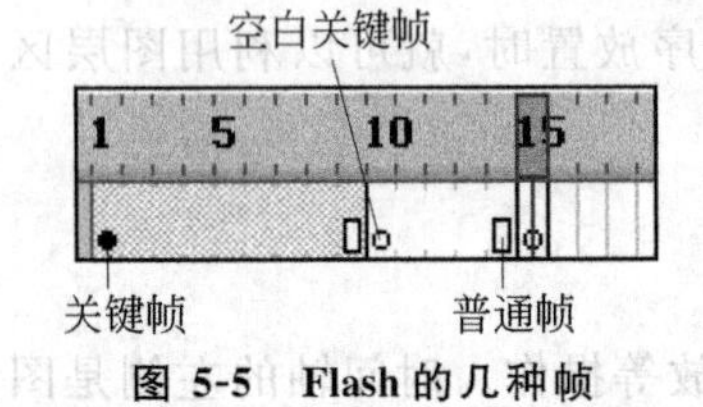

图 5-5 Flash 的几种帧

(1) 关键帧:在时间轴上以实心黑圆点表示。指有关键内容的帧,并可用来定义动画变化和更改状态。只有关键帧才能作为动画的起点和结束点,图形、声音和文字也只能放到关键帧里。

关键帧一般在需要物体运动或变化的时候用到,第一个关键帧往往是物体的开始状态,而第二个关键帧则是物体的结束状态。

(2) 空白关键帧:在时间轴上显示为空心的圆点,指舞台上没有实例对象的关键帧。空白关键帧一般用于需要实例对象消失的时候,在该对象相应的时间轴上插入空白关键帧即可。

(3) 普通帧:时间轴上以空心长方形表示,指在时间轴上能显示实例对象,但不能对实例对象进行编辑操作的帧,是关键帧的延续,可以让实例对象保持长时间的同一状态。

同一层中,在前一个关键帧的后面任一帧处插入关键帧,是复制前一个关键帧上的对象,并可对其进行编辑操作;如果插入普通帧,是延续前一个关键帧上的内容,不可对其进行编辑操作;如果插入空白关键帧,可清除该帧后面的延续内容,可以在空白关键帧上添加新的实例对象。

此外,在制作中应尽可能地节约关键帧的使用,以减小动画文件的体积。尽量避免在同一帧处过多地使用关键帧,以减小动画运行的负担,使画面播放流畅。

3. 元件与库

在 Flash 动画制作过程中,善于利用元件和库是提高工作效率的重要途径之一。

元件是动画中可以反复使用的某一个部件。在动画中需要多次用到的图形或影片片段最好转换为元件,需要使用时直接调用元件即可。另外,部分动画效果的生成也仅针对元件才有效。Flash 中的元件有 3 种：

(1) 图形元件：用于创建可反复使用的图形，是制作动画的基本元素之一。

(2) 影片剪辑元件：是一段可独立播放的动画，是主动画的一个组成部分。主动画播放时，影片剪辑元件也在循环播放。

(3) 按钮元件：主要用于创建动画的交互控制按键，完成一系列鼠标事件的操作，如单击等。

库主要是用于存放和管理动画中可重复使用的元件、位图、声音和视频文件等，利用库对这些资源进行管理，可有效地提高工作效率。调用某一元件时，可以直接将该元件从库中拖放到场景中。除了对元件进行管理外，还可以在库中对元件的属性进行更改。

5.3.3 Flash 动画制作

【例 5-1】 利用 Flash 的画笔工具进行简单鼠标绘图，熟悉文件的建立和保存、文字输入、图形绘制和图形元件与库的应用。作品效果如图 5-6 所示。

(1) 建立一个新文档，在“窗口”菜单中打开属性面板，并在属性面板设置“大小”为 550×400 像素，“背景”颜色设为黑色(如图 5-7 所示)。

图 5-6 作品效果

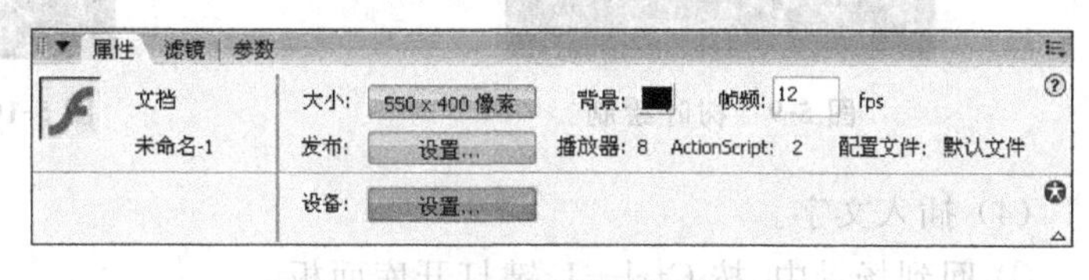

图 5-7 文档属性设置

(2) 创建“月亮”图形元件。

元件有按钮、影片剪辑和图形 3 种。选择“插入”→“新建元件”命令，在打开的对话框中，把元件命名为“月亮”，并选择“图形”元件，单击“确定”按钮，进入元件编辑区。

选择工具箱中的椭圆工具○，按下 Shift 键，在场景中央绘制满圆图形(如图 5-8 所示)。选择“文件”→“另存为”命令，将元件存入库文件夹中。存入库文件夹的元件可以在下次需要用到的时候任意调用，单击菜单栏“窗口”→“公用库”命令就可以调用已存入到库文件夹的元件了。

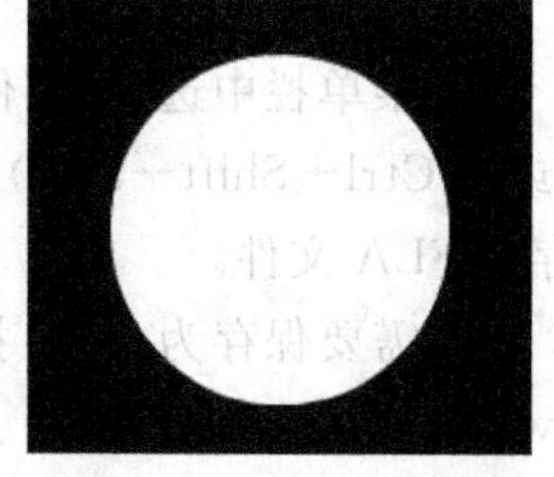

图 5-8 绘制满圆图形

(3) 创建“树叶”图形元件。

① 新建元件，命名为“树叶”。使用线条工具／绘制直线，通过选择工具改变线条成为曲线，最后形成一个树叶形状，然后将其组合。

注意：在绘制树叶时，树叶的轮廓线可以通过圆形变形而成，树叶内部的脉络线条可以使用画笔工具绘制。

② 对“树叶”元件进行变形操作。选择任意变形工具⊡，单击舞台上的树叶，这时树

叶被一个方框包围着，中间有一个小圆圈，即变形点，以它为中心对树叶进行旋转缩放。变形点是可以移动的，将光标移到其上，光标右下角会出现一个圆圈，按住鼠标左键拖动，将它拖到叶柄处，使树叶绕叶柄进行旋转。

将光标移动到方框的右上角，光标变成旋转圆弧状，此时可以进行旋转，按住鼠标左键向下拖动，叶子绕变形点旋转，到合适位置时松开。

③ 填充颜色。选中舞台上的树叶，从右键快捷菜单中选择分离命令，连续分离两次，把树叶的属性由组分离成形状。选择墨水瓶工具填充树叶的轮廓和脉络，选择颜料桶工具对树叶填充颜色，效果如图 5-9 所示。

④ 制作树枝。选择选择工具，选中树叶，选择“编辑”→“复制”命令，再执行 9 次“编辑”→“粘贴”命令，复制出 9 个树叶。接着利用任意变形工具对各树叶进行调整，排列成如图 5-10 所示的样子。

图 5-9　树叶绘制

图 5-10　复制排列树叶

(4) 插入文字。

① 回到场景中，按 Ctrl+L 键打开库面板。

② 在库面板中，把“月亮”元件拉到场景中，并放到适当的位置。

③ 新建一个图层，把“树叶”元件拉进场景，并放到适当的位置。用文字工具在舞台的左下方写上“静静的夜”，填充色为彩色。

(5) 保存文件。

在菜单栏中选择“文件”→“保存”命令(或按 Ctrl+S 键)或“文件”→“另存为”打开(或按 Ctrl+Shift+S 键)命令，在“另存为”对话框中，输入文件名后，单击“保存”按钮，保存为 FLA 文件。

若需要保存为 SWF 播放文件，在菜单栏中选择“文件”→“导出”→“导出影片”，选择 swf 格式即可。

【例 5-2】 遮罩动画的制作。

制作一个具有放大镜效果的遮罩动画，熟悉图层及其遮罩作用、帧的建立和应用等。

(1) 制作“文字”图层。

① 新建文件，打开“属性”面板，将文件大小设为 400×200 像素。将第一层命名为“文字”。利用文本工具 **T** 输入字符串“flash”，设置字号为 43，字间距为 44，使其对齐舞台。

② 在第 35 帧插入普通帧(本例动画共 35 帧)，选择第 35 帧单击右键，在快捷菜单中选择“插入帧”，使小字在整个动画过程中一直显示，如图 5-11 所示。

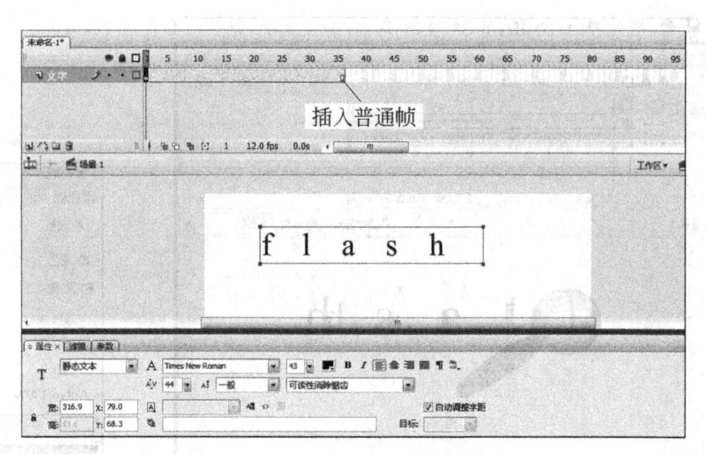

图 5-11 制作文字图层

(2) 制作“放大镜”图层。

① 新建“放大镜”元件。制作一个放大镜元件 fdj，在元件编辑区用椭圆工具和矩形工具画一个如图 5-12 所示的放大镜，并对放大镜的颜色进行适当的调整。

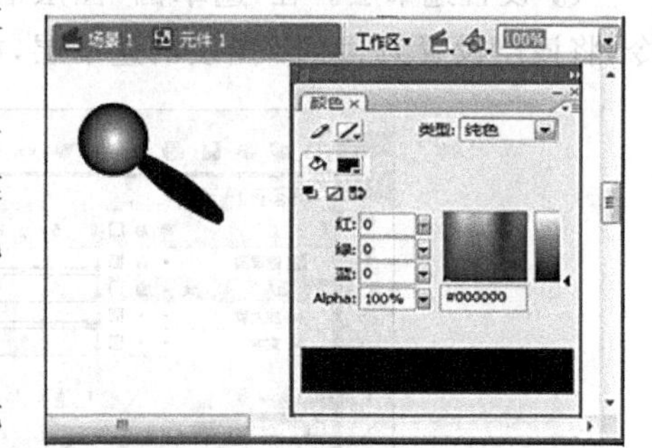

图 5-12 制作“放大镜”元件

② 建立“放大镜”图层。右击图层区的图层名称，在快捷菜单中选择“插入图层”命令，新建一个新图层，命名为“放大镜”。打开库面板，把 fdj 元件拖入场景中。

(3) 制作放大镜运动效果。

① 选择“放大镜”图层的第 1 帧，把放大镜移动到字母 f 上，确定动画的起始位置。

② 在第 35 帧上右击鼠标，从快捷菜单中选择“插入关键帧”命令，把放大镜移动到字母 h 上，确定动画的结束位置。

③ 创建补间动画。在属性面板上选择“补间”→“动画”。

(4) 建立“大字”图层。

① 新建一个图层，命名为“大字”。利用文本工具输入字符串“flash”，适当调整文字的大小，字号应大于“文字”图层中的字符，而又能被放大镜的镜头罩住。

② 在该图层的第 35 帧处插入关键帧，调整大字的位置和字符间距，使相应的大小字符在中心对齐，且放大镜的起始和结束位置分别将两个图层中的字母 f 和 h 同时罩在其中，如图 5-13 所示。

(5) 创建遮罩层，完成作品。

① 新建一个图形元件 ball，画一个圆形，圆形的颜色设置如图 5-14 所示，圆形的大小可以遮住“大字”层中的单个字符而又小于放大镜的镜头。

② 新建一个图层，命名为“遮罩圆”，打开库面板，将元件 ball 拖入场景，并与放大镜重合。

③ 创建动画。在本层第 35 帧处插入关键帧，移动元件 ball 的位置，使其与放大镜重合，在属性面板中选择“补间”→“动画”，在第 1～35 帧之间建立其位移动画。

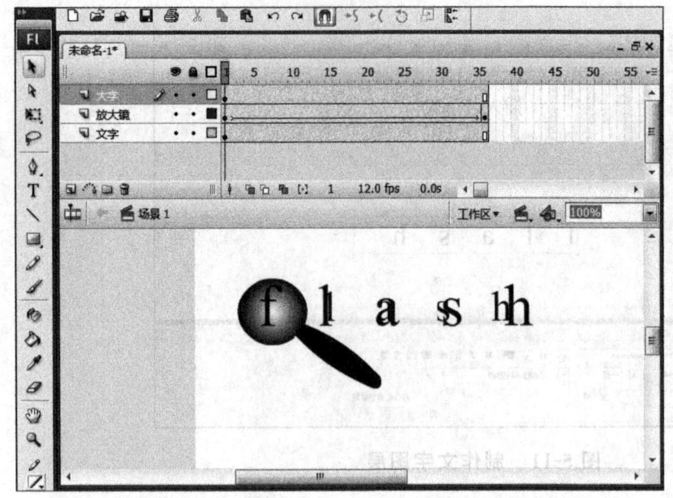

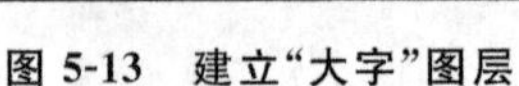
图 5-13 建立“大字”图层

图 5-14 ball 元件设置

④ 设置遮罩层。在“遮罩圆”图层名称处右击鼠标，从快捷菜单中选择“遮罩层”命令，将该层设置为“大字”图层的遮罩层，如图 5-15 所示。

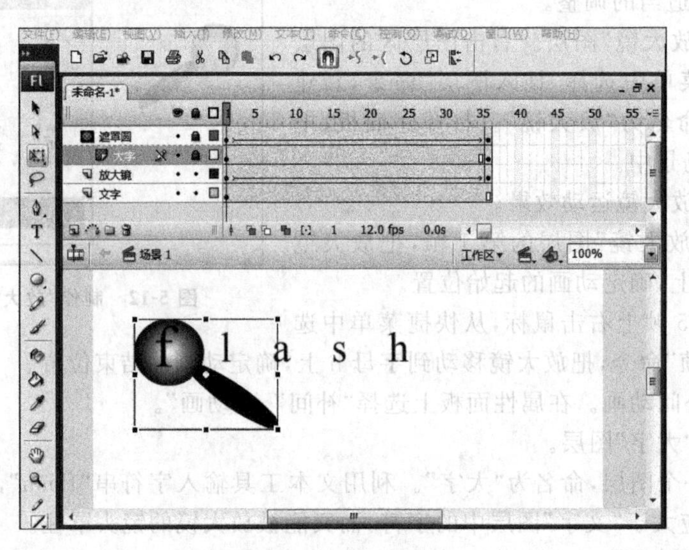

图 5-15 创建遮罩层

⑤ 作品完成，按 Ctrl+Enter 键测试动画效果，保存并生成动画文件。

5.4 动画制作软件 ImageReady

5.4.1 ImageReady 介绍

ImageReady 是由 Adobe 公司开发的一个以处理网络图形为主的图像编辑软件，最初诞生的时候是作为一个独立的软件发布的，但到了 Photoshop 5.5 时，Adobe 公司将

2.0 版的 ImageReady 和它捆绑在一起，成为一个依附于 Photoshop 存在的软件；到了 Photoshop CS3，Adobe 公司将 ImageReady 完全融合到 Photoshop 中了，使用起来更加方便。

1. ImageReady 的功能

尽管 ImageReady 依附于 Photoshop 而存在，具有一些简单图像处理功能，但其在动画制作、Web 图片处理和图像优化等方面弥补了 Photoshop 的不足，不仅包含了大量制作网页图像和动画的工具，甚至可以产生部分 HTML 代码，因此在功能上还是相对独立的。ImageReady 具有的主要功能如下：

（1）制作 GIF 动画。GIF 动画是互联网上最主要的动画文件。GIF 文件允许在单个文件中存储多幅图像，在 ImageReady 中通过每幅图像装载时间和播放次数的设定，将这些图像按顺序播放，从而形成动画效果。

（2）图像翻转。这是 ImageReady 一个具有特色的功能，相当于一个鼠标触发事件，如按钮。在鼠标的不同的状态可以设置动态效果。

（3）切片。虽然在 Photoshop 中也可以进行一些基本的切片操作，但无法组合、对齐或分布切片。ImageReady 具备专业的切片面板和菜单，其切片编辑功能要比 Photoshop 更强大，所以，可以在完成图像之后转到 ImageReady 中对图像进行切片。切片的意义不仅在于提高访问速度，同样也为了对不同区域的图片进行不同的优化。

（4）图像优化。ImageReady 提供了强大的网络图像优化功能。为了得到更快的网络传输速度，可以通过各种工具和参数进行精确调整，在图像质量没有明显降低的前提下，尽可能地减少文件的大小。图像的优化是网络图像处理中的一个至关重要的过程。

（5）图像链接。通过对切片、图像映射等功能的设置，可以使图片具有超级链接，甚至可以将一个具有超级链接属性的图片作为网站的欢迎页面。

此外，ImageReady 还提供了诸如动态数据图像功能等其他网络操作，通过这些操作，可以方便地得到具有丰富变化的交互式网络图像。

2. ImageReady 的启动

在 Photoshop CS3 以前的版本中，选择“文件”→“跳转到”→ImageReady 命令，将会从 Photoshop 跳转到 ImageReady 界面；同样在 ImageReady 中可以选择“文件”→“跳转到”→Photoshop，可以进入 Photoshop 界面。

而在 Photoshop CS3 之后，选择“窗口”→“选择动画”命令，就能直接打开动画面板编辑 GIF 格式的动画。本书以 Photoshop CS2 为主进行介绍。

3. ImageReady 的工作界面

ImageReady 的工作界面与 Photoshop 的工作界面极其相似，主要由菜单栏、工具栏、工具属性栏、图像窗口、各种控制面板（如动画面板、图层面板和切片面板等）等组成（如图 5-16 所示）。其中的大部分组件的功能和操作方式都与 Photoshop 类似，本节仅介绍具有 ImageReady 特点的图像窗口和动画面板。

图 5-16 ImageReady 界面

1）图像窗口

和 Photoshop 一样，ImageReady 的图像窗口也主要是工作区域。而与 Photoshop 的图像窗口不同的是，ImageReady 的图像窗口中含有 4 个标签："原稿"、"优化的"、"双联"和"四联"，单击不同的标签可以切换到相应的窗口。通常情况下，图像窗口中显示的是"原稿"窗口，"优化的"窗口、"双联"窗口和"四联"窗口主要用于对图像进行优化处理，在输出图像时使用较多。

2）动画面板

通过"窗口"→"动画"命令打开动画面板，其结构如图 5-17 所示。

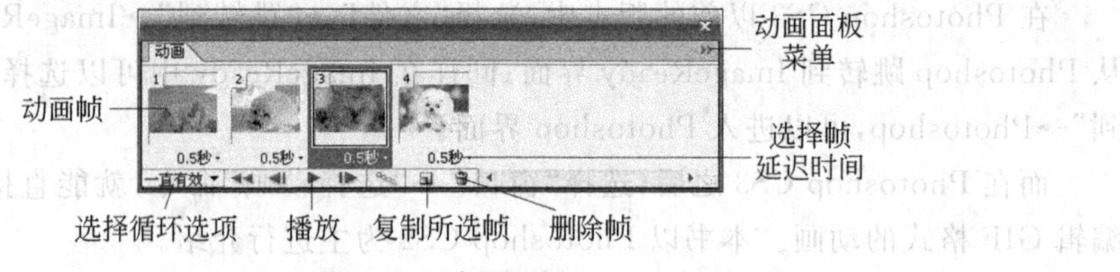

图 5-17 动画面板

GIF 动画是由一帧一帧的静态图片组成的，每一帧图片同上一帧有细微的差别。在动画面板中，单击每一帧，相应的帧画面将在图像窗口中出现，并可以进行单独编辑。每一帧的延迟时间通过帧下方的下拉菜单设置。

动画播放的次数可以通过设置第一帧下的"选择循环选项"下拉菜单来设置，可以是一次、永久或自定义次数。单击动画面板右上方的»按钮，可以打开动画面板菜单(如图 5-18 所示)，动画面板菜单中提供了关于动画操作的各种命令。

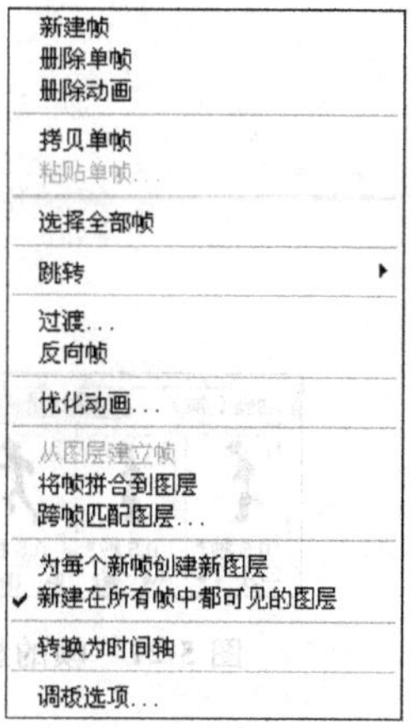

新建帧
删除单帧
删除动画
拷贝单帧
粘贴单帧...
选择全部帧
跳转
过渡...
反向帧
优化动画...
从图层建立帧
将帧拼合到图层
跨帧匹配图层...
为每个新帧创建新图层
✔新建在所有帧中都可见的图层
转换为时间轴
调板选项...

图 5-18 动画面板菜单

5.4.2 GIF 动画制作

【例 5-3】 通过图层的显示和隐藏产生动画效果。熟悉用 ImageReady 建立 GIF 动画的过程、动画面板的应用和图层的应用。

对于具有多个图层的图像，通过在不同帧中显示和隐藏不同的图层是一种常用的产生动画效果的方法。

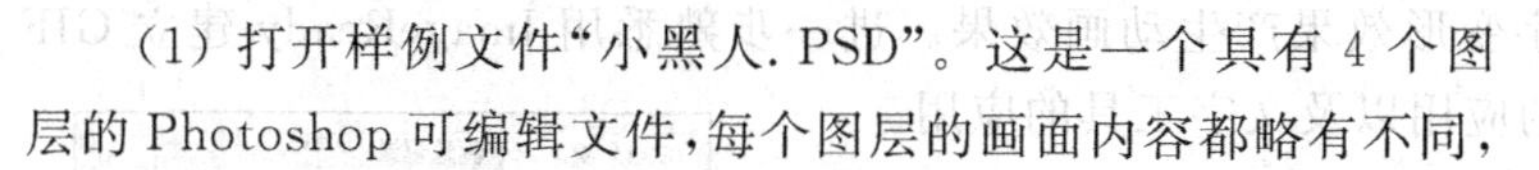

(1) 打开样例文件“小黑人. PSD”。这是一个具有 4 个图层的 Photoshop 可编辑文件，每个图层的画面内容都略有不同，由于各个图层叠加在一起，图像窗口中看到的是图层 1 的画面，但此时每个图层都是可见状态(如图 5-19 所示)。

(2) 复制帧并设置帧延迟时间。选择“窗口”→“动画”命令，打开动画面板，单击“复制所选帧”图标，复制 4 个帧(如图 5-20 所示)，并将每个帧延迟时间设置为 0. 5s。单击第 1 帧下方的“选择循环选项”图标，将循环次数设置为“一次”。

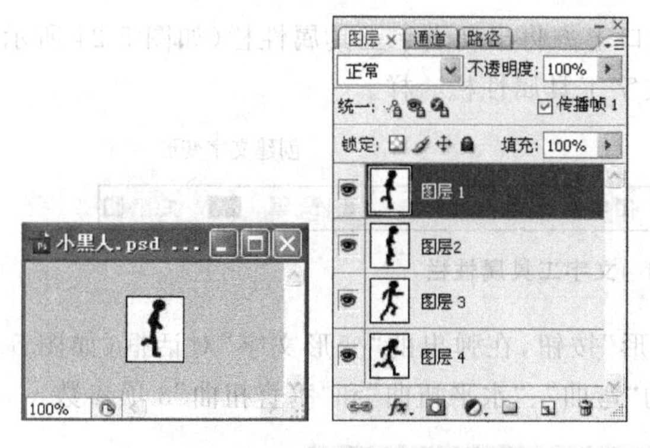

图 5-19 “小黑人. PSD”的图层结构

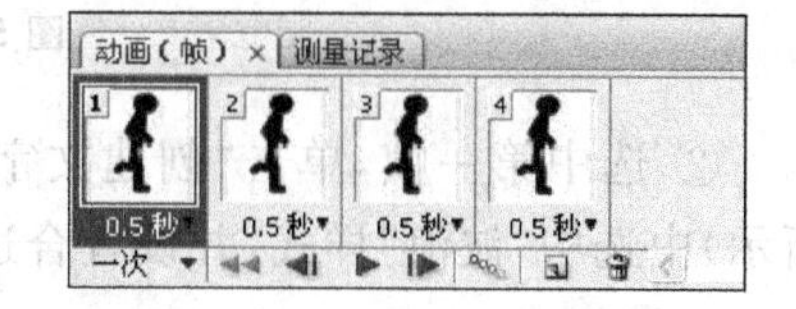

图 5-20 复制帧并设置延时

(3) 设置帧的显示和隐藏。单击第一个帧，将“图层 1”设置为显示，其他 3 个图层设置为隐藏。

依次设置其他帧的图层状态，不同之处在于第 2 帧仅仅显示图层 2，第 3 帧仅显示图层 3，第 4 帧仅显示图层 4。设置完成后，动画面板中各帧将显示不同的图像(如图 5-21 所示)。图 5-22 为第 4 帧图层属性的设置。

(4) 动画播放与导出。单击“播放”按钮，可演示动画效果。

选择菜单栏的“文件”→“将优化结果存储为”命令，可保存为 GIF 动画文件。

Photoshop CS3 以上的版本则是选择菜单栏的“文件”→“存储为 Web 和设备所用格式”，在弹出的对话框中单击“存储”按钮即可。

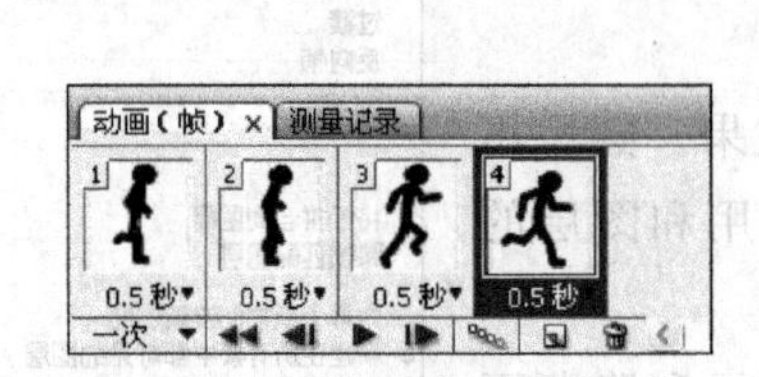

图 5-21 帧的显示和隐藏

图 5-22 第 4 帧图层设置

【例 5-4】 通过文字变形效果产生动画效果。进一步熟悉用 ImageReady 建立 GIF 动画的过程、动画面板的应用以及文字工具的应用。

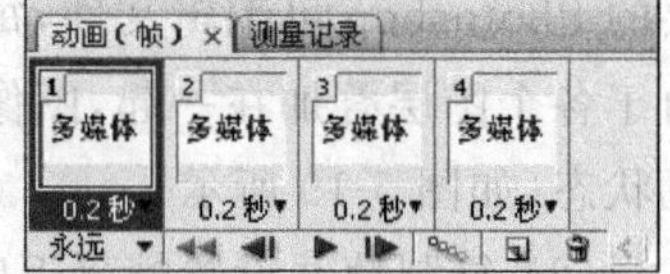

图 5-23 文字输入和帧设置

(1) 新建文件并复制帧。在新文件的图像窗口输入字符串"多媒体",并设置合适的字体、字号等。打开动画面板,单击"复制所选帧"图标,复制 4 个帧,每个帧延迟时间设置为 0.2s。单击第一个帧下方的"选择循环选项"图标,将循环次数设置为"永远"(如图 5-23 所示)。

(2) 设置文字变形。

① 选中工具栏中的"文字"工具,窗口上方将出现文字工具属性栏(如图 5-24 所示),该属性栏结构和功能与 Photoshop 的文字工具属性栏一样。

图 5-24 文字工具属性栏

② 选中第一帧,单击"创建文字变形"按钮,在弹出的"变形文字"对话框(如图 5-25 所示)中选中"波浪"样式,并设置合适的"弯曲"、"水平扭曲"和"垂直扭曲"3 项参数。

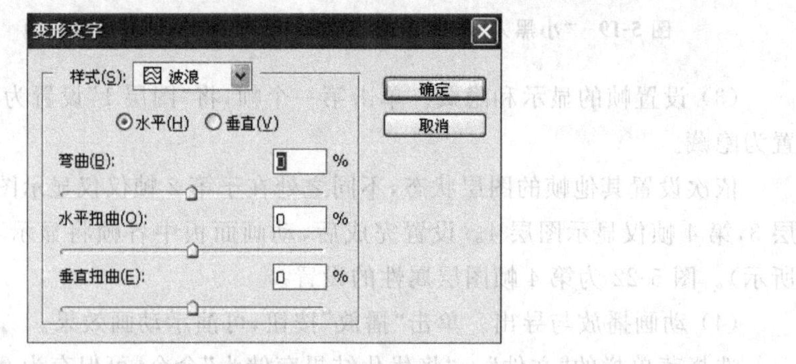

图 5-25 "变形文字"对话框

③ 依次设置其他帧的文字变形状态,选择相同的"波浪"样式,不同之处在于每个帧

设置的参数不同，使得4个帧有各不相同的文字变形效果。

(3) 播放与导出GIF动画。由于各帧的文字变形效果不同，因此快速播放时会产生动画效果。

5.5 视频处理技术

视频信息是重要的动态视觉媒体之一。视频往往是真实世界的再现，因此视频技术是把我们带到近似于真实世界的最强有力的工具。在多媒体技术中，视频信息的获取及处理占有举足轻重的地位，视频处理技术在目前乃至将来都是多媒体应用的核心技术。

5.5.1 视频分类

视频与动画一样，也是由一幅幅内容随时间变化的图像组成的，这些图像称为帧。当这些图像以一定速率连续播放时，就能产生动态效果。每秒钟连续播放的帧数称为帧率，帧率反映视频播放的平滑程度，帧率越高，动画效果越平滑。电影的帧率为24帧/秒、中国PAL制电视帧率为25帧/秒，欧美NTSC制电视帧率为30帧/秒。

按照处理方式的不同，可将视频分为模拟视频和数字视频。

1. 模拟视频

模拟视频(Analog Video)以模拟电信号的形式来记录动态图像和声音，依靠模拟调幅的手段在空间传播这些电信号，通常采用磁性介质存储，如盒式磁带录像机将视频作为模拟信号存放在磁带上。

模拟视频具有成本低、图像还原好、易于携带等优点。但其缺点也是显而易见的：在传播过程中，随着时间的推移，电信号强度将衰减，导致图像质量下降、色彩失真；此外模拟视频传输效率低，不适合网络传输。

当前，世界流行的模拟彩色电视制式有3种：

(1) NTSC(National Television Systems Committee)制：正交平衡调幅制。采用这种制式的主要国家有美国、加拿大和日本等。这种制式的帧率为29.97帧/秒，每帧525行262线，标准分辨率为720×480。

(2) PAL(Phase-Alternative Line)制：正交平衡调幅逐行倒相制。中国、德国、英国和其他一些西北欧国家采用这种制式。这种制式的帧率为25帧/秒，每帧625行312线，标准分辨率为720×576。

(3) SECAM(Sequential Coleur Avec Memoire)制：顺序传送彩色与存储制。采用这种制式的有法国、前苏联和东欧一些国家。这种制式的帧率为25帧/秒，每帧625行312线，标准分辨率为720×576。

2. 数字视频

要使计算机能够对视频进行处理，必须把来自电视机、模拟摄像机、录像机和影碟机等设备的模拟视频信号转换成计算机要求的数字形式，并存放在磁盘上，这个过程称为视频的数字化过程。

数字视频(Digital Video，DV)克服了模拟视频的局限性，其主要优点有：

(1) 传输速率高，可以采用成本低、容量大的激光盘存储介质，大大降低了数据传输和存储费用。

(2) 保存时间长，可不失真地进行多次复制，在网络环境下可长距离传输而无信号衰减问题，抗干扰能力强，再现性好。

(3) 可利用计算机创造性地编辑与合成，增加交互性，或制作特殊效果，如三维动画、变形动画等。

数字视频的缺陷是处理速度慢，数据量大。

5.5.2 视频文件格式及特点

当前视频的格式非常多，需要注意的是不同格式的视频要安装相应的视频解码器才能进行播放，如 WMV 格式的影片需要 Windows Media Player 播放，RM 格式的影片需要 Real Player 来支持，MOV 格式的文件需要 QuickTime 来播放等。

1. AVI 格式

AVI(Audio Video Interleave)1992 年初由 Microsoft 公司推出，是一种音频视频交错编码的数字视频文件格式，经常可以在网上看到。

AVI 允许音频和视频交错在一起同步播放，支持 256 色和 RLE 压缩，图像质量好，可以跨多个平台使用。其缺点是体积过于庞大，不限定压缩标准，不具备兼容性，不同压缩算法生成的 AVI 文件需要相应的解压缩算法才能播放，因此经常会出现高版本 Windows Media Player 播放不了采用早期编码编辑的 AVI 格式视频，而低版本 Windows Media Player 又播放不了采用最新编码编辑的 AVI 格式视频的情况。

2. MPEG 格式

MPEG(Moving Picture Expert Group，运动图像专家组)是动态图像压缩算法的国际标准，家里常看的 VCD、SVCD 和 DVD 就是这种格式。MPEG 的平均压缩比为 50：1，最高可达 200：1，同时，压缩后图像和声音的质量也非常好，且在计算机上有统一标准，兼容性相当好，现几乎被所有的计算机平台共同支持。

MPEG 标准包括 MPEG 视频、MPEG 音频和 MPEG 系统(视频、音频同步)3 个部分，MP3 音频文件是 MPEG 音频的一个典型应用，而 VCD、SVCD 和 DVD 则是全面采用 MPEG 技术所产生出来的新型消费类电子产品。

3. RM 格式

RM 格式是国外知名的 RealNetworks 公司开发的一种新型流式视频文件格式，是视频压缩规范 RealMedia 中的一种。

4. RMVB 格式

RMVB 格式是由 RM 视频格式升级延伸出的新视频格式，打破了原先 RM 格式平均压缩采样的方式，在保证平均压缩比的基础上合理利用比特率资源，静止和动作场面少的画面场景采用较低的编码速率，这样可以留出更多的带宽空间，而这些带宽会在出现快速运动的画面场景时被利用。在保证了静止画面质量的前提下，大幅地提高了运动图像的画面质量，从而使图像质量和文件大小之间达到了微妙的平衡。

5. FLV 格式

FLV 格式是随着 Flash MX 的推出发展而来的视频格式，目前被众多新一代视频分享网站所采用，是目前增长最快、使用最为广泛的视频传播格式。FLV 占有率低，视频质量良好，体积小，拥有丰富、多样的资源，无论是最新最热的大片，还是网友自拍的各种搞笑视频等，都可以在网上轻易找到 FLV 版本。

6. MOV 格式

MOV 格式是由美国著名的 Apple 公司开发的一种视频格式，其默认的播放器为 QuickTime Player。具有较高的压缩比率和较完美的视频清晰度，最大的特点是跨平台性，Mac 系统可以使用，Windows 系统同样可以使用。QuickTime 文件格式支持 25 位彩色，支持领先的集成压缩技术，提供 150 多种视频效果，并配有提供了 200 多种 MIDI 兼容音响和设备的声音装置。目前，这种视频格式也得到了业界的广泛认可，已成为数字媒体软件技术领域事实上的工业标准。

7. ASF 格式

ASF(Advanced Streaming Format)是 Microsoft 为了和 Real Player 竞争而推出的一种高级流格式，是一个在 Internet 上实时传播多媒体的技术标准。主要优点包括本地或网络回放、可扩充的媒体类型、部件下载以及扩展性等。用户可以直接使用 Windows 系统附带的 Windows Media Player 对其进行播放。

8. DV-AVI 格式

DV 的英文全称是 Digital Video Format，是由索尼、松下和 JVC 等多家厂商联合提出的一种家用数字视频格式。目前非常流行的数码摄像机就是使用这种格式记录视频数据的。它可以通过计算机的 IEEE 1394 端口传输视频数据到计算机，也可以将计算机中编辑好的视频数据回录到数码摄像机中。这种视频格式的文件扩展名一般是 avi，所以也叫 DV-AVI 格式。

9. WMV 格式

WMV(Windows Media Video)是 Microsoft 公司推出的一种采用独立编码方式并且可以直接在网上实时观看视频节目的文件压缩格式。WMV 格式的主要优点是本地或网络回放、可扩充的媒体类型、部件下载、可伸缩的媒体类型、流的优先级化、多语言支持、环境独立性、丰富的流间关系以及扩展性等。

5.5.3 常用视频编辑软件

常用的视频处理软件有以下几种。

1. Premiere

Premiere 是由 Adobe 公司推出的一款常用的视频编辑软件，编辑画面质量比较好，有较好的兼容性，且可以与 Adobe 公司推出的其他软件相互协作。本章 5.6 节将做详细介绍。

2. Movie Maker

Movie Maker 是 Windows 操作系统自带的视频制作工具，可以组合镜头和声音，加入镜头切换的特效，只要将镜头片段拖入即可，简单易学，使用它制作家庭电影充满乐趣。可以在个人计算机上创建、编辑和分享自己制作的家庭电影。通过简单的拖放操作，精心地筛选画面，然后添加一些效果、音乐和旁白，家庭电影就初具规模了。

3. 会声会影

会声会影是一套操作简单的影片剪辑软件，它可以对视频、图像和音频文件进行编辑和处理，添加文字、音乐、转场和进行滤镜处理，叠加音频和视频素材，最终创建成视频文件和刻录成可在影碟机上播放的 DVD、VCD 等光盘。不仅完全符合家庭或个人所需的影片剪辑功能，甚至可以挑战专业级的影片剪辑软件。其成批转换功能以及对捕获格式的完整支持，让剪辑影片更快、更有效率。

5.6 Premiere 基本操作

5.6.1 软件介绍

Premiere 是 Adobe 公司出品的一款基于非线性编辑设备的视音频编辑软件，可以在各种平台下和硬件配合使用，被广泛地应用于电视节目编辑、广告制作、电影剪辑等领域，成为 PC 和 Mac 平台上应用最为广泛的视频编辑软件。Premiere 从最早 1993 年的 Premiere for Windows，到 Premiere for Windows 3.0、Premiere 4.0、Premiere 5.0、Premiere 6.0、Premiere 6.5，2003 年 7 月推出全新的 Premiere Pro，2004 年 6 月又进行部分升级，推出 Premiere Pro 1.5。2006 年 1 月推出 Premiere Pro 2.0，作为 Production Studio 套装的重要组成部分。2007 推出的版本叫 Premiere Pro CS3，表明 Adobe 已经将其纳入 Creative Suite 3（简称 CS3）体系中，并把它作为 Adobe Creative Suite 3 Production Premium 的重要组成部分。

Premiere 具有编辑功能强大、管理方便、特级效果丰富、采集素材方便、编辑方便、可制作网络作品等众多优点，其主要功能有：

(1) 编辑和剪接各种视频素材。

(2) 综合处理各种素材，并提供强大的视频特技效果，包括切换、过滤、叠加、运动及变形等。

(3) 提供多个视频和音频编辑轨道，可以方便地对视频和音频进行连接、复合等处理。

(4) 在视频素材上配音，增加各种字幕、图标和其他视频效果，对音频素材进行编辑，调整音频和视频的同步，改变视频特性参数，设置音频、视频编码参数以及编译生成各种数字视频文件等等。

(5) 能将普通色彩转换成为 NTSC 或 PAL 的兼容色彩，以便把数字视频转换为模拟视频信号。

5.6.2 编辑环境

1. 启动

打开 Premiere 时，首先进入如图 5-26 所示的启动界面，在启动界面中可以打开一个已有的项目或者新建项目。Premiere 是以项目为单位组织节目的，把要制作的影视节目称为一个项目，由它来集中管理所用到的原始片段、各片段的有序组合、各片段间的叠加与转换效果等，并生成最终的影视节目。

图 5-26 Premiere 启动画面

选择新建项目之后，在“新建项目”对话框(如图 5-27 所示)中的“加载预置”中保存了一些常用的视频编辑预置模式，可直接选择这些有效预置模式；或者选择“自定义设置”标签设置项目视频格式、帧速率以及压缩、预演等属性，并将自己设置的模式进行保存以备下次使用。

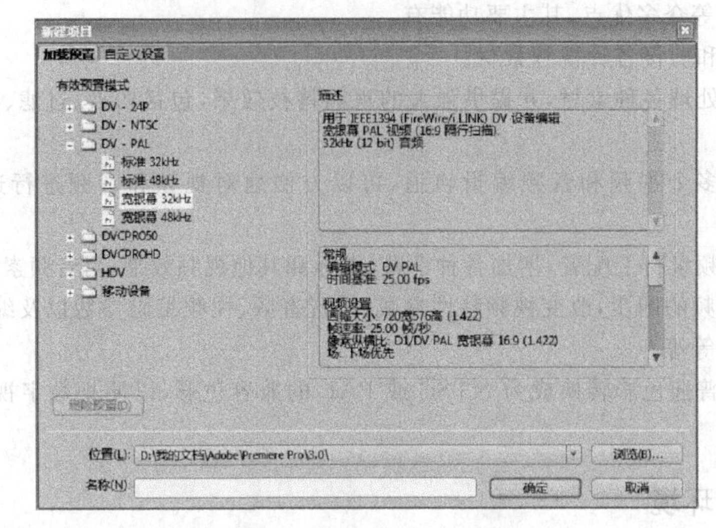

图 5-27 “新建项目”对话框

2. 主界面

进入项目后，显示界面如图 5-28 所示，主要由菜单栏、项目窗口、监视器窗口、时间线窗口、信息和历史面板、素材编辑工具面板等构成。

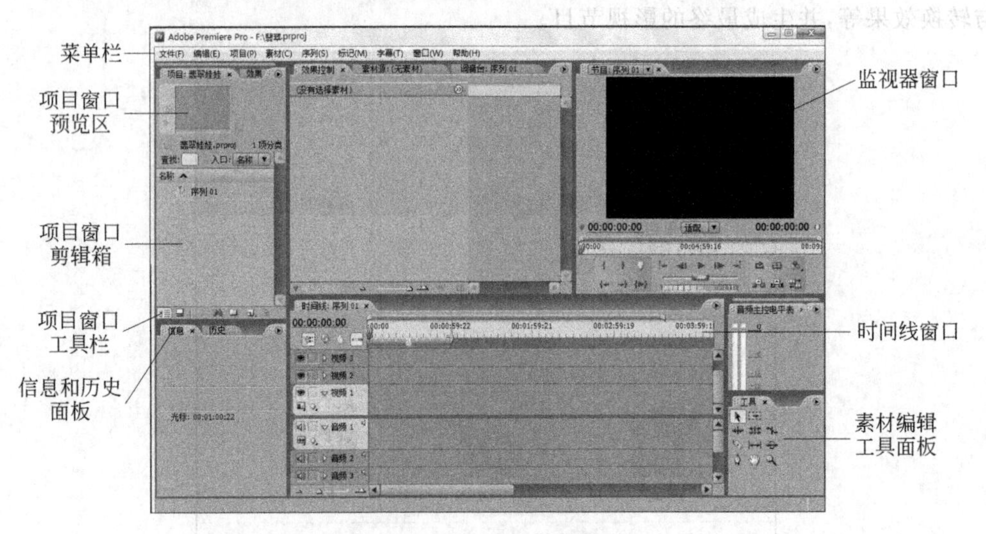

图 5-28 Premiere 操作界面

这些工作区是活动的，即可任意拖动到其他工作区的位置，如想还原默认窗口样式，则可以选择菜单栏的“窗口”→“工作区”→“重置当前工作区”命令。

1）菜单栏

Premiere 的菜单栏由文件、编辑、项目、素材、时间线、标记和字幕等 9 个菜单组成。“文件”菜单用于对项目和文件的创建、打开、保存、素材的采集和输入、视频的输出等操作；“编辑”菜单主要是复制、剪切、粘贴等常规编辑操作命令；“项目”菜单主要是对项目文件进行管理，包括项目属性设置、项目中的素材管理及对项目本身的管理；“素材”菜单主要用于对素材片段进行设置和管理；“时间线”菜单用于对视频进行预览和渲染等操作；“标记”菜单用于标记的管理；“字幕”菜单用于字幕的设计和管理。

2）项目窗口

项目窗口的主要功能是素材的导入和整理，如视频、音频和图片等，单击不同的素材可对其进行预览和播放。项目窗口通常分为3部分：预览区、剪辑箱和工具栏。预览区用于快速浏览在剪辑箱中被选中的素材；剪辑箱用来管理导入的各种素材；工具栏给出与项目窗口管理和外观相关的实用工具。

剪辑箱中的剪辑的显示方式有图标显示、缩略图显示和列表显示3种。

3）时间线窗口

时间线窗口是Premiere中最重要的窗口之一，与Flash中的时间轴功能类似，用于装入和编辑素材，并从左到右以电影播放的顺序显示出该项目中所有的素材。视频和音频素材的大部分编辑或合成特技效果等工序都是在时间线窗口中完成的。

时间线窗口由下面几个部分组成（如图5-29所示）。

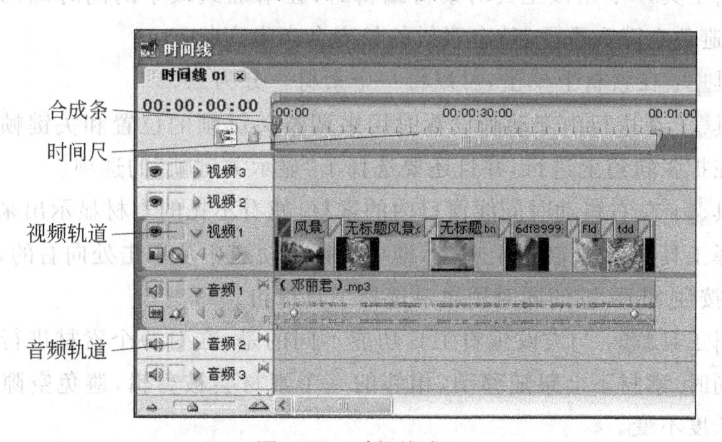

图5-29　时间线窗口

(1) 时间尺：用于表示一部电影的时间长度。时间尺上的刻度可以代表从单帧到8分钟的时间间隔，这主要取决于选择的时间单位。

(2) 合成条：在时间尺上方的两端带三角的黄色条带就是合成条，它标示了工作区的长度。可以拖动三角形来改变工作区的长度。

(3) 视频轨道：是时间线窗口的主要部分，位于时间尺的下部，主要用来放置视频和静止图像等影像素材。

(4) 音频轨道：在视频轨道的下面，主要用来放置音频素材。

视频轨道和音频轨道都默认有3条，但可以根据实际需要进行添加或删除，方法是选择菜单栏“时间线”→“添加轨道”或“删除轨道”命令，在Premiere中最多可以放置99道视频和音频轨道。注意，默认的轨道不能删除。此外，视频轨道的上下关系具有和图层一样的意义，上层轨道上的素材会遮盖下层轨道上的素材，所以要注意放置在不同轨道上的素材之间的关系。

4）监视器窗口

监视器窗口与时间线窗口相联，可以直接播放出时间线上的素材。

5）信息和历史面板

用于显示素材的基本信息和历史操作。

6）素材编辑工具面板

提供各种剪辑、编辑和预览各种素材的工具(如图 5-30 所示)，对剪辑好的素材进行插入。各工具的具体功能介绍如下：

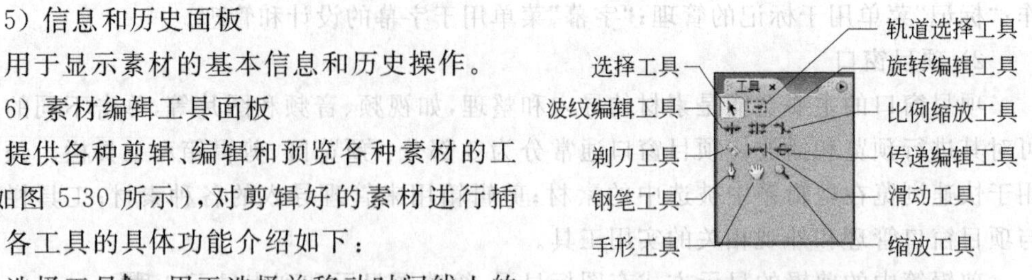

图 5-30 素材编辑工具面板

选择工具：用于选择并移动时间线上的素材，也可用来对素材进行剪辑。选择工具栏中的选择工具，然后单击时间线的素材即可选择素材，要选择多个素材则在按住 Shift 键的同时单击。单击该工具并放在素材边缘时，光标变成横向箭头，此时可以对素材进行剪辑。

波纹编辑工具：用该工具对素材编辑时，在增加或减小的同时，后面的所有素材会跟随移动，避免空隙和重叠，整个素材的长度会产生变化。

剃刀工具：在素材上单击，可以将一个素材一分为二。

钢笔工具：在进行内部动画设置时用来调整关键帧的位置和关键帧的值。注意，此操作必须在扩张轨道上进行，并且还要选择了“显示关键帧”的选项。

手形工具：左右移动时间线窗口内的素材，使看不见的素材显示出来。

轨道选择工具：在轨道上单击，即可选择该轨道中从单击处向右的素材。选择多条轨道时，在按住 Shift 键的同时用轨道选择工具单击。

旋转编辑工具：与波纹编辑工具功能不同的是，在对一个素材进行剪辑时，在增加或减小的同时，素材不会跟随移动，相邻的一个素材会被剪辑，避免空隙和重叠，保持整个素材的长度不变。

比例缩放工具：在保持素材内容不变的情况下改变素材的播放速度。

滑动工具：选择该工具在素材上拖动，可以改变它前面素材的出点和后面素材的入点，该素材本身的位置、内容和长度都不变。

传递编辑工具：使用该工具可以将素材在时间轨道上进行移动。整个素材的持续时间不变。

缩放工具：放大时间线窗口的时间单位，使素材在视图显示上变长；要缩小则在按住 Alt 键的同时单击。

5.6.3 视频基本编辑

视频编辑包括素材采集、素材导入、素材剪辑、特效添加、字幕添加和打包输出等。

1. 素材采集

素材采集是将模拟音频和视频信号转换成数字信号存储到计算机中，或者说是将外部设备的数字视频存储到计算机硬盘中，成为可以处理的素材。视频采集需要配备视频采集卡和视频源（录像机或者摄像机）等硬件设备。选择菜单栏的“文件”→“采集”命令可以打开采集窗口（如图 5-31 所示），对素材进行采集。

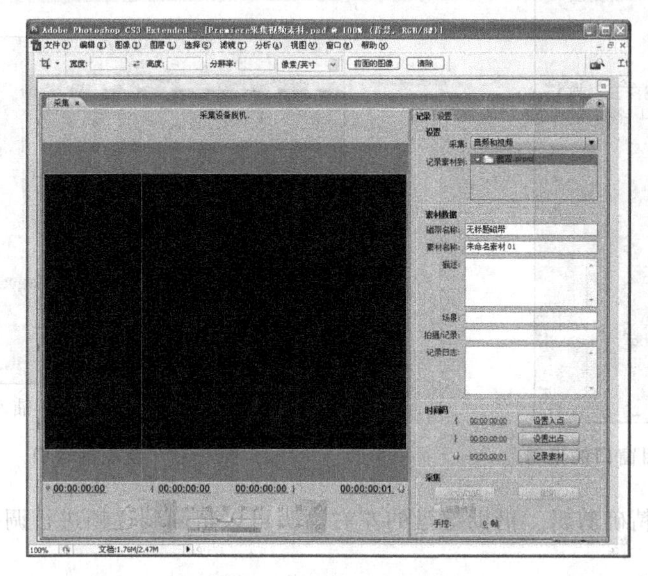

图 5-31 素材采集窗口

2. 素材导入

素材导入有两种方法：使用“文件”→“导入”命令或者双击项目窗口剪辑箱的空白处。这两种方法都可以打开“素材导入”对话框，选择需要导入的文件，然后单击“确定”按钮即可。若要一次导入多个素材，按住 Ctrl 键可以选择位置不连续的多个素材；按住 Shift 键可以选择位置连续的多个素材。

导入的素材会显示在项目窗口中（如图 5-32 所示），双击某个素材，就可以在上方预览区看到该素材。

3. 素材的修整

在制作视频时，对每个素材可能只需要其中一小部分，这就要对其进行修整。视频和音频的修整都是在监视器窗口中进行的（如图 5-33 所示）。

(1) 视频音频素材的截取。素材截取最常用的工具是出点和入点工具。在项目窗口中双击素材，就可以在监视器窗口中打开该素材。找到素材所要的准确起始时间点，单击“入点”按钮；找准所要的终止时间点，单击“出点”按钮，完成素材的截取，单击“从入点到出点播放”按钮，就可以播放刚截取出来的内容。

(2) 添加截取后的素材。单击“插入”或“覆盖”按钮，就会将截取后的素材自动增加到当前时间线的视频或音频轨道指针所指的位置。

(3) 单选视频素材的声音或画面。如果只需要视频素材中的声音或画面，单击“音频/视频切换”按钮，可以在视频素材的声音或画面之间转换。

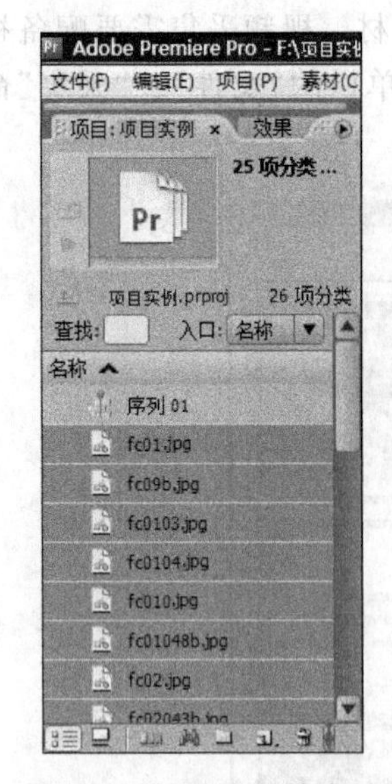

图 5-32 项目窗口的素材

图 5-33 监视器窗口

(4) 素材的精确剪辑。借助键盘的左右箭头可以精确到逐帧进行调整。

4. 特效添加

特效的加入可通过功能面板中“特效”面板的选项进行设置,其中包括预置、音频特效、视频特效、音频切换效果和视频切换效果。

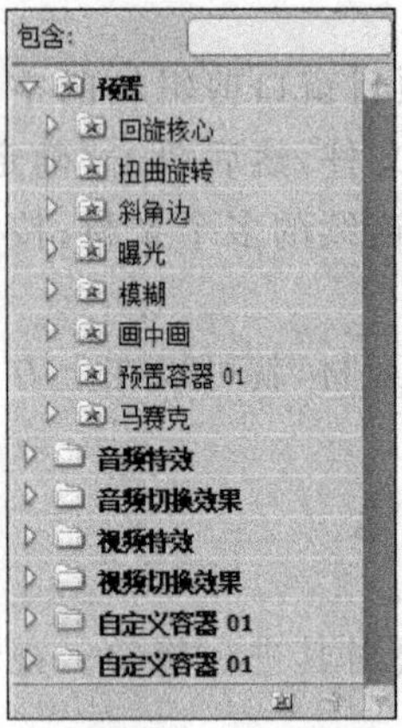

图 5-34 预置特效

1) 预置特效

预置特效设置如图 5-34,通过它能给视频和图片添加效果。单击某个效果选项,将其拖入到相应的素材上即可,其中马赛克和模糊等是常用的效果。

2) 音频特效

音频特效菜单如图 5-35 所示。Premiere 中内置了大量的音频特效,分别放在“5.1”、“立体声”和“单声道”3 个文件夹中。这些文件夹下的特效只对相应轨道的音频起作用,即立体声文件夹下的特效只对立体声音频起作用,而不能添加给单声道音频或 5.1 环绕声音频。但大多数特效对 3 种声道的音频都支持。每个音频特效包含一个旁路选项,可以通过关键帧控制效果随时间的开关。

3) 音频切换效果

音频切换效果用于两段音频转换时的效果设置,菜单如图 5-36 所示,单击某个效果选项,将其拖入到音频轨道的两段音频之间,所选效果即可被添加。

例如,使用“交叉淡化”→“恒定增益”或“恒定放大”,可以创建音量渐强或渐弱的效果。

4）视频特效

视频特效菜单如图5-37所示，视频特效可以直接给视频增加播放效果，将其拖入到视频素材上，则所设置的效果会应用于整个视频。

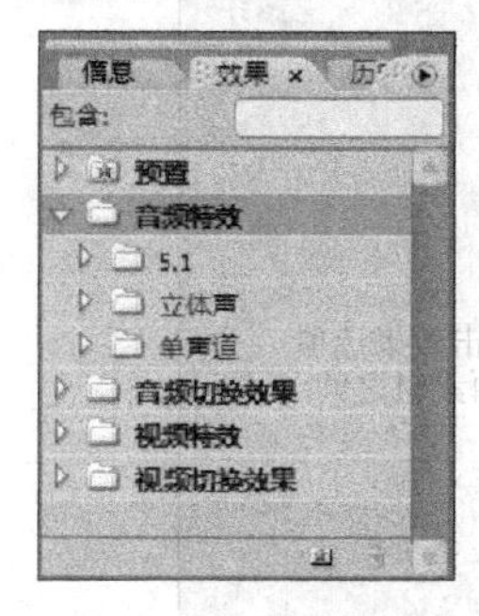

图5-35 音频特效

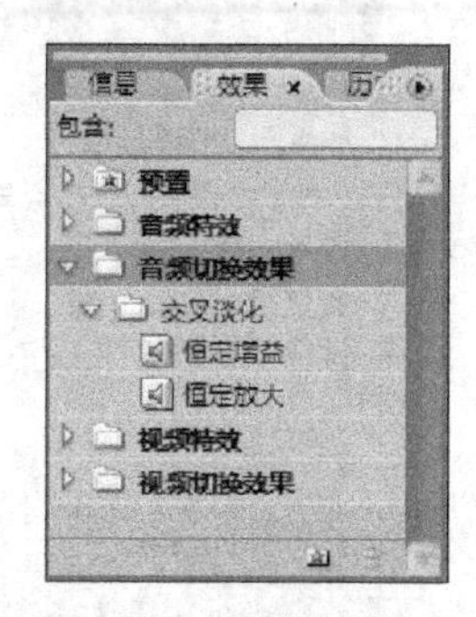

图5-36 音频切换效果

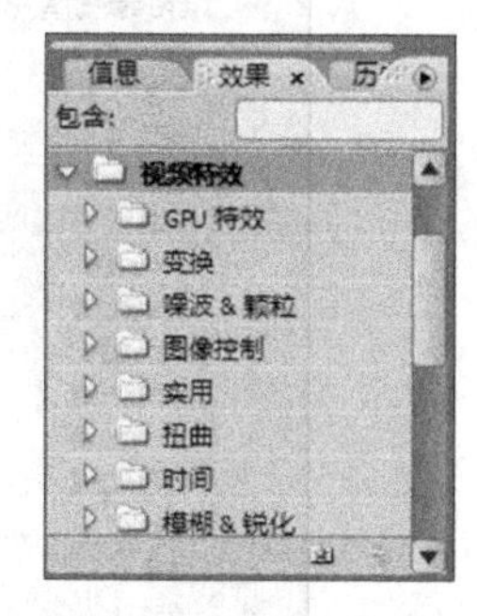

图5-37 视频特效

【例5-5】 在播放图片素材时，改变图片的比例，将图片比例从100改成50。

(1) 在项目窗口中导入图片素材。选择需要导入的图片素材，拖到"视频1"轨道中。一个轨道可以拖入多个图片素材。

(2) 单击时间线上要设置特效的图片素材，单击"效果"选项卡，选择"运动项"，单击其左边的三角形，在展开的窗口中选择比例项，然后添加起始关键帧1，数值为100；添加关键帧2，将数值设为50(如图5-38所示)。

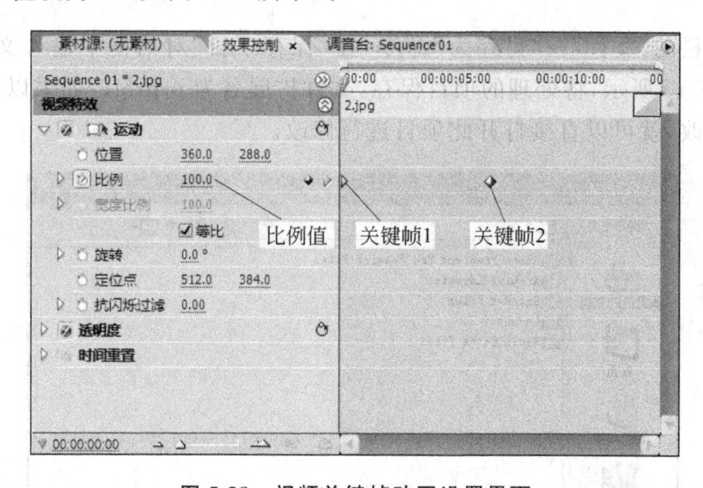

图5-38 视频关键帧动画设置界面

5）视频切换效果

视频的切换运用于两段视频间的转换效果，菜单中每一个切换选项图标都代表一种切换效果，共有74种切换效果可以选择。与视频特效不同的是，视频切换效果只能添加到两段视频中间，而不是添加到整个视频(如图5-39所示)。

【例5-6】 播放图片时，在两张图片之间添加切换效果。

用鼠标单击某个效果选项，然后将其拖到两张图片的交界处，所需效果就可被添加进来。

图 5-39 视频切换效果

在时间线上单击添加的切换效果，按 Delete 键即可将其删除。

在编辑时，如果切换效果在时间线上不可见，可单击工具条上的放大镜工具将素材放大，直到过滤效果可见。

5. 文件保存

选择菜单栏的“文件”→“另存为”命令，在“保存项目”对话框中输入文件名，选择保存位置，如图 5-40 所示，将处理的项目保存，文件扩展名为 prproj。如果以后要对处理后的视频进行修改，就可以直接打开此项目进行修改。

图 5-40 “保存项目”对话框

6. 打包输出

选择菜单栏的“文件”→“导出”命令，其下拉菜单中包括导出“单帧”和“影片”。“单帧”指的是导出以帧为单位的素材，而“影片”则是指以影片的格式导出时间线上的所有素材。

如果选择“影片”，在“导出影片设置”对话框（如图 5-41 所示）中设置“文件类型”和“范围”等参数即可。

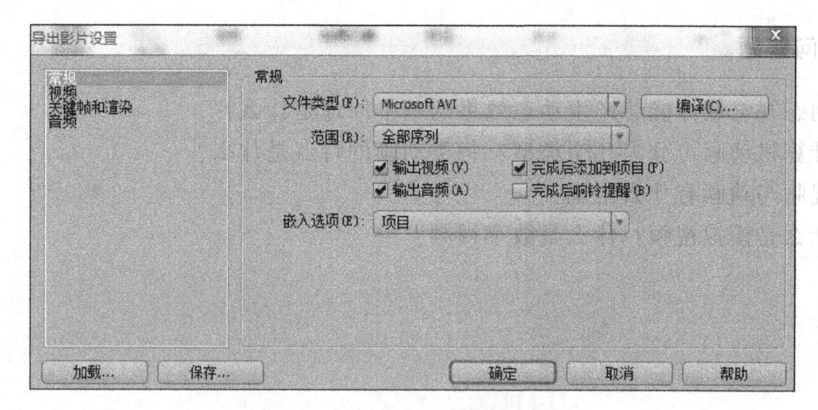

图 5-41 “导出影片设置”对话框

本章小结

动画与视频都是多幅静态图像与连续的音频信息在时间轴上同步运动的混合媒体。相对于静态图像，动画和视频所含的信息量更丰富、直观、生动。本章介绍了动态视觉媒体的基本原理，分别介绍了计算机动画和视频的主要文件类型及常用的编辑软件，如动画制作软件 Flash、ImageReady 以及视频制作软件 Premiere。

思考与练习

一、选择题

1. 在动画制作中，一般帧率选择为________。

A. 30 帧/秒　　B. 60 帧/秒　　C. 120 帧/秒　　D. 90 帧/秒

2. 属于二维动画制作软件的是________。

A. Flash　　B. Maya　　C. 3ds Max　　D. Premiere

3. 在 Flash 中，包含了实例对象，并能对这些对象进行编辑的是________，只有它才能作为动画的起点和结束点。

A. 空白关键帧　　B. 普通帧　　C. 关键帧　　D. 时间轴

4. 国际上常用的视频制式有________。

(1) PAL 制　(2) NTSC 制　(3) SECAM 制　(4) MPEG

A. (1)　　B. (1)(2)　　C. (1)(2)(3)　　D. 全部

5. 下列数字视频中________质量最好。

A. 240×180 分辨率、24 位真彩色、15 帧/秒的帧率

B. 320×240 分辨率、30 位真彩色、25 帧/秒的帧率

C. 320×240 分辨率、30 位真彩色、30 帧/秒的帧率

D. 640×480 分辨率、16 位真彩色、15 帧/秒的帧率

二、问答题

1. 动态视觉媒体能够产生动态效果的基本原理是什么?
2. 计算机动画可分为几个类型? 每类动画的特点是什么?
3. 视频与动画有什么区别?
4. 什么是模拟视频? 什么是数字视频?

第6章 chapter 6

多媒体数据压缩解码技术

利用计算机来处理多媒体信息面临的一个很大的问题就是海量数据的存储与传送问题。由于数字化后的图像、音频和视频等媒体信息具有海量性，与当前计算机所提供的存储资源和网络带宽之间有很大的差距，这给存储及传输多媒体信息带来了很大的困难，成为阻碍人们有效获取和利用信息的障碍。为此人们尝试了各种技术方法，其中数据压缩解码技术作为解决上述问题的有效途径，成为当今通信、广播、存储和多媒体娱乐等领域的一项必不可少的关键技术。本章讲述数据压缩的基本概念、压缩条件和压缩编码分类，并介绍几种数据压缩算法和常见的压缩标准，使读者初步了解数据压缩的基本原理，为后面进一步深入研究做铺垫。

6.1 数据压缩解码概述

6.1.1 基本概念

多媒体计算机面临的是数值、文字、图形、图像、动画、音频和视频等多种媒体信息承载的由模拟量转化成数字量信息的存储和传输的问题。数字化的视频和音频信号的数据量之大是非常惊人的。表6-1列举了几个原始多媒体数据的数据量。

表6-1 原始多媒体数据的数据量

多媒体数据	存储量
电话	8kHz×12b=96kb/s
高保真音频	44.1kHz×16b×2声道≈1.35Mb/s
图像	800×600×24b≈1.37MB
视频	640×480×24b×25帧/s≈176Mb/s
高清电视	1280×720×24b×60帧/s≈1.2Gb/s

从以上列举的数据例子可以看出，数字化信息的数据量是何等庞大，巨大的数据量无疑给存储器的存储容量、通信干线的信道传输率以及计算机处理速度都增加了极大的压力。要解决这一问题，可从硬件和软件两个方面来考虑：

(1) 硬件方面：提高存储介质的容量，提高系统和网络的传输速率。当然这种方法有很大的局限，以现有的硬件发展速度和程度不能和当前多媒体应用的海量数据量需求相匹配。

(2) 软件方面：利用数据压缩技术对多媒体数据进行压缩是一个行之有效的方法。通过数据压缩手段可大大降低数据量，以压缩形式存储和传输，既节约了存储空间，又提高了通信干线的传输效率，同时也使计算机得以实时处理音频、视频信息，保证播放出高质量的视频和音频节目。

数据压缩解码技术的研究已有几十年的历史，最初是作为信息论研究中的一个重要课题，在信息论中被称为信源编码。但近年来，数据压缩解码已不仅局限于编码方法的研究和讨论，这门技术已经成为独立的体系，主要研究数据的表示、传输和转换方法，目的是减少数据所占的存储空间，以方便传输和存储。其基本压缩解码过程如图 6-1 所示。

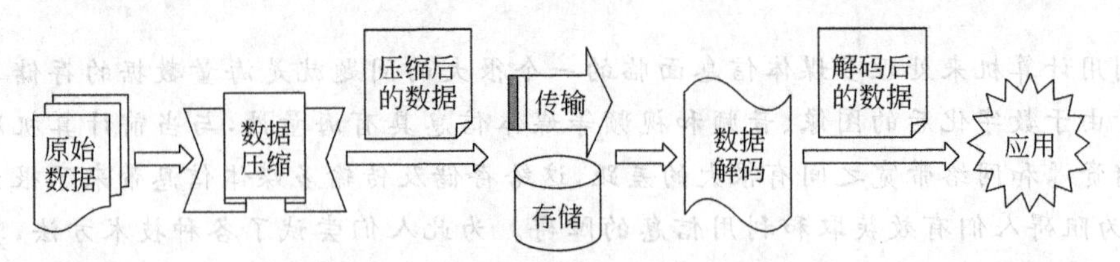

图 6-1　多媒体数据压缩解码过程

1. 数据压缩

概括而言，数据压缩是指在不丢失信息的前提下，按照一定的算法对数据进行重新组织，减少数据冗余和存储空间，提高传输、存储和处理效率的一种技术方法。数据压缩的本质就是去掉数字信号数据中的冗余数据，用尽可能少的比特数来表示源信号并能将其还原，被压缩的原始数据可以是图像、音频和视频等各种多媒体数据。

2. 数据解码

压缩之后的数据在应用前还需要还原，还原过程称为数据解压缩或数据解码。解压缩是压缩的逆过程，特定的编码器和解码器以不同的方法构成。

按压缩和解压缩算法耗费代价的不同，可分为对称应用和非对称应用。

(1) 对称应用指编码和解码代价应基本相同。如视频会议系统，数据在各个终端被压缩和解压缩，要求压缩和解压缩所耗费的时间和资源基本相当。

(2) 非对称应用指解码过程比编码过程耗费的代价小。非对称压缩适用于两种情况，一种是压缩的过程仅一次，采样的时间不限；另一种是解压缩经常用到并需要迅速完成。如，一个音频-视频电子教材仅需要生成一次，但它可以被许多学生使用。因此，它需要多次被解码。在这种情况中，实时解码成为基本要求，而编码则不需要实时完成。这种非对称处理可以用来提高多媒体的质量。

6.1.2 数据压缩条件

多媒体数据压缩不仅是必要的，而且也是可能的，主要是基于两大原因：人类感官的生理局限性和多媒体数据自身存在的冗余。

1. 人类感官的生理局限性

人类感官，如视觉系统和听觉系统，都存在着各种生理局限性。

人的视觉系统存在视觉掩蔽效应，即对于图像场的某些变化感觉不敏感，如对于图像的编码和解码处理时，由于压缩或量化截断引入了噪声而使图像发生了一些变化，如果这些变化不能为视觉所感知，则仍认为图像足够好。此外，人类视觉系统对色彩的感知能力不如对亮度的感知能力敏感，视觉系统的色彩分辨能力一般只有 2^6 灰度级，即只能分辨出 64 种灰度，即使是经过培训的色彩专家，能识别的颜色也就只有几百种，而一个真彩系统可以表达 16 777 216 种不同颜色。

同样，人类的听觉系统也存在着听觉掩蔽效应，即当强弱不同的声音同时发出时，强声会掩盖弱声，使得弱声难以被人类听见，这种称为“频域掩蔽”；除了同时发出的声音之间有掩蔽现象之外，在时间上相邻的声音之间也有掩蔽现象，并且称为“时域掩蔽”，产生时域掩蔽的主要原因是人的大脑处理信息需要花费一定的时间。此外，人耳对不同频段的声音敏感程度也不同，通常对 2～4kHz 范围的信号最为敏感，幅度很低的信号都能被人耳听到，而在低频区和高频区，信号幅度要高很多才能被人耳听到。

在多媒体技术中，这种生理局限性又称为认知（视觉和听觉）冗余。在对数据进行压缩时，便可以利用这种局限性，将人们不敏感的数据弱化或者去掉，从而达到减少数据量的目的。

2. 多媒体数据的冗余

多媒体数据本身也存在着大量的冗余信息，如果能将这些冗余信息去掉，即去除数据之间的相关性，只保留相互独立的信息分量，也能实现数据压缩的目的。一般来说，多媒体数据中存在以下种类的数据冗余。

1）空间冗余

这是静态图像中经常存在的一种冗余。在同一幅图像中，物体和背景的表面颜色常常具有空间连贯性（如图 6-2 所示），即规则物体和规则背景（所谓规则是指表面颜色分布是有序的而不是完全杂乱无章的）的表面物理特征具有相关性。即使像素块不是由同一种颜色构成的，但一个点的颜色值和周围点的平均值离得较远的概率比靠得较近的概率小得多。因此，如果存储每一个像素点的数据将会造成极大的浪费。这些相关性在数字化图像中就表现为空间冗余。

图 6-2　空间冗余例子

2）时间冗余

这是音频和序列图像（动画和视频）中所经常包含的冗余。由于音频和序列图像数据是连续渐变，而不是完全在时间上独立的过程，因而存在时间冗余。例如，音频相邻采样点数据的幅度值非常相近；图像序列中的两幅相邻的图像，后一幅图像与前一幅图像之间有较大的相关性，甚至几乎完全相同（如图 6-3 所示）。

3）信息熵冗余

信息熵是指一组数据所携带的信息量。它的一般定义为：

图 6-3　时间冗余例子

$$H = -\sum_{i=0}^{N-1} P_i \log_2 P_i$$

其中 H 为信息熵，N 为数据类数或码元个数，P_i 为 y_i 发生的概率。由定义可得，为使单数据量 d 接近于或等于 H，应设

$$d = \sum_{i=0}^{N-1} P_i \times b(y_i)$$

其中 d 为单位数据量，N 为数据类数或码元个数，$b(y_i)$ 是分配给码元 y_i 的比特数，理论上应取 $b(y_i) = -\log_2 P_i$。实际上在应用中很难估计出 $\{P_0, P_1, \cdots, P_{n-1}\}$。因此一般取

$$b(y_0) = b(y_1) = \cdots = b(y_{N-1})$$

例如，英文字母编码码元长为 7b，即 $b(y_0) = b(y_1) = \cdots = b(y_{N-1}) = 7$，这样所得的 d 必然大于 H，由此带来的冗余称为信息熵冗余或编码冗余。

4) 结构冗余

有些图像从大的区域上看存在着非常强的纹理结构，这些纹理结构通常是较规则的，如布纹图像和草席图像，即称它们在结构上存在冗余，如图 6-4 所示。

图 6-4　结构冗余的例子

5) 知识冗余

知识是人类独有的，凭借经验就可以辨识事物，无需进行全面的比较和鉴别。但计算机则没有经验可循，只能按部就班地扫描和处理数据，计算机的这种与人类的差异所造成的数据冗余就是知识冗余。对于许多图像的理解与某些基础知识有相当大的相关性，比如，人类凭借先验知识和背景知识就可以轻松知道，人脸的图像有固定的结构，嘴的上方有鼻子，鼻子的上方有眼睛，鼻子位于正面图像的中线上等，看到这样的图片就知道是人脸，而忽略掉与主题无关的不敏感像素，因而其数据量比由计算机逐个像素描述的图像少得多。

6.1.3　压缩和解压缩分类和衡量标准

数据压缩就是去掉信号数据的冗余性，与此对应，数据压缩的逆过程称为数据解压缩，也称数据解码。多媒体数据压缩技术按照数据来源的不同，可以通过使用不同的数据模型和算法组合得到最有效的压缩效果，也因此产生了不同种类的压缩编码。

1. 有损压缩编码和无损压缩编码

根据压缩过程中是否减少了熵，目前常用的压缩编码方法可以分为两大类：一类是

无损压缩编码法(lossless compression coding),也称冗余压缩法或熵编码法;另一类是有损压缩编码法(loss compression coding),也称为熵压缩法。详细的分类如图 6-5 所示。

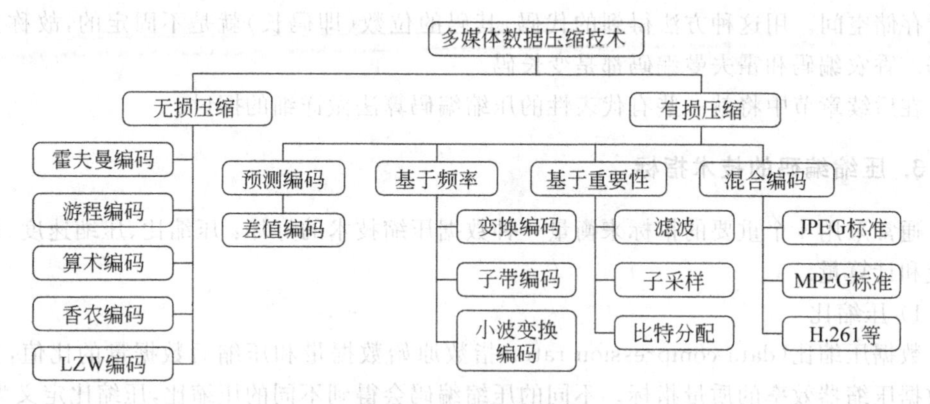

图 6-5 压缩编码分类

无损压缩去掉或减少了数据中的冗余,但并不减少信息量,减少的数据冗余值是可以重新插入到数据中的,因此,这种压缩是可逆的,不会产生失真。无损压缩方法有霍夫曼编码、游程编码、算术编码、香农编码和 LZW 编码等。一般用于文本数据、特殊应用场合的图像数据(如指纹图像、医学图像等)以及应用软件的压缩,它能保证完全地恢复原始数据。但这种方法的压缩比较低,如霍夫曼编码、游程编码和 LZW 编码的压缩比一般在 2∶1～5∶1 之间。

有损压缩不但减少了数据量,还减少了信息量,解压缩后,损失的信息是不能再恢复的,因此这种压缩是不可逆的。在信息论中,平均信息量定义为熵,因此有损压缩也称为熵压缩法。常用的有损压缩方法有很多,包括预测编码、变换编码和子带编码等,其中预测编码和变换编码是最常见的实用压缩编码方法。有损压缩由于允许一定程度的失真,而失真程度在可接受范围内,因此广泛应用于语音、图像和视频的数据压缩。

此外,还有一些编码采用混合编码。如 JPEG、MPEG 等标准,它对自然景物的灰度图像一般可压缩几倍到几十倍,而对于自然景物的彩色图像,压缩比将达到几十倍甚至上百倍;采用自适应差分脉冲编码调制的声音数据,压缩比通常能做到 4∶1～8∶1;动态视频数据的压缩比最为可观,采用混合编码的多媒体系统,压缩比通常可达 100∶1～400∶1。

2. 定长编码和变长编码

根据编码后产生的码词长度是否相等,数据编码又可分为定长码和变长码两类。

定长码(fixed-length code)即采用相同的位数对数据进行编码。大多数存储数字信息的编码系统都采用定长码,如常用的 ASCII 码就是定长码,其码长为 1B;汉字国标码也是定长码,其码长为 2B。

变长码(variable-length code)即采用不相同的位数对数据进行编码,以节省存储空间。例如,不同的字符或汉字出现的概率是不同的,有的字符出现的概率非常高,有的则非常低,根据统计,英文字母中“E”的使用概率约为 13%,而字母“Z”的使用概率则为 0.08%;又如大多数图像常含有单色的大面积图块,而且某些颜色比其他颜色出现得更频繁。为了节省空间，在对数据进行编码时，就有可能对那些经常出现的数据指定较少的位数表示，而对那些不常出现的数据指定较多的位数表示，这样从总的效果看还是节省了存储空间。用这种方法得到的代码，其码的位数(即码长)就是不固定的，故称为变长码。香农编码和霍夫曼编码都是变长码。

在后续章节中将就一些有代表性的压缩编码算法做详细的探讨。

3. 压缩编码的技术指标

通常采用4个重要的指标来衡量一种数据压缩技术的好坏：压缩比、压缩速度、压缩质量和计算量。

1) 压缩比

数据压缩比(data compression ratio)指数原始数据量和压缩后数据量的比值，是衡量数据压缩器效率的质量指标。不同的压缩编码会得到不同的压缩比，压缩比定义为：

$$R=\text{输出流大小}/\text{输入流大小}$$

其物理含义是被压缩之后的数据流长度所占原始输入数据流长度的百分比。当$R<1$时，表示是压缩；$R>1$，则表示不再是压缩，而是扩大。

例如，在利用MPEG-1、MPEG-2和MPEG-4三个方案对音频进行压缩的过程中，MPEG-1方案的音频压缩比是1∶4；MPEG-2方案的音频压缩比是1∶6～1∶8；MPEG-4方案则可以达到1∶10～1∶12的压缩比；如果用MPEG对图像进行压缩，压缩比可高达1∶200。

2) 压缩速度

压缩速度是指编码或解码的快慢程度。在不同的应用场合，人们对压缩速度的要求是不同的。在对称压缩时，压缩和解压缩的速度都要求很快，即实时进行；而对于非对称压缩，对压缩速度没有过高要求，但解压缩速度则必须是实时的。

压缩速度用KB/s表示，如WinRAR软件的压缩速度为448.1KB/s。一般来说，压缩软件的压缩速度应该在300～500KB/s之间。

3) 压缩质量

压缩质量是指压缩后对媒体的感知效果，只有有损压缩会影响人对媒体的感知效果。压缩质量的好坏与压缩算法、数据内容和压缩比有密切的关系。以图像压缩为例，通常用5个等级来衡量压缩质量，如表6-2所示。

表6-2 图像压缩质量

序 号	感知效果	等 级
1	图像感觉无变化	优
2	图像感觉稍有变化，但不易察觉	良
3	图像有变化，有一定感知	中
4	图像有明显变化，感知明显	差
5	图像模糊不清，感知很差	劣

4) 计算量

数据压缩需要进行大量的计算，但从目前的技术来看，压缩计算量比解压缩计算量要大,例如动态图像压缩编码的计算量约为解压缩计算量的4倍。

6.2 数据压缩算法

数据压缩技术的核心是压缩算法,本节将就其中有代表性的几类算法做详细介绍。

6.2.1 霍夫曼编码

统计编码是根据信源符号出现频率的分布特性而进行的压缩编码,使用变长码,对出现概率较高的数据分配短码,而出现概率较低的数据分配长码,这样可以使总数据量降低,从而达到压缩数据的目的,属于无损压缩编码。

霍夫曼(Huffman)编码是统计编码的一种,是霍夫曼在1952年提出的一种编码方法。它的基本原理是按信源符号出现的概率大小进行排序,概率大的分配短码,概率小的分配长码。生成霍夫曼编码算法基于一种称为"编码树"(coding tree)的技术。算法步骤如下:

(1) 将信源根据符号出现概率的大小按递减的顺序进行排序。

(2) 把概率最小的两个符号的概率相加合并,组成一个新符号(节点),新符号的概率等于这两个符号概率之和。

(3) 重复进行步骤(1)和(2),直到概率的和值等于1为止。

(4) 从编码树的根开始回溯到原始的符号,并将每一下分支赋值为1,上分支赋值为0。

(5) 最后记录下从概率1开始到当前信源符号之间的0、1序列,得到每个符号的编码。

以下用一个简单例子说明霍夫曼编码的编码过程。

(1) 字母A,B,C,D,E已被编码,相应的出现概率如下:

$P(A)=0.16$, $P(B)=0.51$, $P(C)=0.09$, $P(D)=0.13$, $P(E)=0.11$

(2) 其中$P(C)$和$P(E)$概率值为最小的两个,被排在第一棵二叉树中作为树叶。它们的根节点CE的组合概率为$P(CE)=P(C)+P(E)=0.20$。从CE到C的一边被标记为1,从CE到E的一边被标记为0。

(3) 现在各节点相应的概率为:

$P(A)=0.16, P(B)=0.51, P(CE)=0.20, P(D)=0.13$

$P(D)$和$P(A)$为概率最小的两个节点,将这两个节点作为叶子组合成一棵新的二叉树。根节点AD的组合概率为$P(AD)=P(A)+P(D)=0.29$。由AD到A的一边标记为1,由AD到D的一边标记为0。

如果不同的二叉树的根节点有相同的概率,那么具有从根节点到叶节点最短的最大路径的二叉树应先生成。这样能保持编码的长度基本稳定。

(4) 剩下节点的概率如下:

$P(AD)=0.29, P(B)=0.51, P(CE)=0.20$

P(AD)和P(CE)两节点的概率最小,再将它们生成一棵二叉树。其根节点 ADCE 的组合概率为 0.49。由 ADCE 到 AD 一边标记为 0,由 ADCE 到 CE 的一边标记为 1。

(5) 最后两个节点相应的概率如下:

P(ADCE)=0.49,P(B)=0.51

它们生成最后一棵根节点为 ADCEB 的二叉树。由 ADCEB 到 B 的一边记为 1,由 ADCEB 到 ADCE 的一边记为 0。

(6) 图 6-6 为霍夫曼编码。编码结果被存放在一个表中:

w(A)=001, w(B)=1, w(C)=011, w(D)=000, w(E)=010

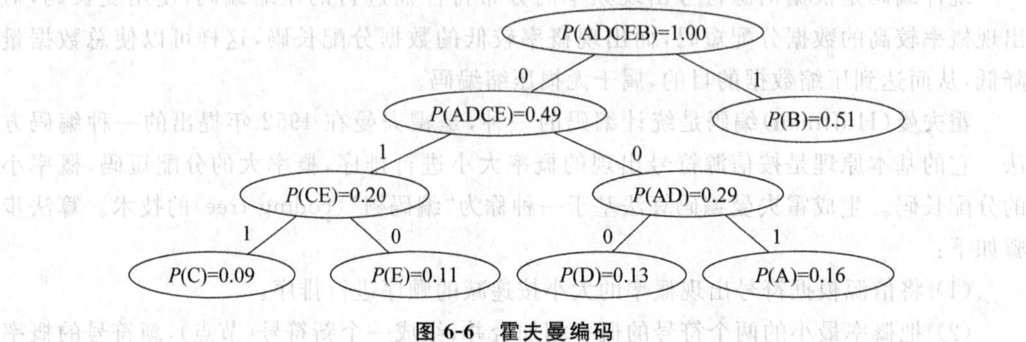

图 6-6 霍夫曼编码

从霍夫曼编码的过程可知,其编码并不唯一,当几个节点的概率值相等时,选择方式的不同和构造新节点的两个子节点位置关系的不同都可以导致不同的编码,但不同编码方案的平均码长基本一致。

霍夫曼编码的不足之处是:

(1) 霍夫曼码没有错误保护功能。在译码时,如果码串中没有错误,那么就能一个接一个地正确译出代码;但如果码串中有错误,哪怕仅仅是 1 位出现错误,也会引起一连串的错误,这种现象称为错误传播(error propagation)。计算机对此错误无法查出错在何处,也无法纠正错误。

(2) 霍夫曼码是可变长度码,因此很难随意查找或调用压缩文件中间的内容,然后再译码,这就需要在存储代码之前加以考虑。

尽管如此,霍夫曼码还是得到广泛应用。

6.2.2 算术编码

霍夫曼编码使用整数个二进制位对符号进行编码,这种方法在许多情况下无法得到最优的压缩效果。假设某个字符的出现概率为 80%,该字符事实上只需要 $-\log_2 0.8=0.322$ 位编码,霍夫曼编码一定会为其分配一位 0 或一位 1 的编码,整个信息的 80%在压缩后都几乎相当于理想长度的 3 倍左右长度。

算术编码是另一种利用信源概率分布特性、能够趋近熵极限的编码方法。与霍夫曼编码不同的是,算术编码不是将单个信源符号映射成一个码字,而是把信源符号表示为实数 0~1 的一个区间(interval,也称子区间),其长度等于该消息的概率,消息序列中的每个元素都要用来缩短这个区间。消息序列中元素越多,所得到的区间就越小,就需要更多的数位来表示这个区间。再在该区间内选择一个代表性的小数,转化为二进制作为实际的编码输出。

算术编码用到两个基本的参数:符号的概率和它的编码间隔。信源符号的概率决定压缩编码的效率,也决定编码过程中信源符号的间隔,而这些间隔包含在0～1之间。编码过程中的间隔决定了符号压缩后的输出。

给定事件序列的算术编码步骤如下:

(1) 编码器在开始时将"当前间隔"[L,H) 设置为[0,1)。

(2) 对每一事件,编码器按以下的步骤①和②进行处理:

① 编码器将"当前间隔"分为子间隔,每个事件一个。

② 一个子间隔的大小与下一个将出现的事件的概率成比例,编码器选择子间隔与下一个确切发生的事件相对应,并使它成为新的"当前间隔"。

(3) 最后输出的"当前间隔"的下边界就是该给定事件序列的算术编码。

算术编码器的编码解码过程可用以下例子演示和解释。

假设信源符号为{A,B,C,D},这些符号的概率分别为{ 0.1,0.4,0.2,0.3 },根据这些概率可把间隔[0,1]分成4个子间隔:[0,0.1),[0.1,0.5),[0.5,0.7),[0.7, 1],其中[x,y)表示半开放间隔,即包含x、不包含y。上面的信息可综合在表6-3中。

表 6-3 信源符号、概率和初始编码间隔

符　　号	A	B	C	D
概率	0.1	0.4	0.2	0.3
初始编码间隔	[0, 0.1)	[0.1, 0.5)	[0.5, 0.7)	[0.7, 1]

如果二进制消息序列的输入为CADACDB。编码时首先输入的符号是C,找到它的编码范围是[0.5,0.7)。由于消息中第2个符号A的编码范围是[0,0.1),因此它的间隔就取[0.5, 0.7)的第一个1/10即[0.5,0.52)作为新间隔。依此类推,编码第3个符号D时取新间隔为[0.514, 0.52),编码第4个符号A时取新间隔为[0.514, 0.5146),……。消息的编码输出可以是最后一个间隔中的任意数。整个编码过程如图6-7所示。

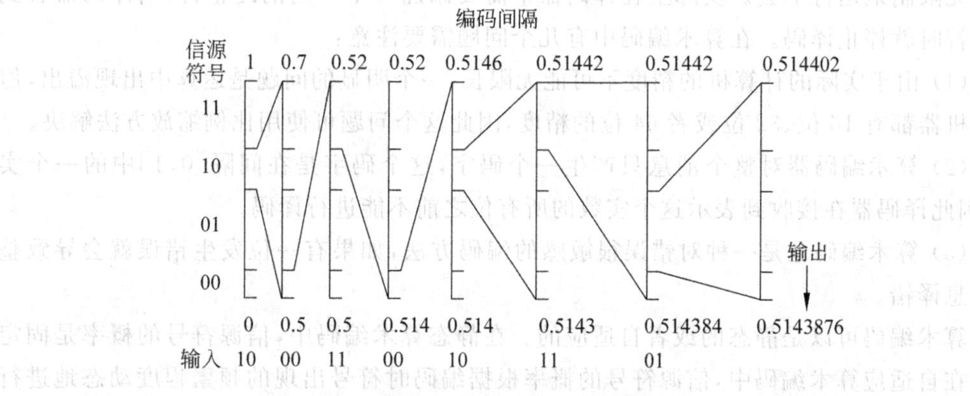

图 6-7 算术编码过程举例

本例的编码和译码的全过程分别表示在表 6-4 和表 6-5 中。

表 6-4 编码过程

步骤	输入符号	编码间隔	编码判决
1	C	[0.5, 0.7)	符号的间隔范围[0.5, 0.7)
2	A	[0.5, 0.52)	[0.5, 0.7)间隔的第 1 个 1/10
3	D	[0.514, 0.52)	[0.5, 0.52)间隔的最后 1 个 1/10
4	A	[0.514, 0.5146)	[0.514, 0.52)间隔的第 1 个 1/10
5	C	[0.5143, 0.51442)	[0.514, 0.5146)间隔的第 5 个 1/10 开始,2 个 1/10
6	D	[0.514384, 0.51442)	[0.5143, 0.51442)间隔的最后 3 个 1/10
7	B	[0.5143836, 0.514402)	[0.514384,0.51442)间隔的 4 个 1/10,从第 1 个 1/10 开始
8	从[0.5143876, 0.514402)中选择一个数作为输出:0.5143876		

表 6-5 译码过程

步骤	间隔	译码符号	译码判决
1	[0.5, 0.7)	C	0.51439 在间隔 [0.5, 0.7)
2	[0.5, 0.52)	A	0.51439 在间隔[0.5, 0.7)的第 1 个 1/10
3	[0.514,0.52)	D	0.51439 在间隔[0.5, 0.52)的第 7 个 1/10
4	[0.514,0.5146)	A	0.51439 在间隔[0.514, 0.52)的第 1 个 1/10
5	[0.5143,0.51442)	C	0.51439 在间隔[0.514, 0.5146)的第 5 个 1/10
6	[0.514384,0.51442)	D	0.51439 在间隔[0.5143, 0.51442)的第 7 个 1/10
7	[0.51439, 0.5143948)	B	0.51439 在间隔[0.51439,0.5143948)的第 1 个 1/10
8	译码的消息:CADACDB		

在上面的例子中,假定编码器和译码器都知道消息的长度,因此译码器的译码过程不会无限制地运行下去。实际上在译码器中需要添加一个专门的终止符,当译码器看到终止符时就停止译码。在算术编码中有几个问题需要注意:

(1) 由于实际的计算机的精度不可能无限长,一个明显的问题是运算中出现溢出,但多数机器都有 16 位、32 位或者 64 位的精度,因此这个问题可使用比例缩放方法解决。

(2) 算术编码器对整个消息只产生一个码字,这个码字是在间隔[0,1]中的一个实数,因此译码器在接收到表示这个实数的所有位之前不能进行译码。

(3) 算术编码也是一种对错误很敏感的编码方法,如果有一位发生错误就会导致整个消息译错。

算术编码可以是静态的或者自适应的。在静态算术编码中,信源符号的概率是固定的。在自适应算术编码中,信源符号的概率根据编码时符号出现的频繁程度动态地进行修改,这是因为事先知道精确的信源概率很难,而且不切实际。当压缩消息时,不能期待一个算术编码器获得最大的效率，所能做的最有效的方法是在编码过程中估算概率。因此动态建模就成为确定编码器压缩效率的关键。

6.2.3 游程编码

游程编码(Run-Length Encoding,RLE)是一种非常简单的数据压缩编码形式，适用于静态图像，是 Windows 系统中使用的一种图像文件压缩方法，也是 BMP、PCX 和 TIFF 等图像压缩技术的一部分，在 PDF 文件格式中也得到应用，但是存在着不同的实现技术和文件格式。

RLE 编码的基本编码原则是：重复的数据值序列(或称为“流”)用一个重复次数和单个数据值来代替。这里，重复的值称为一个“连续”。实际应用时，RLE 编码有多种形式：

一种常用的格式是由一个控制符、一个重复次数字节和一个被重复的字符构成的 3 字节码词，如图 6-8 所示。

控制符	重复次数	被重复字符

图 6-8 3 字节码词格式

例如，有字符串 RTAAAASDEEEEE，采用 3 字节 RLE 编码后为 RT*4ASD*5E。其中，*4A 代替了重复的数据值序列 AAAA，*5E 代替了 EEEEE，特殊字符 * 为控制符，表示一个 RLE 编码的开始，后面的数字表示重复的次数，数字后的单个字符是被重复的字符。显然，只有重复字符数为 4 或大于 4 时，3 字节 RLE 编码效率才高，因为一个重复至少需要 3 个符号来表示。

另外一种常用格式是去除 3 字节码词中的控制符，只采用 2 字节码词。例如，有字符串 aaaaabbbbbbbcccaae，采用 2 字节 RLE 编码得到的代码为 5a7b3c2a1e。

解码时按照与编码时采用的相同规则进行，还原后得到的数据与压缩前的数据完全相同。因此，RLE 编码属于无损压缩技术。

由此可见，RLE 编码对数据重复量大的情况是非常高效率的，特别是对在同一行上具有较多连续的相同颜色的像素点的静态图像。图像中，沿一定方向排列的，具有相同颜色值的像素点被看成是连续符号，RLE 编码存储的不是每一个像素的颜色值，而是一个像素的颜色值以及具有相同颜色的像素数目，或存储一个像素的颜色值以及具有相同颜色值的行数。

因此，RLE 编码所能获得的压缩比有多大，主要取决于图像本身的特点。如果图像中具有相同颜色的图像块越大，图像块数目越少，获得的压缩比就越高；反之，处理颜色丰富的图像时效果较差，压缩比小。例如，假设有颜色字符串 GBRG，则经此方法压缩后变成了 1G1B1R1G，反而使数据串的长度增加了一倍。因此，具体实现时，RLE 编码需要和其他的压缩编码技术联合应用。

6.2.4 词典编码

前面介绍的霍夫曼编码、算术编码和游程编码都是建立在编码数据的统计特性上的，但也有许多场合开始时不知道、也不允许知道编码数据的统计特性。对于这类数据，人们提出了通用编码技术，在实际编码过程中以尽可能获得最大的压缩比。词典编码(dictionary encoding)就是属于这一类。

词典编码属于无损压缩技术，其编码依据是数据本身包含有重复代码序列这个特性。例如文本文件(码词表示字符)和光栅图像(码词表示像素)就具有这种特性。词典编码法的种类很多，下面主要介绍其中的两种。

第一类词典法的想法是企图查找正在压缩的字符序列是否在前面的输入数据中出现过，如果是，则用指向早期出现过的字符串的"指针"替代重复的字符串。这里所指的"词典"是指用以前处理过的数据来表示编码过程中遇到的重复部分，编码思想如图 6-9 所示。这类词典法的代表算法有 LZ77 算法和 LZSS 算法。

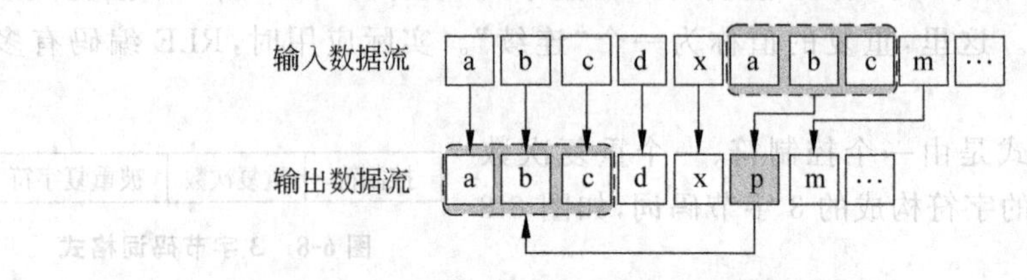

图 6-9　第一类词典法编码概念

第二类算法的想法是企图从输入的数据中创建一个"短语词典(dictionary of the phrases)"，这种短语不一定是像"多媒体技术"之类具有具体含义的短语，可以是任意字符的组合。编码数据过程中当遇到已经在词典中出现的"短语"时，编码器就输出这个词典中的短语的"索引号"，而不是短语本身。编码思想如图 6-10 所示。这类词典的代表算法有 LZ78 算法和 LZW 算法。

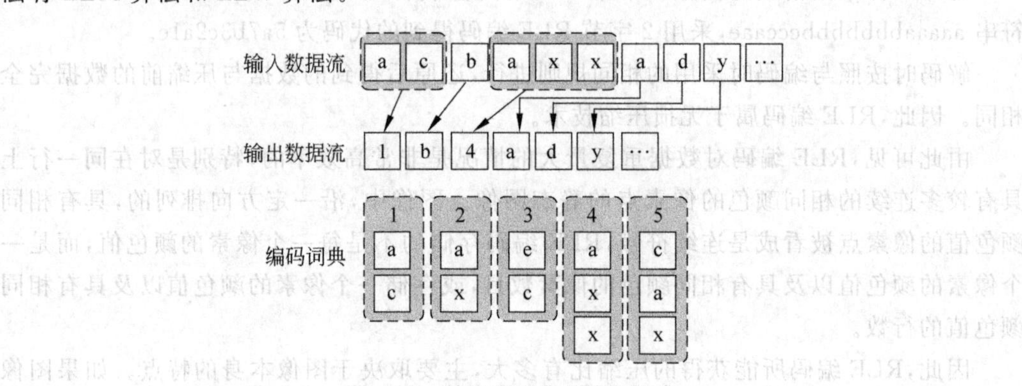

图 6-10　第二类词典法编码概念

6.2.5　预测编码

1. 预测编码的原理

预测编码是根据离散信号之间存在着一定关联性的特点，利用前面一个或多个信号预测下一个信号，然后对实际值和预测值的差(预测误差)进行编码。如果预测比较准确，误差就会很小。在同等精度要求的条件下，就可以用比较少的比特进行编码，达到压缩数据的目的。预测编码属于有损压缩编码。

预测编码的步骤如下：

(1) 建立一个供预测用的数学模型。

(2) 利用以往的样本数据对新样本值进行预测。

(3) 将预测值与实际值相减，对其差值进行编码。

预测编码主要是减少了数据时间和空间上的相关性，即针对时间冗余和空间冗余，尤其对于时间序列数据有着广泛的应用价值，较适合于声音和图像数据的压缩。在第3章中介绍的几种波形编码方式：自适应脉冲编码调制(APCM)、差分脉冲编码调制(DPCM)、自适应差分脉冲编码调制(ADPCM)等，都属于预测编码。

预测编码的优点是直观、简捷、易于实现，特别是用于硬件实现；但压缩能力有限，如DPCM只能压缩到2～4b像素。

2. 差分脉冲编码调制(DPCM)

在PCM系统中，原始的模拟信号经过采样后得到的每一个样值都被量化成为数字信号。为了压缩数据，可以不对每一个样值都进行量化，而是预测下一个样值，并量化实际值与预测值之间的差值，这就是差分脉冲编码调制(DPCM)。

以图像数据压缩为例，相邻像素之间往往有很强的相关性，比如当前像素的灰度或颜色信号，在数值上与其相邻像素总是比较接近，除非处于边界状态。用DPCM求当前像素的灰度或颜色信号的数值时，可用前面已出现的像素的值进行预测(估计)，得到一个预测值(估计值)，再将实际值与预测值求差，对这个差值信号进行编码、传送。

DPCM编码解码系统由3部分组成：第一部分是发送端，由编码器、量化器组成；第二部分是接收端，包括解码器和预测器等；第三部分是信道传送部分，如图6-11所示。图中：

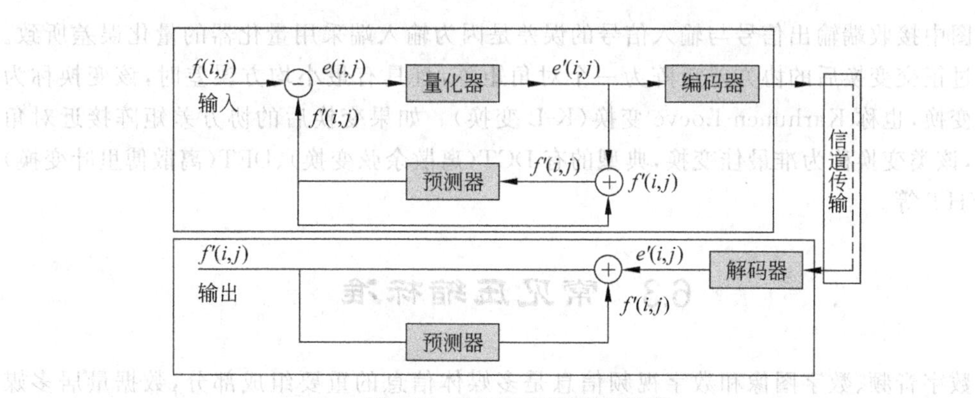

图6-11 DPCM系统原理框图

$f(i,j)$——输入信号，是坐标为(i,j)的像素点的实际灰度值。

$f'(i,j)$——预测值，根据已出现的先前相邻像素点的灰度值对该像素点的预测灰度值。

$e(i,j)$——预测误差，是$f(i,j)$和$f'(i,j)$的差值。

$e'(i,j)$——是 $e(i,j)$ 经过量化器量化后的输入信息。

编码时对量化后的预测误差 $e'(i,j)$ 进行编码，解码时将码值加上预测值，然后进行恢复，从而得到原始数据。

6.2.6 变换编码

变换编码是指先对信号进行某种函数变换，从一种信号（空间）变换到另一种信号（空间），然后再对信号进行编码。如将时域信号变换到频域，因为声音、图像大部分信号都是低频信号，在频域中信号的能量较集中，再进行采样和编码，那么可以肯定能够压缩数据。

变换编码系统中压缩数据有变换、变换域采样和量化 3 个步骤。变换本身并不进行数据压缩，它只把信号映射到另一个域，使信号在变换域里容易进行压缩，变换后的样值更独立和有序。这样，量化操作通过比特分配可以有效地压缩数据。

在变换编码系统中，用于量化一组变换样值的比特总数是固定的，它总是小于对所有变换样值用固定长度均匀量化进行编码所需的总数，所以量化使数据得到压缩，是变换编码中不可缺少的一步。在对量化后的变换样值进行比特分配时，要考虑使整个量化失真最小。

变换编码是一种间接编码方法。它是将原始信号经过数学上的正交变换后，得到一系列的变换系数，再对这些系数进行量化、编码和传输。图 6-12 是变换编码系统框图。

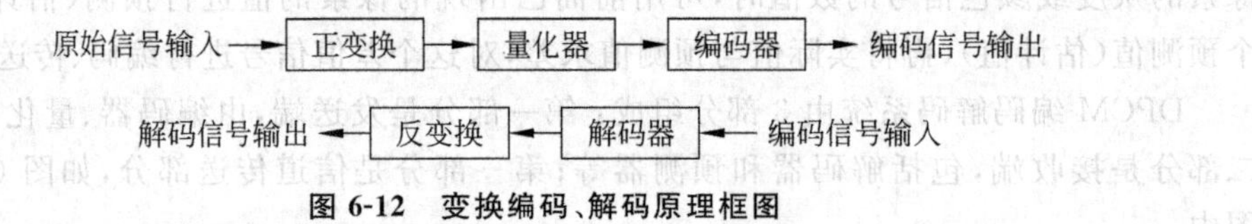

图 6-12 变换编码、解码原理框图

图中接收端输出信号与输入信号的误差是因为输入端采用量化器的量化误差所致。当经过正交变换后的协方差矩阵为一个对角矩阵，且具有最小均方误差时，该变换称为最佳变换，也称 Karhunen-Loeve 变换（K-L 变换）。如果变换后的协方差矩阵接近对角矩阵，该类变换称为准最佳变换，典型的有 DCT（离散余弦变换）、DFT（离散傅里叶变换）和 WHT 等。

6.3 常见压缩标准

数字音频、数字图像和数字视频信息是多媒体信息的重要组成部分，数据量居多媒体信息量的首位。因此，数字图像和视频信息的压缩编码技术成为多媒体技术的关键之一。前面介绍了很多压缩有关的算法，为了更好地对多媒体信息进行压缩和应用，在压缩算法的基础上，国际组织相继推出了多个有关的压缩标准。本节重点介绍静态图像压缩标准 JPEG、运动图像压缩标准 MPEG 和音频压缩标准。

6.3.1 静态图像压缩标准 JPEG

JPEG(Joint Photographic Experts Group)是一个由国际标准化组织(ISO)和国际电工技术委员会(IEC)两个组织机构联合组成的一个专家组,负责制定静态的数字图像数据压缩编码标准,这个专家组开发的算法称为JPEG算法,并且成为国际上通用的标准,因此又称为JPEG标准。JPEG是一个适用范围很广的静态图像数据压缩标准,既可用于灰度图像,又可用于彩色图像,可以支持很高的图像分辨率和量化精度。用JPEG标准编码的图像文件后缀名为jpg或jpeg,是一种支持8位和24位色彩的压缩位图格式,适合在网络(Internet)上传输,是非常流行的图形文件格式。

JPEG已开发了3个图像标准。第一个直接称为JPEG标准,正式名称叫"连续色调静止图像的数字压缩编码",于1992年正式通过。

JPEG开发的第二个标准是JPEG-LS,JPEG-LS也是静止图像无损编码,能提供接近有损压缩的压缩率。

JPEG的最新标准是JPEG 2000(ISO 15444),于2000年底成为正式标准。根据JPEG专家组的目标,该标准将不仅能提高对图像的压缩质量,尤其是低码率时的压缩质量,而且还将得到许多新功能,包括根据图像质量、视觉感受和分辨率进行渐进传输,对码流的随机存取和处理,开放结构,向下兼容等。

JPEG定义了两种基本的压缩算法:

(1) 基于离散余弦变换(Discrete Cosine Transform,DCT)的有损压缩算法。

(2) 基于空间预测技术的无损压缩算法。

使用有损压缩算法时,在压缩比为25:1的情况下,压缩后还原得到的图像与原始图像相比较,非图像专家难于找出它们之间的区别,因此得到了广泛的应用。例如,在VCD和DVD-Video电视图像压缩技术中,就使用JPEG的有损压缩算法来取消空间方向上的冗余数据。为了在保证图像质量的前提下进一步提高压缩比,JPEG专家组制定的JPEG 2000(简称JP 2000)标准中采用了小波变换(wavelet)算法。

JPEG编码的基本处理过程如图6-13所示,包括图像准备、图像处理、量化和熵编码4步:

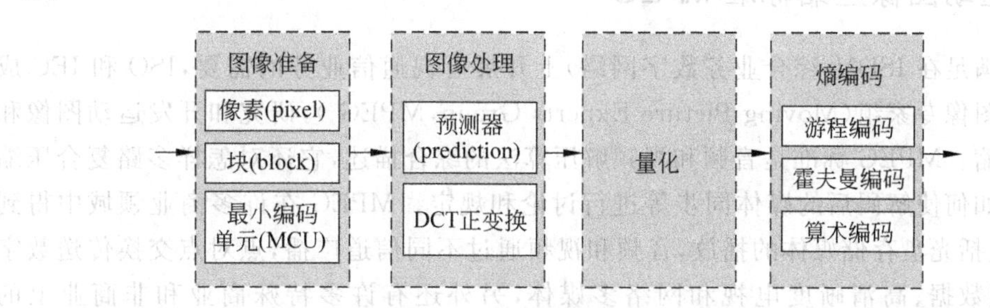

图6-13 JPEG编码的基本处理过程

(1) 图像准备:即对图像进行预处理。JPEG标准将把整个图像分成8×8的像素块,按照从左到右,从上到下的光栅扫描方式进行排序,如图6-14所示。

(2) 图像处理：将 8×8 的像素块通过 DCT 进行变换。

(3) 量化：对 64 个 DCT 系数进行标量量化。标准中规定了量化表，按量化表对变换所获得的系数进行量化。对于有损压缩算法，JPEG 算法使用均匀量化器进行量化。

(4) 熵编码：将 DCT 系数量化后，再按照图 6-15 所示的 Z 字型方式将块中的系数排序，这样就把一个 8×8 的矩阵变成了一个 1× 64 的矢量，频率较低的系数放在矢量的顶部。然后对这个结果进行游程编码、霍夫曼编码或算术编码。

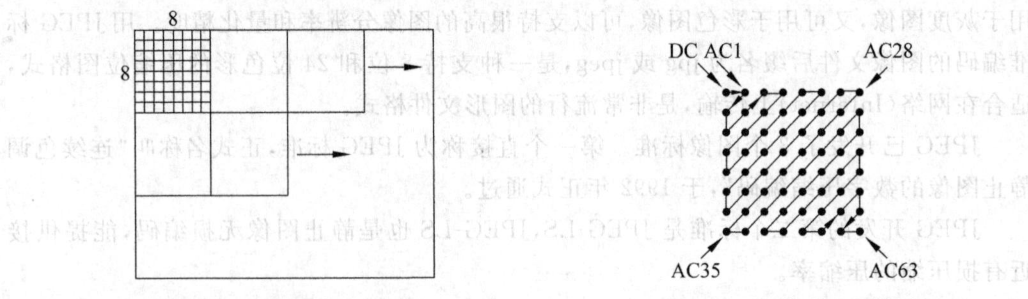

图 6-14 图像块排序

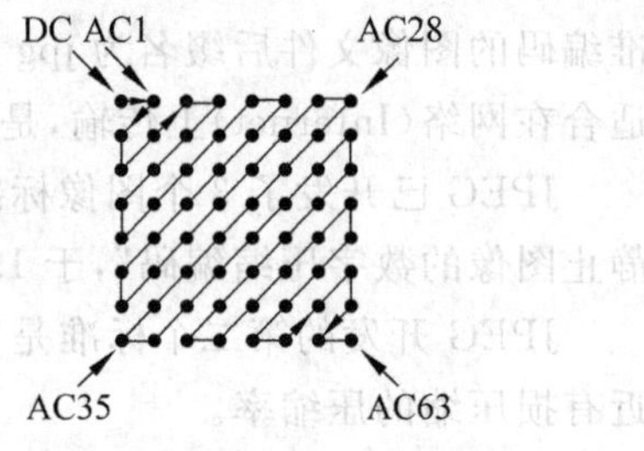

图 6-15 系数的 Z 形排序

JPEG 确定的目标是：

(1) 达到(近乎)完美的图像质量。

(2) 可以压缩任何连续色调的静止图片，包括灰度和色彩，任意的色彩空间和大多数尺寸。

(3) 可适用于大部分通用的计算机平台，硬件实现条件适中。

JPEG 算法的平均压缩比为 15∶1 。当压缩比大于 50 倍时将可能出现方块效应。JPEG 的性能用质量与比特率之比来衡量是相当优越的，尤其是它的复杂度之低和使用时间之长，更是给人以深刻的影响。

JPEG 花费了大量的时间，致力于图像的压缩和实现。他们在思维上创新并且拥有精湛的技术，终于使 JPEG 静止图片压缩技术成为一种最广泛认可的标准。JPEG 的基本压缩方式已成为一种通用的技术，很多应用程序都采用了与之相配套的软硬件。

6.3.2 运动图像压缩标准 MPEG

为了满足在 ISDN(综合业务数字网络)上开展可视通信业务的需要，ISO 和 IEC 成立了运动图像专家组(Moving Picture Experts Group，MPEG)，研究和开发运动图像和音频的压缩。MPEG 标准是音频和视频解压算法的综合描述，它还对怎样多路复合压缩比特流和如何使解码后的媒体同步等进行讨论和规定。MPEG 在许多商业领域中得到了应用，包括光盘存储媒体的播放，音频和视频通过不同信道广播，点对点交换传送数字音频、视频数据、高清晰度电视和网络多媒体，另外还有许多特殊商业和非商业上的应用。

MPEG 开发的标准通常称为 MPEG 标准。到目前为止，已经开发和正在开发的 MPEG 标准有：

(1) MPEG-1 标准(信息技术——用于数据率 1.5Mb/s 的数字存储媒体的电视图像

和伴音编码)。于1991年被ISO/IEC采纳，由系统、视频、音频、一致性测试和软件模拟5个部分组成。针对1.5Mb/s以下数据传输率的数字存储媒体运动图像及其伴音编码，如VCD等，这种视频格式的文件扩展名包括mpg、mlv、mpe、mpeg及VCD光盘中的dat文件等。标准号为ISO/IEC 11172。

(2) MPEG-2标准(信息技术——活动图像和伴音信息的通用编码)。制定于1994年，设计目标为高级工业标准的图像质量以及更高的传输率，包含9个部分：系统、视频、音频、一致性测试、软件模拟、数字存储媒体命令和控制(DSM-CC)扩展协议、先进音频编码(AAC)、系统解码器实时接口扩展协议和DSM-CC一致性扩展测试。基本位速率为4～8Mb/s，最高达15Mb/s。MPEG-2主要应用于数字存储媒体、广播电视和通信，如DVD/SVCD和HDTV。这种视频格式的文件扩展名包括mpg、mpe、mpeg、m2v及DVD光盘上的vob文件等。标准号为ISO/IEC 13818。

(3) MPEG-4标准(甚低速率视听编码)。制定于1998年，是为了播放流式媒体的高质量视频而专门设计的，可利用很窄的带宽，通过帧重建技术压缩和传输数据，以求使用最少的数据获得最佳的图像质量。码率为5～64kb/s。MPEG-4标准是一个开放、灵活、可扩展的结构形式，随时可以加入新的算法，并根据应用要求来配置解码器。最有吸引力的地方在于它能够保存接近于DVD画质的小体积视频文件。标准号为ISO/IEC 14496。

(4) MPEG-7标准(多媒体内容描述接口)。是一个关于表示音/视信息的标准，规定了一套描述不同多媒体信息的描述符，这些描述符与多媒体信息的内容结合起来，支持用户对感兴趣的内容进行快速检索。它的7个组成部件中，系统、描述定义语言(DDL)、视频、音频和多媒体描述方案等已经成为正式标准。标准号为ISO/IEC 15938。

(5) MPEG-21标准(多媒体框架)。是一些关键技术的集成，通过这种集成环境对全球数字媒体资源进行透明和增强管理，实现内容描述、创建、发布、使用、识别、收费管理、产权保护、用户隐私权保护、终端和网络资源抽取、事件报告等功能。已开始了4个部分，标准号为ISO/IEC 21000。

6.3.3 音频压缩编码技术标准

1. 语音压缩解压标准

国际电报电话咨询委员会(CCITT)和国际标准化组织(ISO)先后提出一系列有关音频编码的建议，表6-6中列出了一些语音压缩解压标准。

表6-6 语音压缩/解压标准

类　型	产生时间	比特率/kb/s	MOS
G.711 PCM(对PSTN)	1972	64	4.4
G.721 ADPCM(对PSTN)	1984	32	4.1
G.722(带宽7kHz)	1988	64	
G.723.1(H.323和H.324)	1996	6.3	3.98
G.728(低延时CELP)	1992	16	4.0
G.729 Annex A	1996	8	

(1) G.711标准：1972年由CCITT(现称为ITU-T)制定，是为电话质量的语音压缩制定的脉冲编码调制(PCM)标准，其速率为64kb/s，采用非线性量化μ律或A律，其质量相当于12b线性量化。主要应用于公共电话网。

(2) G.721标准：是1984年CCITT公布的自适应差分脉冲编码调制(ADPCM)标准，能对中等电话质量要求的信号进行高效编码，速率为32kb/s。最初是面向卫星通信、长距离通信以及信道价格很高的线路的语音传输，目前其应用包括电视会议的语音编码、为提高线路利用率的多媒体多路复用装置、数字录音电话及高质量的语音合成器。

(3) G.722标准：为广播质量的音频信号制定的标准，使用子带编码，是采用16kHz采样，14b量化，将输入音频信号经滤波器分成高子带和低子带两个部分，分别进行ADPCM编码，再混合形成输出码流，可以将224kb/s的调幅广播质量的音频数据压缩到64kb/s。主要用于高质量语音通信会议等。

(4) G.723标准：主要用于多媒体通信传输的5.3kb/s或6.4kb/s双速率语音编码，应用于可视电话和IP电话等。

(5) G.728标准：为了进一步适应低速率语音通信的要求而制定的标准，其速率为16kb/s，其质量与32kb/s的G.721标准基本相当，主要用于公共电话。

(6) G.729.A标准：国际电信联盟(ITU-T)通过的标准，主要用于无线移动网、数字多路复用系统和计算机通信系统的应用。

按照带宽，音频信号可以分为电话质量级信号、调幅广播级信号和高保真立体声信号。电话质量语音信号频率规定在300Hz～3.4kHz，采用标准的脉冲编码调制(PCM)，当采样频率为8kHz，进行8b量化时，所得数据速率为64kb/s。调幅广播质量音频信号的频率为50Hz～7kHz范围；高保真立体声音频信号频率范围是50Hz～20kHz，采用44.1kHz采样频率，16b量化进行数字化转换，其数据速率每声道达705kb/s。

2. H系列标准

H系列标准是应用在多媒体数字通信方面(包括电视会议等)的标准，分为两代：第1代和第2代，如表6-7所示。

表6-7 电视会议标准(基本模式)

标准	网络	视频	音频	多路复用	控制
H.320(1990)	N-ISDN	H.261	G.711	H.221	H.242
H.321(1995)	ATM/B-ISDN	将H.320适配于ATM/B-ISDN网络			
H.322(1995)	ISO Ethernet	将H.320适配于ISO Ethernet网络			
H.323(1996)	LANs/Internet	H.261	G.711	H.225.0	H.245
H.324(1995)	PSTN	H.263	G.723.1	H.223	H.245
H.310(1996)	ATM/B-ISDN	H.262	MPEG-1	H.222	H.245

(1) H.221：ITU-T的H.320推荐标准的框架部分，被正式称为"视听电话服务中64～1920kb/s通道的框架结构"。该推荐标准叙述了能让编码器和译码器在时间上同步

的操作。

(2) H.222：ITU-T 推荐标准，规定了运动图片及相关音频信息的通用编码。

(3) H.223：ITU-T 的 H.324 标准的一部分，一个控制/复用协议，通常被叫做"用于低位率多媒体通信的复用协议"。

(4) H.242：ITU-T 的 H.320 协议族中视频互操作推荐标准部分。它规定了建立一个音频会话和在通信终止后结束该会话的协议。

(5) H.245：ITU-T 的 H.323 和 H.324 协议族部分，定义多媒体终端之间的通信控制。

(6) H.261：ITU-T 的推荐标准，使不同视频编解码器(codec)能解释一个信号是怎样被编码和压缩的，以及怎样解码和解压缩这个信号。它也定义了 CIF 和 QCIF 两种图形格式。

(7) H.263：包含在 H.324 协议族中的视频编解码器(codec)。

(8) H.320：一个 ITU-T 标准，它包含了大量的单个推荐标准：编码、组帧、信令及建立连接(H.221、H.230、H.321、H.242 以及 H.261)。应用于点对点和多点可视会议会话，且包含 G.711、G.722 和 G.728 三种音频算法。

(9) H.323：H.323 将 H.320 扩展到了内联网、外联网和互联网的包交换网络中：以太网、令牌环和其他一些可能不保证 QoS(Quality of Service，服务质量)的网络。它也规定了 ATM 包括 ATM QoS 上可视会议的过程。它支持点对点和多点操作。

(10) H.324：一个 ITU-T 标准。它在模拟电话线(POTS)上提供了点对点的数据、视频和音频会议。H.324 协议族包括 H.223(一种多路复用协议)、H.245(一种控制协议)、T.120(一套音频图像协议)和 V.34(一种调制解调器规范)。

3. MPEG 音频标准

在 MPEG 标准中，有一部分内容是关于声音的国际标准。

MPEG-1 音频第一和第二层次编码是将输入音频信号进行采样频率为 48kHz、44.1kHz、32kHz 的采样，经滤波器组将其分为 32 个子带，同时利用人耳的屏蔽效应，根据音频信号的性质计算各频率分量的人耳屏蔽门限，选择各子带的量化参数，获得高的压缩比。MPEG 第三层次是在上述处理后再引入辅助子带，非均匀量化和熵编码技术，再进一步提高压缩比。MPEG-1 音频压缩技术的数据速率为每声道 32～448kb/s，适合于 CD-DA 光盘应用。

MPEG-2 也定义了音频标准，由两部分组成，即 MPEG-2 音频和 MPEG-2 AAC(先进的音频编码，ISO/IEC 13818-3)。MPEG-2 音频编码标准是对 MPEG-1 后向兼容的、支持二至五声道的后继版本。主要考虑到高质量的 6 声道、低比特率和后向兼容性，以保证现存的两声道解码器能从 6 个多声道信号中解出相应的立体声。MPEG-2 AAC 除后向兼容 MPEG-1 音频外，还有非后向兼容的音频标准。

MPEG-4 Audio 标准可集成从话音到高质量的多通道声音，从自然声音到合成声音，编码方法还包括参数编码(Parametric Coding)、码激励线性预测(Code Excited Linear Predictive，CELP)编码、时间/频率(Time/Frequency，T/F)编码、结构化声音

(Structured Audio,SA)编码、文语转换(Text-To-Speech,TTS)的合成声音和 MIDI 合成声音等。

MPEG-7 Audio 标准提供了音频描述工具。

本章小结

数据压缩技术的研究已有几十年的历史。数据压缩的目标是去除各种冗余。

在多媒体应用系统中,为了达到令人满意的图像、视频画面质量和听觉效果,必须解决视频、图像和音频等大容量数据的存储和实时展示等问题。数字化了的视频和音频信号数据量非常大,如果不进行处理,很难对它们进行存取和交换。另一方面,视频、图像和音频等数据的冗余度很大,具有很大的压缩潜力。

数据压缩技术一般分为有损压缩和无损压缩。无损压缩是指重构压缩数据(还原,解压缩),而重构数据与原来的数据完全相同。该方法用于那些要求重构信号与原始信号完全一致的场合。这类算法压缩率较低,一般为 1/2～1/5。典型的无损压缩算法有香农编码、霍夫曼编码、算术编码和行程编码等。而有损压缩是重构使用压缩后的数据,其重构数据与原来的数据有所不同,但不影响原始资料表达信息,而压缩率则要大得多。常用的有损压缩算法有预测编码、变换编码等。新一代的数据压缩算法大多采用有损压缩,并且由各类编码算法衍生出不同的压缩标准,包括静态图像压缩标准 JPEG、运动图像压缩标准 MPEG 和音频压缩标准等。

思考与练习

一、选择题

1. 视频中的两幅相邻帧,后一帧图像与前一帧图像之间有较大的相关,这是________。

   A. 空间冗余　　B. 时间冗余　　C. 信息熵冗余　　D. 视觉冗余

2. 根据解码后数据与原始数据是否一致,压缩方法可以分为________两类。

   A. 有损压缩编码和无损压缩编码　　B. 预测编码和统计编码

   C. 定长编码和变长编码　　D. PCM 编码和 DPCM 编码

3. 衡量数据压缩技术性能的重要指标是________。

   (1) 压缩比　　(2) 算法复杂度　　(3) 压缩速度　　(4) 压缩质量

   A. (1)(3)　　B. (1)(2)(3)　　C. (1)(3)(4)　　D. 全部

4. 在 JPEG 中使用了下列________两种熵编码方法。

   A. 统计编码和算术编码

   B. PCM 编码和 DPCM 编码

   C. 预测编码和变换编码

   D. 霍夫曼编码和自适应二进制算术编码

5. 以下________为运动图像压缩标准。

A. MPEG 标准　　B. JPEG 标准　　C. H 系列标准　　D. G.711 标准

二、问答题

1. 数据压缩是什么？为什么数据能压缩？

2. 压缩分为哪些种类？如何衡量一个数据压缩技术的好坏？

3. 现有 8 个待编码的符号 $m_0, m_1, \cdots, m_7$，它们的概率如表 6-8 所示。使用霍夫曼编码算法求出这 8 个符号所分配的代码，并填入表中。

表 6-8　题 3 的霍夫曼编码表

待编码的符号	概　率	分配的代码	代码长度(比特数)
m_0	0.4		
m_1	0.2		
m_2	0.15		
m_3	0.10		
m_4	0.07		
m_5	0.04		
m_6	0.03		
m_7	0.01		

4. 自适应脉冲编码调制(APCM)的基本思想是什么？

5. 差分脉冲编码调制(DPCM)的基本思想是什么？

6. 自适应差分脉冲编码调制(ADPCM)的两个基本思想是什么？

第7章 chapter 7

多媒体应用系统开发

多媒体应用系统泛指应用或包含多种媒体信息的软件系统，区别于一般的应用系统，它是由人机交互方式控制的，综合处理图像、文本、声音和视频等多种媒体信息的集成系统。目前，多媒体应用系统广泛地应用于教育、训练、咨询、信息服务与管理、信息通信、娱乐等领域，其形式既可以是资料性的多媒体数据库，也可以是图声并茂、生动活泼的教育培训系统、商业展示系统和旅游咨询系统等。因此，多媒体应用系统的开发具有极其重要的意义和非常广阔的前景，吸引越来越多的开发人员投入其中。本章介绍多媒体应用系统开发的一般过程，多媒体应用系统设计的基本原则和设计过程，并对多媒体开发工具 Authorware 的功能和应用做重点介绍。

7.1 多媒体应用系统的开发

7.1.1 多媒体系统开发过程

多媒体应用系统的开发实际上就是利用多媒体的手段将各种与主题有关的多媒体信息组织起来，以满足应用的需要。从程序设计角度看，多媒体应用系统设计仍然属于计算机应用软件设计的范畴，因此可以使用软件工程开发方法进行系统开发。多媒体应用系统开发过程通常包括目标分析、脚本编写、素材准备、媒体集成、系统包装和测试反馈等几个阶段，多媒体应用系统开发过程如图 7-1 所示。

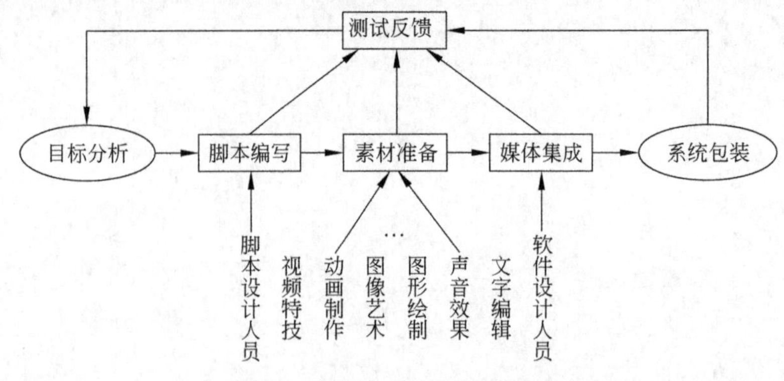

图 7-1 多媒体应用系统开发过程

1. 目标分析

目标分析包括分析系统需求和明确系统目标两个任务。

系统需求分析的工作主要是论证开发的必要性和可行性，确定项目对象、信息种类、表现手法及要达到的目标。

系统需求分析完成后，围绕系统需求设定系统目标，并选择合适的表现方式，选用最佳的表现媒体。例如，开发教育培训应用系统是为了增加知识的表现力，辅助老师进行教学讲解，提高教学效果，则这个培训系统的目标可以设定为知识结构完整、图文声并茂、交互界面友好、实例丰富、贴合教学实际。

2. 脚本编写

确定系统目标后，就需要编写系统脚本，为系统制作提供依据。系统脚本编写分为文字脚本编写、脚本设计和制作脚本3个阶段。

(1) 文字脚本编写。文字脚本编写阶段完成一个纲要性的描述，主要分为使用说明、系统内容和目标、编写系统脚本3个部分。使用说明是指对使用对象和使用方式的说明；系统内容和目标指搭建系统框架和流程图，描述子模块的目标行为；编写系统脚本指描述总体结构框架和设计指导思想。文字脚本的撰写通常需要由具有渊博知识和丰富经验的专家来主持。

(2) 脚本设计。要进入具体的设计阶段，根据文字脚本设置系统纲要，编写出更详细的制作脚本，以便进入实际的屏幕或场景设计。

(3) 制作脚本。基于脚本设计结果并用多媒体信息表现的创作脚本，主要过程包括：勾画系统结构流程图，划定层次与模块；就模块具体内容选择使用多媒体的最佳时机、表现形式和控制方法；以帧为单位制作脚本卡片。

3. 素材准备

素材准备也称多媒体系统的前期制作，包括文字录入、图表绘制、照片拍摄、声音录制及活动影像拍摄与编辑等，也包括对现有图片扫描及从光盘中获取素材。

(1) 文字素材：在一般的多媒体系统中，文字素材占用的存储量较小，即便是100万个汉字，也不过只占2MB的空间。

(2) 图像素材：对图像进行剪裁、修饰和拼接合并等处理，以便能够得到更好的效果。

(3) 声音素材：事先做好音乐的选择及配音的录制，必要时也可以通过合适的编辑进行特殊处理，如回声、放大、混声等。

4. 媒体集成

媒体集成是多媒体应用系统的生成阶段，也称程序设计阶段。其主要任务是使用合适的多媒体创作工具，按照制作脚本具体要求，把准备好的各种素材有机地组织到相应信息单元中，形成一个具有特定功能的完整系统。

5. 系统包装

多媒体应用系统发行一般是通过压缩制作成光盘进行的,因此系统开发完成之后需要打包处理。在系统发行的同时,还需要向用户提供详细文档资料,包括该软件的基本功能、使用方法及出现异常情况时的处理等。

6. 测试反馈

测试反馈是从用户角度测试与检验系统运行的正确性及系统功能的完备性,看其是否实现了多媒体应用系统开发的预定目标。一般将被测试软件交给部分用户使用,发现问题反馈回来,再由系统设计研制者返到前面步骤修改。测试反馈主要从以下几个方面来对系统进行测试:

(1) 可靠性。指程序所执行和所预期的结果一样且前次执行与后次执行的结果相同。

(2) 可维护性。指如果其中某一部分有错误发生时,可以容易地将之更改过来。

(3) 可修改性。指系统可以适应新的环境,随时增减改变其中的功能。

(4) 效率高。指程序执行时不会使用过多的资源或时间。

(5) 可用性。指一项产品可以满足用户的要求。

7.1.2 多媒体系统开发方法和特点

1. 开发方法

多媒体应用系统的开发方法总地来说有两种:

(1) 利用计算机程序设计语言,通过编码来实现。这种开发方法对人员要求高,要求开发者不仅需要编写许多行代码,还要具有多媒体信息处理的专业知识,对非专业技术人员来说,其障碍是明显的。此外,这种方法开发周期长、费用高,而且系统完成后的稳定性和完整性均需大量的工作来保证。

(2) 利用市场上已有的多媒体开发平台或开发系统来实现。这种开发方法对人员要求相对较低,开发人员一般无需编程,只需掌握开发系统或平台的应用,通过编写脚本、书写描述语言或编辑卡片即可完成应用系统,开发周期短,费用较低,且系统的完整性和稳定性有一定保障,因此是一种值得推荐使用的方法。

2. 开发特点

与普通软件系统不同,多媒体应用系统的开发具有如下特点:

1) 设计人员的全面性

在多媒体应用系统的开发中,因为多媒体信息的多样性,要求系统的设计者不仅是普通的计算机程序设计员,还必须具有设计策划、美工创作、音乐设计、动画制作、摄影摄像、文字写作等多方面的知识与能力。

2) 设计工具的多样性

多媒体应用系统除了需要一般的应用工具之外,还涉及各种媒体素材的采集和预加工工具。即能够对音频、图像、动画和视频等非文本类媒体进行输入输出及编辑处理的专用设备和工具软件。

3）设计方法的特殊性

多媒体应用系统开发应该采用标准化及工程化方法。开发时，可以结合传统开发所采用的生命周期法或快速原型法，以面向对象的思想为指导，考虑多媒体信息的处理和表现及创意的新特点去实现。

4）设计创意的新颖性

设计者尽量发挥自己的想象力，考虑如何突出系统所要表现的主题，如何有逻辑地组织素材与版面布局，如何吸引用户的注意力等。从一定意义上说，多媒体应用系统的创意决定了多媒体产品的生命力。

7.1.3 多媒体系统开发原则

多媒体系统开发的基本要素包括生动逼真的音响效果、高度清晰的动态视频、灵活方便的交互手段和和谐友善的人机界面，在开发多媒体系统时应该把握好这4个方面，并注意以下几个要求：

(1) 充分发挥多媒体的优势。

(2) 充分利用多媒体创作工具所提供的多种交互功能，突出系统的交互性。

(3) 使用非线性的超文本结构，以符合人们在获取知识时的思维方式。

(4) 界面友好，使用方便，导向灵活。

(5) 软件风格尽量符合使用者的要求。

由于多媒体应用系统都是针对一定的实际应用领域而开发的，其用户不一定是计算机专家，甚至可能不太会操作计算机，所以要求其用户界面简单、直观、易学易用。用户界面设计是多媒体应用系统开发中的一个重要工作。

用户界面又称为人机界面，是指用户与计算机系统的接口，它是联系用户和计算机软硬件的一个综合环境。用户界面设计涉及了包括计算机科学在内的很多学科领域，不仅需要借助计算机技术，还要依托于心理学、语言学、认知科学、通信技术，以及戏剧、音乐、美术等方面的理论和方法。界面设计原则包括以下几个方面：

(1) 面向用户原则：屏幕输出信息是为了使用户获取运行结果，或获取系统当前状态，以及指导用户应该如何进一步操作计算机系统，所以首先要满足用户需要。

(2) 一致性原则：指任务和信息的表达、界面的控制操作等应该与用户理解熟悉的模式尽量保持一致。一个界面与用户预想的表现和操作方式越一致，就越容易学习、记忆和使用。对于多界面的设计，在内容表达、风格、布局、位置、色调和操作方式等方面应保持一致，便于用户快速掌握使用方法。应使设计的所有界面围绕同一主题，画面采用共同风格，产生统一协调的感觉。例如，所有界面中应添加具有同样特征的“按钮”。

(3) 简洁性原则：界面信息内容应该准确、简洁，并能够给出强调的信息显示。准确是要求表达意思明确，不使用意义含混、有二义性的词汇或句子。简洁是使用用户习惯的词汇，并用尽可能少的文字表达必需的信息。

(4) 适当性原则：屏幕显示和布局应该美观、清楚、合理，改善反馈信息的可阅读性和可理解性，并且使用户能够快速查找到有用信息。

(5) 顺序性原则：合理安排信息在屏幕上的显示顺序。如可以按照以下顺序显示信息：按使用顺序，按照习惯用法顺序，按照信息重要性顺序，按照信息的使用频度，按照信息的一般性和专用性，按字母顺序或时间顺序显示。

(6) 结构性原则：多媒体应用系统的界面设计应该是结构化的，有明显的结构和层次，避免在同一个界面上堆积过多内容。内容结构应该与用户知识结构相兼容，使用不同的界面安排不同的知识，从而突出不同的主题，有利于用户快速理解和接受界面所包含的内容。

(7) 文本和图形选择原则：如果重点是要对数值作详细分析或获取准确数据，那么应该使用字符、数字式显示；如果重点是要了解数据的总体特性或变化趋势，那么使用图形方式更有效。

(8) 输出显示原则：充分利用计算机系统的软硬件资源，采用图形和多窗口显示，可以在交互输出中改善人机界面的输出显示能力。

(9) 颜色使用原则：合理使用色彩显示，可以美化人机界面外观，改善人的视觉印象，同时加快有用信息的寻找速度，并减少错误。

7.2 多媒体创作工具介绍

7.2.1 多媒体创作工具选择原则

多媒体创作工具是集成处理和统一管理文本、图形、图像、视频、动画和声音等多种媒体信息的一个或者一套编辑及制作工具，也称为多媒体开发平台。使用多媒体创作工具可以简化多媒体作品的创作过程，使创作者可以轻易地产生、更改和变化多媒体作品的内容，而不必花费很多精力去编写程序，从而专心编排多媒体素材，快速地完成高质量的作品。

在评价和选择多媒体创作工具时，一般要考虑下述几个方面的功能和特性。

1) 编程能力

多媒体创作工具提供的是一个编排各种媒体数据的环境，即将媒体元素集成为应用程序流的方法手段，因此，多媒体创作工具应该不仅能够对单种媒体(如字符、图形和图像等)进行基本的操作控制，还应兼有以往应用开发程序的能力，实现循环、条件分支、变量、布尔运算等流程控制，并能够对多种媒体信息进行时空关系的控制，以及具有动态文件输入/输出的功能。

2) 超链接能力

超链接能力指在应用程序中从一个对象跳转到另一个对象的跳转触发能力。

3) 多种媒体数据处理能力

创作工具应具有以多种方式处理多种格式的多媒体数据的能力，多媒体中比较重要的元素，诸如图像、声音和动画等，它们之间的配合都是为了使开发出来的应用系统有特色，所以，如果可以在这样一个工具中综合地使用它们，就能发挥多媒体的多元化特性。

最好是利用多媒体数据库来实现。

4）应用程序间的动态链接能力

现在的应用一般都希望能脱离软件本身的运行环境，并且不依赖于机器。多媒体创作工具因为面向对象的多样性，所以，最好能实现与多个多媒体软件的连接，激活另一个应用程序，为其加载数据文件，然后返回。例如，能够建立程序级的通信链接（如 DDE），以及支持对象链接嵌入（如 OLE）。

5）易学易用性

多媒体创作工具应有简易明了的操作界面，易于编辑修改，菜单和工具布局合理，有必要的联机手册及导航功能，使用户使用时尽量不借助印刷文档就能掌握软件的基本使用方法。

6）良好的扩充性

多媒体软硬件的发展日新月异，所以创作工具应能兼容尽可能多的标准，在接口上具有尽可能大的兼容性和扩充性。

7）可重用性

创作工具应能够让用户将某些独立片段模块化，并能够“封装”和“继承”，在其他地方需要时可以复用。

7.2.2 常用多媒体创作工具软件

目前，世界上流行的多媒体创作工具有五十多种，从用途看，都是为了满足不同的特殊需要。例如，Action 善于制作简报系统，Toolbook 擅长于制作电子图书，Authorware 适合于制作教学辅助软件。因此，必须根据不同的需求选择不同的多媒体创作工具。作为一类特定用途的程序，多媒体创作工具没有具体的设计标准，各个工具的创作方式多种多样。归纳起来可以分为以下几种类型。

1. 基于图标（icon）和流程线（line）的多媒体创作工具

这类多媒体创作工具的典型产品有 Authorware 和 IconAuthor 等，其设计方法是将程序的基本结构和多媒体的操作封装成图标（icon），用户将这些图标拖到工作区的流程图上，整个程序的结构可以通过流程图来体现，系统编译后就形成了应用程序。

基于流程图的工具功能强大，但由于使用这类工具的过程就是设计程序流程图的过程，要求用户有一定的程序设计经验。图 7-2 为一个用 Authorware 编写的流程图，双击每个图标都可以打开一个对话框，可以输入文本、图形、声音、系统函数、动画及视频等内容，由此形成一个多媒体产品。关于 Authorware 的详细介绍见本章 7.3 节。

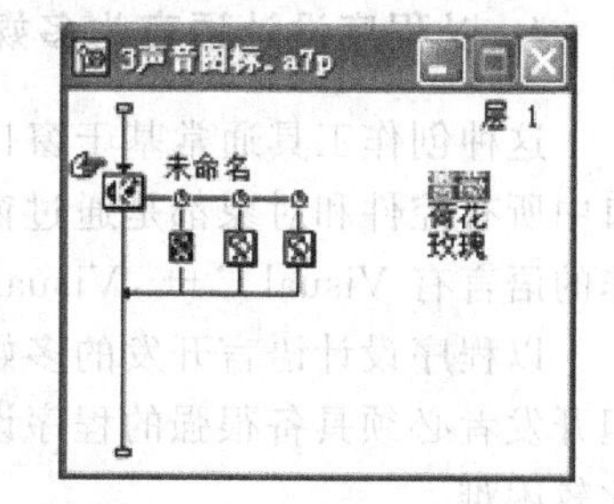

图 7-2 一个 Authorware 流程图

2. 基于时间轴（timeline）的多媒体创作工具

多媒体应用程序所要解决的一个重要问题是如何定义多媒体对象间的时序关系，基于时间轴的多媒体创作工具很好地解决了这一问题，代表软件有 Director、Action 和

PowerPoint 等。

在这种模式中，时间轴(timeline)为横轴，用来直观地编辑多媒体对象间在时程线上的时序关系，将在时间上的先后次序以视觉化来体现。在作品播放过程中，若某个对象的进入时间到了，就开始播放这个对象，若退出时间到了，就停止播放这个对象。用户可以在时间轴上拖动对象来定义对象出现的时序。图 7-3 为一个Director 的时间轴界面。

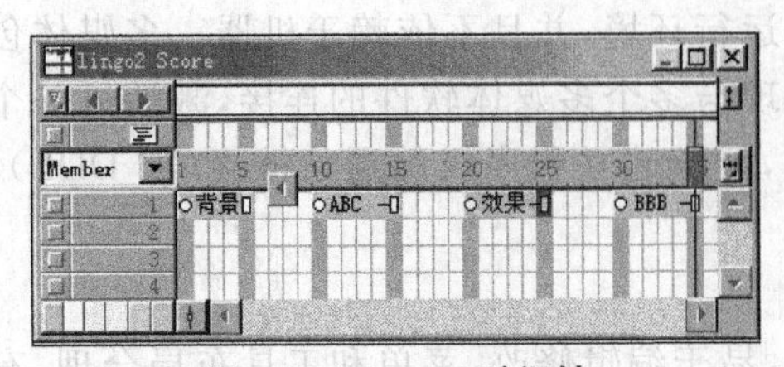

图 7-3 Director 时间轴

Director 使声音和图形事件精确同步，可同时播放两个声音文件或乐曲，并有非常强大的开发动画的环境和工具，是交互图形的最佳选择。Action 一般应用于商业目的。

3. 基于卡片(card)和页面(page)的多媒体创作工具

这种创作工具的特点是把每个显示屏幕看成是一个卡片，利用联想的办法，通过超媒体链把它们链接起来，组成多媒体应用系统，代表产品有 ToolBook、PowerPoint 和 Hypercard 等。这种创作工具在编辑时展现在观众面前的往往是一个个的屏幕显示，每一屏显示可看做一张卡片或一段场景，在这些卡片上，用户可以用联想的方式通过选择按钮等操作进入到另一张卡片中，这就是超链接的结构。

例如，在 ToolBook 中，按书的结构组织应用程序，将一个多媒体应用系统看成一本书(book)，由一张一张的页面(page)组成，每页内可有多级对象，对象可以是文本、图形和动画等多媒体元素，它们被进一步分为前景和背景，背景可以使生成的一系列页(屏)共享一些通用元素。每一页是相互独立的，其节目的呈现是通过描述语言来控制的，每一页上还有按钮(button)和热字(hotword)等将页与页串接起来。

PowerPoint 是一种最简单实用的基于页面的创作工具软件，主要用于幻灯片的播放，每一个画面可以看成是一个页面，可以分别进行生成、编辑和排列。PowerPoint 只能顺序地进行操作，不能满足于多媒体软件的良好的交互性。

4. 以程序设计语言为多媒体创作工具

这种创作工具通常基于窗口编辑模式，窗口是屏幕上的一个与用户互交的对象，窗口中所有控件和对象都是通过窗口接收和传递消息来进行控制。典型的支持多媒体创作的语言有 Visual C++，Visual Basic 和 Delphi 等。

以程序设计语言开发的多媒体应用系统具有功能强大、运行速度快和灵活等优势，但开发者必须具备很强的程序设计能力和丰富的程序设计经验，对于一般的设计者来说比较困难。

7.3 多媒体开发工具 Authorware

Authorware 是 Macromedia 公司推出的一个优秀的交互式多媒体制作工具，主要功能是将其他软件处理好的多媒体素材集成和组织在一起，完成一个有主题的多媒体作品，如演示课件、在线杂志等。该工具操作简单，程序流程明了，开发效率高。其主要特点如下：

(1) 直观的流程线控制界面。采用面向对象的设计思想，以图标为程序的基本组件，不用复杂的编程语言，用流程线连接各图标构成程序，可以使得不具备编程能力的用户也能创作出一些高水平的多媒体作品。

(2) 具有多种外部接口。这些外部接口可把各种媒体素材有效地集成在一起，支持ActiveX、Oracle Video Server、Flash以及媒体元素浏览器。流程线的14种设计图标分别代表一种基本演示内容和控制方式，如文本、动画、图片、声音和视频等。

(3) 多样化的交互响应方式。有11种交互方式可以选择，设计程序时，只需选定交互作用方式，完成对话框设置即可实现交互。运行时，通过响应对程序的流程进行控制。

(4) 强有力的数据处理能力。可以利用系统自带的丰富的系统函数和系统变量响应用户指令，还可以使用自定义的变量对数据执行运算。

(5) 为非程序员的使用而设计。用户不必有特别的程序设计能力，只需要掌握一些流程图和图标概念及基础设计知识就能创建出多媒体作品来。

(6) 支持多平台。Authorware允许在一个环境下开始创建，然后跨平台地移到另一个平台上继续开发，是真正的多平台应用程序。

7.3.1 Authorware主界面

Authorware程序主界面如图7-4所示。

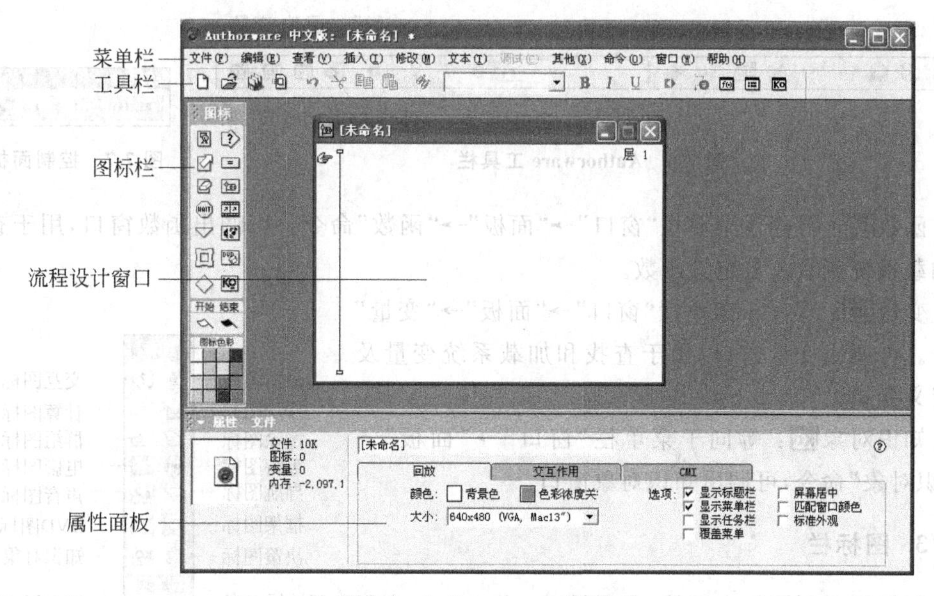

图 7-4 Authorware主界面

1. 流程设计窗口

流程设计窗口是进行多媒体编程的舞台，程序流程的设计和各种媒体的组合都是通

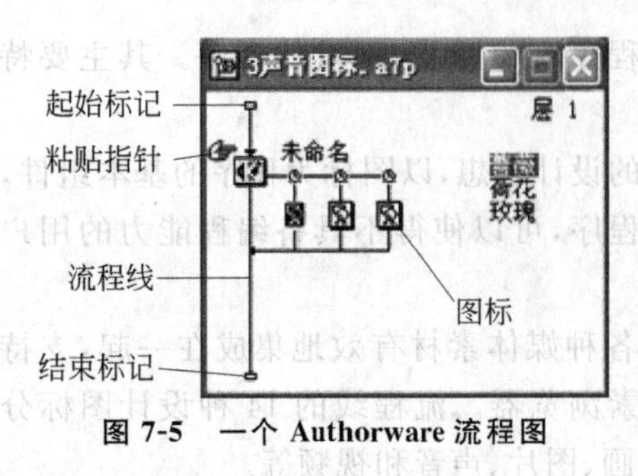

图 7-5　一个 Authorware 流程图

过图标按钮在流程设计窗口中实现的。图 7-5 所呈现的就是源文件“3 声音图标. a7p”打开后出现的流程设计窗口。

流程设计窗口中的流程图由流程线及图标构成，主流程线两端为两个小矩形标记，分别为文件的起始标记和文件的结束标记；图标放在流程线上，有显示图标、声音图标等，程序执行时，沿流程线依次执行各个图标；流程线上的手形标志为粘贴指针，可以指示在流程线上粘贴图标的位置，也可以用来显示流程线何处可以放置新图标。

2. 工具栏

Authorware 的工具栏(如图 7-6 所示)上，除了有一些在其他软件中也常见的图标，如新建文件、打开文件和保存文件等文件操作图标和各类文本格式设置的图标以外，还有一些是 Authorware 独有的。

运行：等同于菜单栏“调试”→“重新开始”命令。可以从程序的开始处播放当前程序。但如果在程序中放入了“开始标志旗”，则会从标志旗所在位置开始执行。

控制面板：等同于菜单栏“窗口”→“控制面板”命令。控制面板(如图 7-7 所示)中包括运行程序、暂停程序和结束程序运行等按钮，以跟踪程序运行情况。

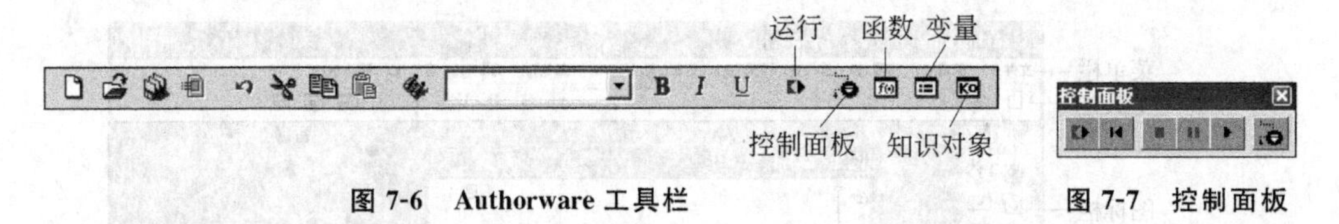

图 7-6　Authorware 工具栏　　图 7-7　控制面板

函数：等同于菜单栏“窗口”→“面板”→“函数”命令。可调出函数窗口，用于查找和加载系统函数及自定义函数。

变量：等同于菜单栏“窗口”→“面板”→“变量”命令。可调出变量窗口，用于查找和加载系统变量及自定义变量。

知识对象：等同于菜单栏“窗口”→“面板”→“知识对象”命令，可调出知识对象窗口。

3. 图标栏

图标栏也叫图标工具箱，是设计 Authorware 流程线的核心部分(如图 7-8 所示)。它包括 14 个设计图标，主要用于流程线的设置(只要用鼠标将图标拖曳到程序设计窗口的流程线上，就可使它们成为程序的一

图 7-8　图标栏

部分)，通过它们来完成程序的显示、运算、判断和交互等功能。另外，还有两个调试标志旗和1个图标色彩板，主要在调试中起辅助作用。下面简单介绍各图标的主要功能。

显示图标：用于显示文字或图片对象。

移动图标：移动显示对象以产生特殊的动画效果。

擦除图标：擦除显示在展示窗口(如显示图标或电影图标)中的任何对象。

等待图标：暂停正在执行的程序，直到用户按键、单击鼠标或到一定时间后，再继续运行。

导航图标：控制程序跳转到指向的位置，通常与框架图标结合使用，用来编辑超文本和超媒体文件。

框架图标：为程序建立一个可以前后翻页的控制框架，配合导航图标可编辑超文本和超媒体文件。

决策图标：通过设置判定逻辑结构，控制程序的分支和循环。当程序执行它时，将根据用户的定义而自动执行相应的分支路径或循环执行某个操作。

交互图标：可轻易实现各种交互功能，是 Authorware 最有价值的部分。

计算图标：通过调用函数、变量赋值等来执行数学运算和 Authorware 程序，也可存放程序码。

群组图标：在流程线中能放置的图标数量有限，利用它可以将一组图标合成一个复合图标，方便管理。

电影图标：在程序中插入数字化电影文件(包括 avi、flc、dir、mov 和 mpeg 等)，并对电影文件进行播放控制。

声音图标：用于在多媒体应用程序中引入音乐及音效(包括 wav、mp3 和 wma 等)。

DVD 图标：播放外部视频设备产生的视频信号。

标志旗：用来调试程序。开始标志旗为白旗，表示程序从此处开始执行；结束标志旗为黑旗，表示程序执行到此处暂停，按 Ctrl+P 键可继续执行。用于对流程中的某一段程序进行调试。

图标色彩板：共16种颜色，用来为流程线上的设计图标着色，以区分不同区域的图标。

4. 属性面板

属性面板可以设置文件或各种图标的属性，选择菜单栏“窗口”→“面板”→“属性”命令可打开属性面板。根据当前所选择的图标不同，属性面板设置项各有不同；若没有选择任何图标，则是设置文件的属性。图 7-9 为文件属性面板。

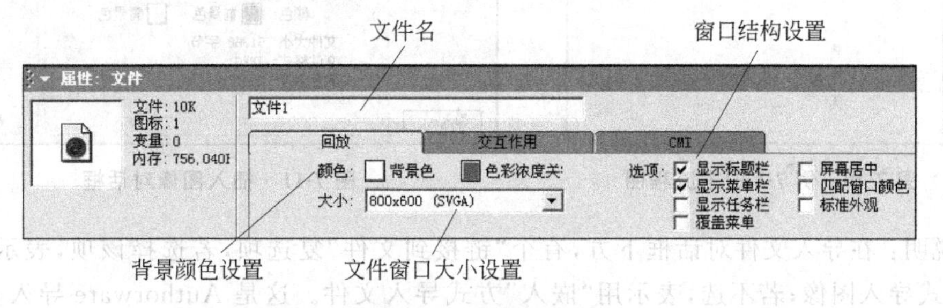

图 7-9 文件属性面板

5. 菜单栏

Authorware 共有 11 个菜单，包括文件、编辑、查看、插入、修改、文本、调试、其他、命令、窗口和帮助，其操作方式和其他 Windows 窗口风格菜单一样。菜单中的一些功能会在后面的工具栏介绍和实例讲解中涉及。

7.3.2 Authorware 基本操作

创建图标的方法是选择图标后，将其从图标栏拖至流程线上。所有图标的默认名称均为“未命名”，可以对其进行编辑修改。对图标的操作包括创建、删除、复制和图标着色等。

1. 显示图标的使用

显示图标是 Authorware 中最基本和使用最频繁的图标，一般用于显示文字和图像，也可用来显示变量和函数值的即时变化，在显示时拥有十分丰富的过渡效果。

用鼠标拖放一个显示图标到流程线上，双击该显示图标即可打开其演示窗口，并会弹出相应的工具箱。

【例 7-1】 建立一个图文结合的显示文档，以熟悉建立文件、显示图标的使用及属性设置、属性面板的使用、保存文件等操作。步骤如下：

(1) 建立一个新文件，打开文件属性面板，设置文件属性，各设置项如图 7-9 所示。

(2) 拖动两个显示图标至流程线，分别命名为“图片”和“文本”(如图 7-10 所示)。注意：在设计中，应养成给图标定义名称的习惯，并且不要重名。

(3) 导入图片。双击“图片”显示图标，可以打开演示窗口和绘图工具栏，演示窗口为输入图像或文字的窗口，绘图工具栏在步骤(5)中再做介绍。

单击演示窗口，执行菜单栏“插入”→“图像”命令，在弹出的图像属性对话框(如图 7-11 所示)中单击左下角“导入”按钮，在随后弹出的“导入文件对话框”(如图 7-12 所示)中选择需要插入的图像。

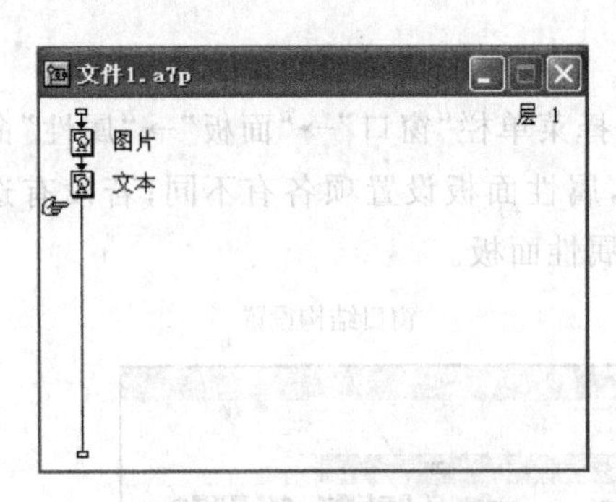

图 7-10 例 7-1 的主流程图

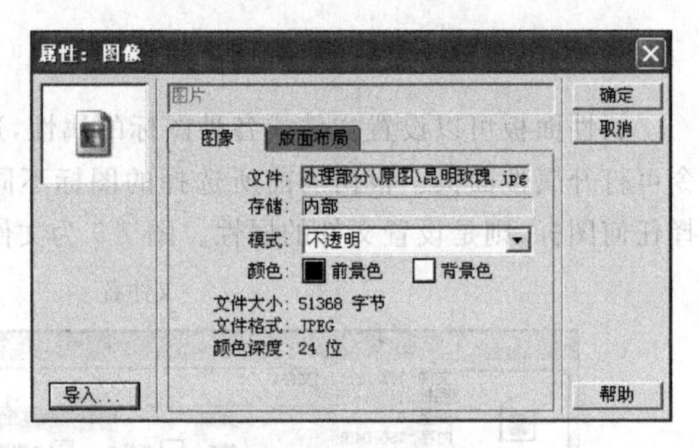

图 7-11 插入图像对话框

说明：在导入文件对话框下方，有个“链接到文件”复选项，若选择该项，表示用“链接”方式导入图像；若不选，表示用“嵌入”方式导入文件。这是 Authorware 导入文本文

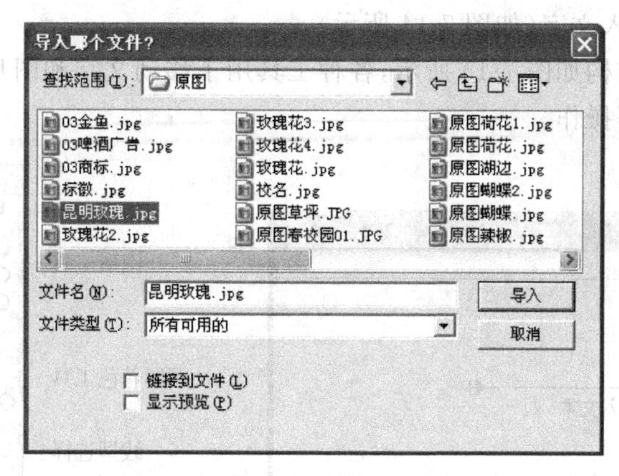

图 7-12 导入文件对话框

件、图像、音频和视频等外部文件时的两种链接方式。

① 嵌入：此方式将外部的数据文件集成在主程序文件中，不再与创建它的程序发生关系，会使主程序文件很大，但是易于管理。

② 链接：此方式在主程序文件中仅存储外部数据文件的文件名和路径，可以减少主文件的大小，但是需要管理的文件增多。且在程序开发过程中和发布之后，被链接的文件名以及位置不能再改变。

插入图片后，图片的四周有 8 个小四方框，这些方框称为句柄。表示图片此时是被选中状态。用鼠标按住图片移动，可调整图片的位置。让鼠标指向某个句柄，按住鼠标移动，可以改变图片的大小。

(4) 显示图标属性设置。单击“图片”图标，使其成为选中状态，选择菜单栏“修改”→“图标”→“属性”命令，在窗口下方弹出属性对话框(如图 7-13 所示)，在对话框中设置“特效”为“水平百叶窗式”。对话框中其他属性设置如下：

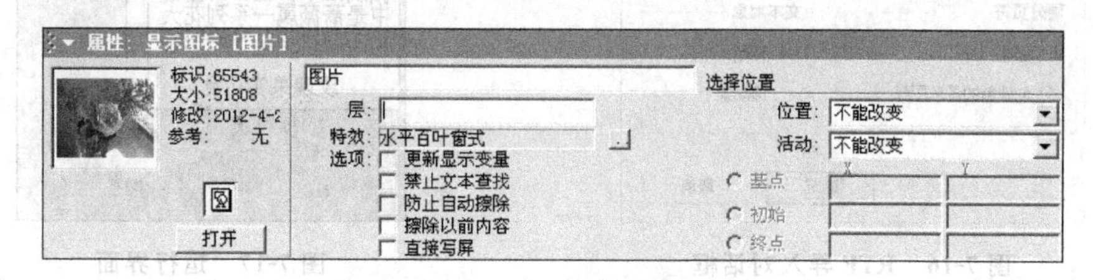

图 7-13 显示图标属性设置

① 层：设置图标的层号，默认值为 0。层号相同时，后插入的图标覆盖前面的图标，否则高层号的图标覆盖低层号的图标。

② 特效：过渡时的显示方式。

③ 位置：设置对象显示初始位置。

④ 活动：设置对象的拖动方式及范围。

(5) 输入文字。双击“文本”图标，在打开的演示窗口中输入文字，输入方法有两种：

① 在绘图工具栏中选择文本工具A，鼠标指针变为I形，在演示窗口中单击，进入文

本编辑状态，直接输入文字(如图 7-14 所示)。

绘图工具栏的结构如图 7-15 所示，各种工具用于移动文字和图片、输入文字、绘制简单图形和设置模式等操作。

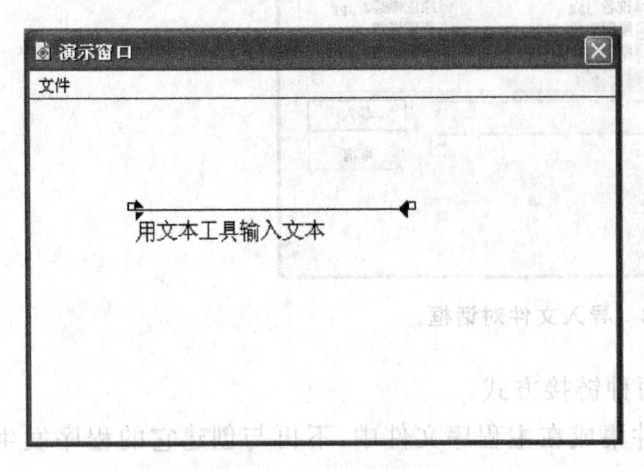

图 7-14 文本编辑

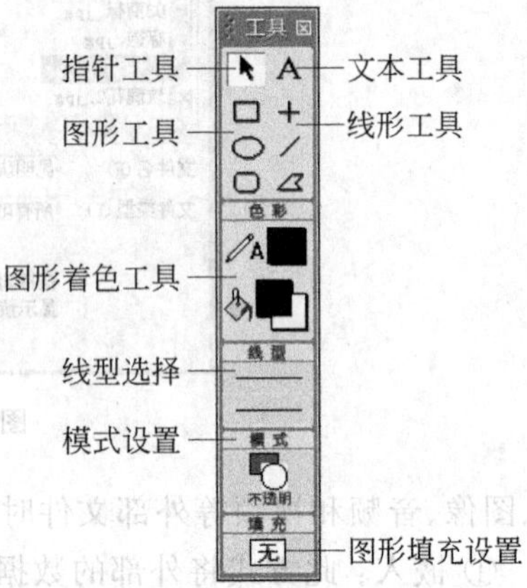

工具
指针工具
文本工具
图形工具
线形工具
色彩
图形着色工具
线型
线型选择
模式
模式设置
不透明
填充
无
图形填充设置

图 7-15 绘图工具栏

② 导入外部扩展名为 txt 的文本文件。选择菜单栏“文件”→“导入和导出”→“导入媒体”命令，在弹出的导入文件对话框中选择需要的文本文件，单击“确定”按钮之后将弹出“RTF 导入”对话框(如图 7-16 所示)。

在“RTF 导入”对话框中，在“硬分页符”中，若选择“忽略”表示忽略源文件是否有分页，选择“创建新的显示图标”表示根据分页符自动创建新的显示图标；“文本对象”的选择表示是否给文本框添加滚动条。图 7-17 中的文本框即为带滚动条的文本框。

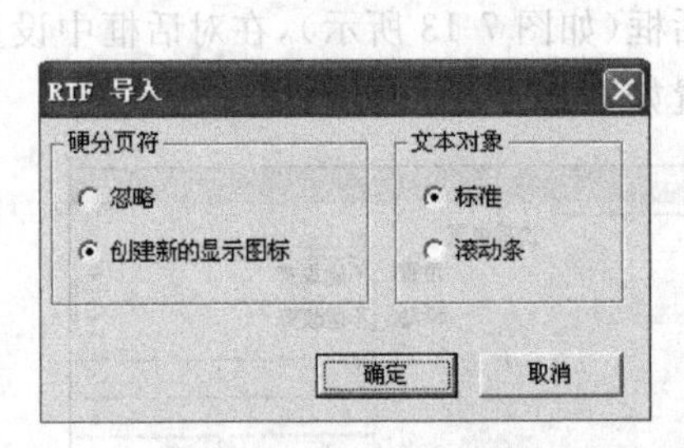

图 7-16 RTF 导入对话框

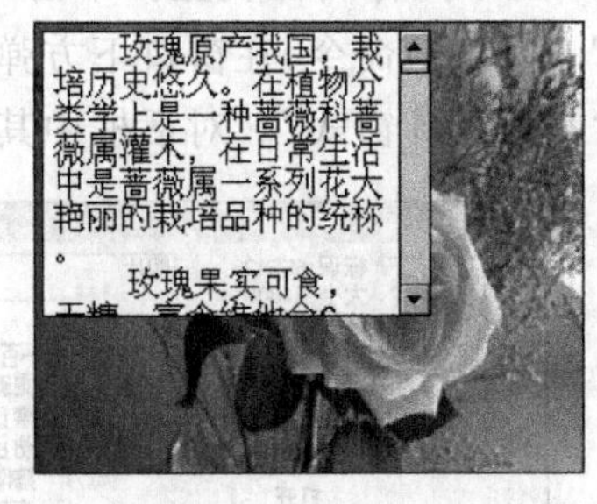

图 7-17 运行界面

(6) 文本格式设置。将文本框调整到合适位置，并设置格式。

① 字体设置。选中要设置字体的文本，选择菜单栏“文本”→“字体”→“其他”命令可打开字体对话框，在其中选择所需要的字体。

字体大小设置。选中要设置的文本，选择菜单栏“文本”→“大小”→“其他”命令，在弹出的字体大小对话框中输入适当数值。

② 字体风格设置。选择菜单栏“文本”→“风格”命令，选择其中相应的命令。

③ 对齐方式设置。选择菜单栏“文本”→“对齐”命令，选择其中相应的命令。

(7) 调试运行程序。单击工具栏“运行”图标，或选择菜单栏“调试”→“重新开始”

命令，运行结果如图 7-17 所示。

若要改变文本框的白色背景，双击“文本”图标，在打开的绘图工具栏中单击“模式”并选择“透明”设置，或选择菜单栏“窗口”→“显示工具盒”→“模式”命令，打开模式窗口，选择“透明”模式。图 7-18 为透明背景设置。模式的其他设置选项如图 7-19 所示。

图 7-18 文本框透明背景

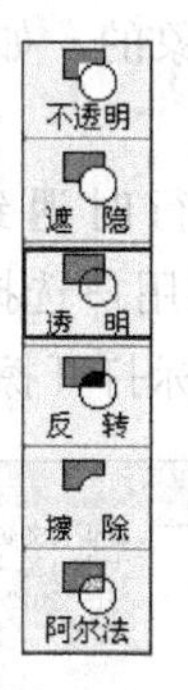

图 7-19 模式设置选项

(8) 保存文件。选择菜单栏“文件”→“保存”命令保存源程序，文件扩展名为 a7p。

2. 等待图标的应用

等待图标用来暂停程序的运行，直到设置的响应条件得到满足(用户按键、单击鼠标或者经过一段时间的等待)之后，程序再继续运行。等待图标属性面板如图 7-20 所示。

(1) “单击鼠标”复选框：在暂停后，单击鼠标，程序继续运行。

(2) “按任意键”复选框：在暂停后，按任意键，程序继续运行。

(3) 在“时限”文本框中输入等待的时间，则若暂停时间超过设定的时限，程序继续运行。

(4) “显示倒计时”复选框：在暂停时界面上将显示一个时钟图标，用于显示剩余时间。

(5) “显示按钮”复选框：将显示一个等待按钮，单击该按钮，程序继续执行。

图 7-21 显示的是例 7-1 添加了等待图标的主流程图。程序执行时，先显示“图片”显示图标的内容，然后执行“图片等待”图标，用户按任意键或“继续”按钮之后，再显示“文本”显示图标的内容。

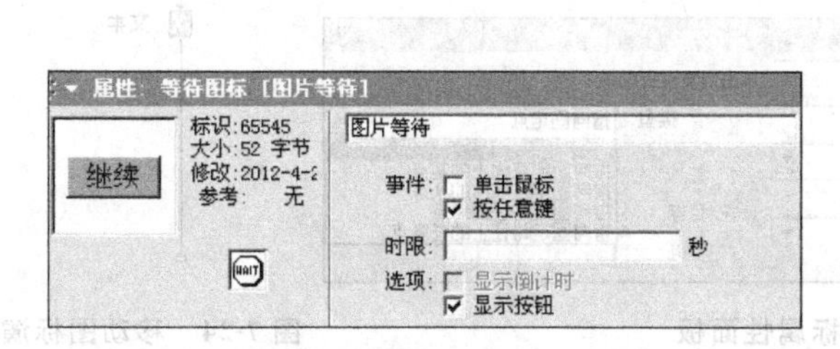

图 7-20 等待图标属性设置

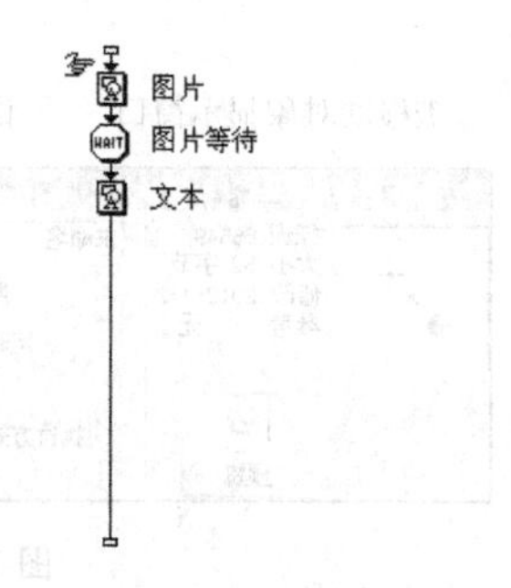

图 7-21 等待图标演示

3. 擦除图标的应用

擦除图标能擦除选定图标中的对象，包括文字、图片和动画等。当擦除一个图标时，该图标的所有内容都将被一次性地擦除，即擦除图标的操作是针对图标的，而不是针对图标内包含的对象的。如果需要每次仅擦除一个对象，可以将多个对象分散在不同的图标内。

如果程序运行时遇到一个新的擦除图标，则自动打开此擦除图标属性面板（如图 7-22 所示），供用户选择擦除对象，一个擦除图标可以一次擦除多个图标对象。用户也可以双击擦除图标打开擦除图标属性面板。

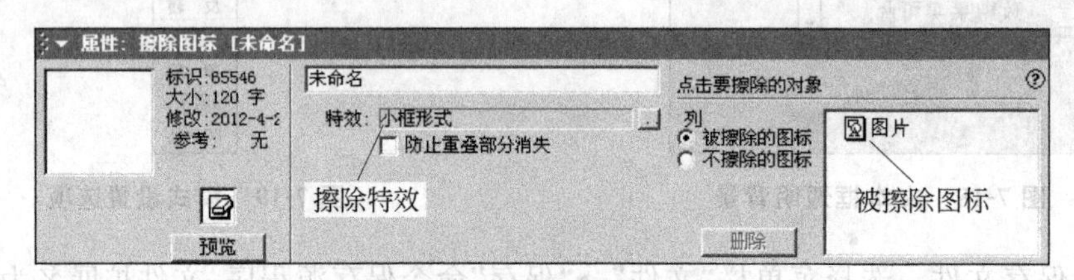

图 7-22 擦脸图标属性面板

值得注意的是，如果在显示图标之后直接使用擦除图标，那么对象在显示之后就会被擦除，这样用户可能无法看清显示图标的内容。一个常用的解决方法是在显示图标与擦除图标之间添加等待图标，将显示对象与擦除图标分隔开。

4. 移动图标的应用

移动图标可以控制演示窗口中的某些对象按照指定的路径移动，从而产生动画效果，被移动的对象可以是图片、文字、动画及电影等。在流程线上，移动图标应位于被移动图标下方，且一个移动图标一次只能控制一个被移动对象，如果要用不同方式移动多个对象，则应将这些对象放在不同的显示图标中。移动图标属性面板如图 7-23 所示，面板上可以设置移动类型和移动时间等属性。

【例 7-2】 在例 7-1 的基础上，进一步熟悉显示图标和绘图工具栏的应用，并熟悉移动图标。主流程图如图 7-24 所示。步骤如下：

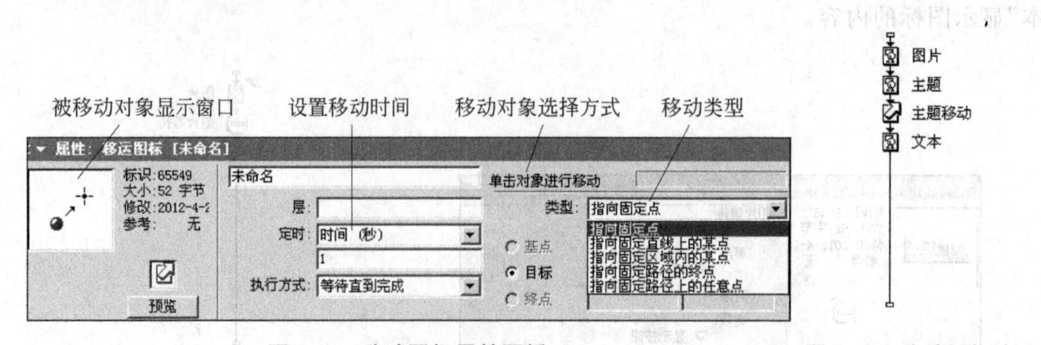

图 7-23 移动图标属性面板

图 7-24 移动图标演示

(1) 绘制被移动对象。拖动一个显示图标放在“图片”图标的下方,取名为“主题”。在“主题”图标演示窗口中,利用绘图工具栏中的椭圆工具绘制椭圆,用着色工具填充颜色和纹理,绘制完毕不要关闭“主题”图标演示窗口。

(2) 插入移动图标。拖动一个移动图标到“主题”图标的下方,取名为“主题移动”。

(3) 选择被移动对象。打开“主题移动”图标属性面板,然后单击第(1)步绘制的“主题”图标中的椭圆,在移动图标属性面板左上角的“被移动对象显示窗口”中将会显示被移动对象的图形,可以通过观察这个小窗口内显示的内容判断选择的动画对象是否正确;在“定时”栏下方的文本框中输入时间为“2”秒;面板右侧“类型”选项中,选择“指向固定路径的终点”(如图 7-25 所示)。

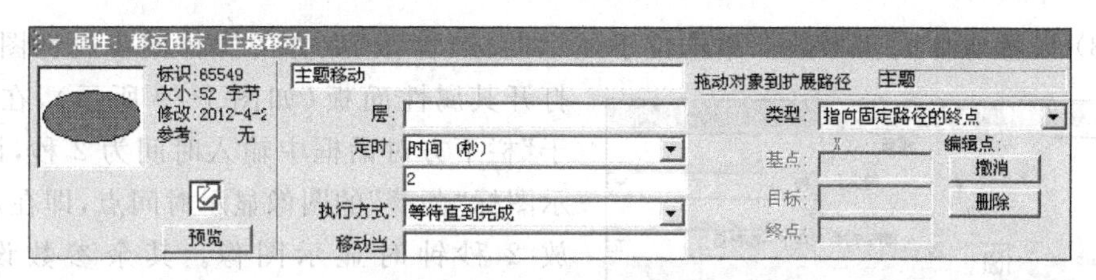

图 7-25 移动属性设置

(4) 设置移动路径。单击需要移动的椭圆,在椭圆中心位置将会出现一个黑色的三角形,拖动椭圆移动,放开鼠标后,在椭圆所处的新位置上出现另一个三角形,并与原来的椭圆中心标记有直线相连,这就是对象的动画轨迹。多次拖放椭圆,可设置曲线轨迹。三角形标志之间的连线是直线轨迹,双击三角形标志,可转换为弧线轨迹(如图 7-26 所示)。运行程序,如果发现动画效果不满意,可以多次调整动画轨迹,直到满意。

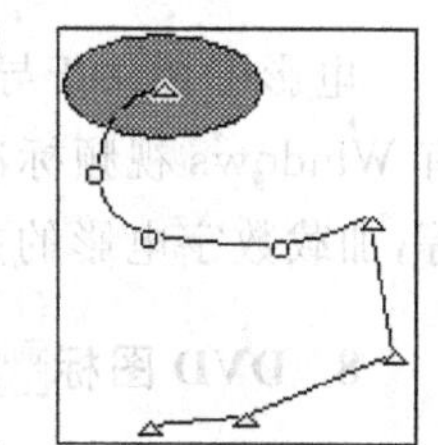
图 7-26 运动轨迹

5. 群组图标的应用

群组图标相当于编程语言中建立的子程序,其本身并不完成任何特定功能,但可以将多个图标(包括其他群组图标)组织到同一个群组图标中,实现模块化的思想。建立群组的方法有两种:

(1) 直接在流程线上放置群组图标,双击打开其设计窗口后,直接将其他图标拖入。

(2) 选取流程线上连续的图标,选择菜单栏“修改”→“群组”命令。

6. 声音图标的应用

使用声音图标可以插入多种类型的音频文件,并有效控制声音播放的速度和时间。声音图标支持的音频文件类型有 AIFF、MP3、WAV、SWA、VOX 和 PCM 等。

【例 7-3】 制作带背景音乐的图像显示,主流程图如图 7-27 所示。步骤如下:

(1) 插入声音图标。在流程线上放置声音图标,单击位于其属性面板左下方的“导入”按钮,导入音频文件(如图 7-28 所示)。

(2) 插入显示图标。选取一个显示图标,拖动并放置在声音图标右侧(注意不要放置在主流程线上),命名为“蔷薇”,在该显示图标中导入相应的图片。

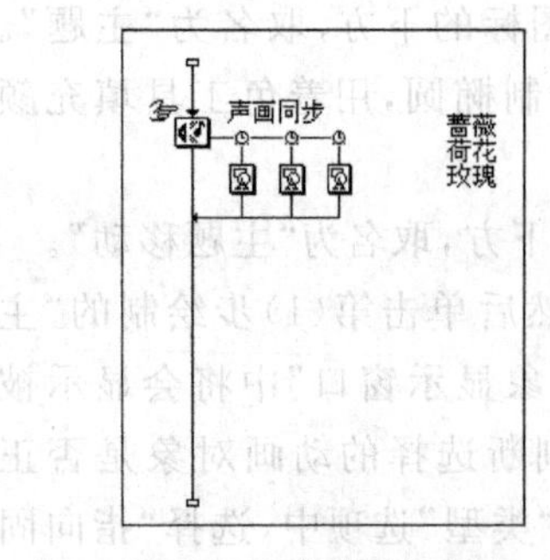

图 7-27　声音图标演示

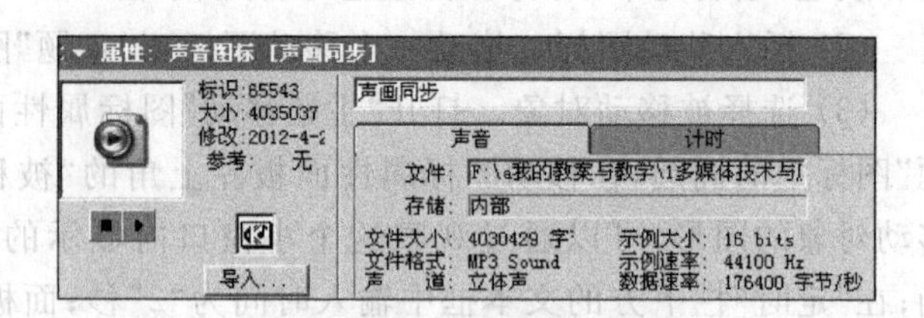

图 7-28　声音图标属性面板

(3) 设置媒体同步参数。单击位于显示图标"蔷薇"上方的媒体同步属性图标，打开其属性面板(如图 7-29 所示)，在"同步于"栏下方对话框中输入时间为 2 秒，设置显示图标"蔷薇"的图像显示时间点，即在声音播放 2 秒钟时显示图像。其余参数设置如图 7-29 所示。

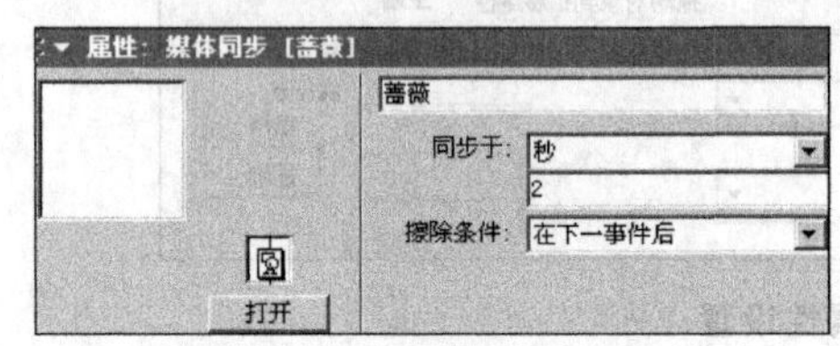

图 7-29　媒体同步属性面板

(4) 输入其他两幅显示图像。重复第(2)、(3)步，但要修改媒体同步参数中的时间设置，分别为 4 秒和 6 秒。

7. 电影图标的应用

电影图标用于导入、播放和使用其他软件创建的影片文件，其支持的数字电影格式有 Windows 视频标准格式 AVI、Director 文件(DIR、DXR)和 QuickTime 文件(MOV)等，加载数字电影的方法与声音图标相同。

8. DVD 图标的应用

用于插入各种视频文件，需要计算机外部设备的支持，如放映机、投影仪和录像机等。

7.3.3 Authorware 程序发布

1. 一键发布

创建交互式多媒体应用程序的目的是为了让更多的最终用户来使用它，这需要将可编辑的源文件变成可以运行但不可以编辑的应用程序，从源文件得到应用程序的过程称为"程序的发布"。Authorware 提供了一键发布的功能。

发布前先保存源程序，再执行菜单栏"文件"→"发布"→"发布设置…"命令，在弹出的 One Button Publishing 对话框中对一键发布进行参数设置。One Button Publishing 对话框包括 5 个选项卡，分别用来设置 5 类属性：

(1) Formats 选项卡：可以设置发布形式及具体文件发布路径(如图 7-30 所示)，发布形式有常规发布和网络发布两种。

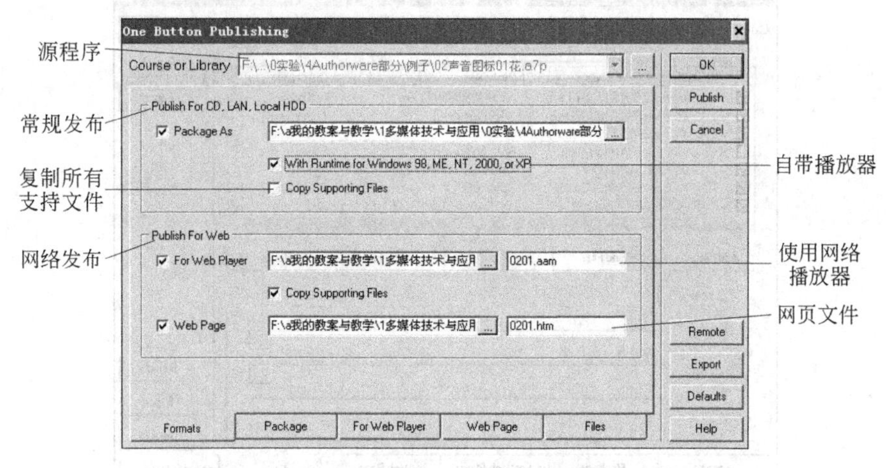

图 7-30 One Button Publishing 对话框 Formats 选项卡

① 常规发布指发布为 EXE 文件或者 a7r 文件，并发布在 CD、局域网和用户硬盘等常规媒体介质上。在选择时，若勾选了"With Runtime for Windows 98，ME，NT，2000，or XP"，则生成自带播放器的 EXE 可执行文件；不勾选则生成 a7r 文件，文件运行时需要播放器 Runa7w32.exe7 的支持。

② 网络发布把作品直接发布成使用网络播放器播放的 AAM 文件和 HTML 的网页文件形式。

(2) Package 选项卡：是一些关于打包文件的设置，如是否将外部链接媒体嵌入、是否将库文件一同打包等。

(3) For Web Player 选项卡：关于 Authorware 网络播放器的相关属性设置。进行网络发布的时候，根据不同的网络连接速度，将文件分成不同大小的多个文件，使得在网速较慢时也能流畅播放。

(4) Web Page 选项卡：可以设置网络发布页面的 HTML 模板、网页标题文字以及网页的大小、背景颜色等属性，还可以选择播放器(Web Player)的版本和窗口风格。

(5) Files 选项卡：列出了该程序打包的所有相关支持文件，如相关驱动文件(x32、xmo 等)、外部媒体文件(avi、wav 等)和扩展函数库(u32、dll 等)等，也包括即将发布输出的相关打包文件，如 exe、a6r、aam、htm 等文件，根据发布形式的不同而异，如图 7-31 所示。当选择某个文件后，可以在下面的文本框中修改它的源位置和目标位置，也可以通过 Add File(s)按钮手动添加一些文件。

所有属性设置完毕后，单击 Publish 按钮即可发布；也可在设置完成退出对话框后执行菜单栏"文件"→"发布"→"一键发布"命令或按 F12 键，系统就会自动按照先前的设置进行发布工作。

2. 程序打包

虽然 Authorware 的一键发布功能强大，但如果只想将源程序打包为一种脱离编辑

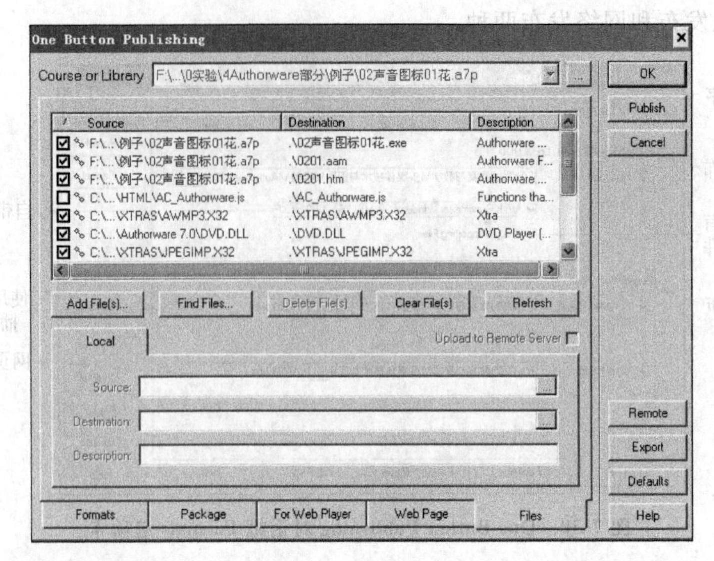

图 7-31 One Button Publishing 对话框 Files 选项卡

环境并能独立运行的程序，也可以考虑使用 Authorware 的打包功能。

执行菜单栏"文件"→"发布"→"打包"命令，进入"打包文件"对话框(如图 7-32 所示)，在对话框的最上面有一个下拉列表，其中包含两个选项：

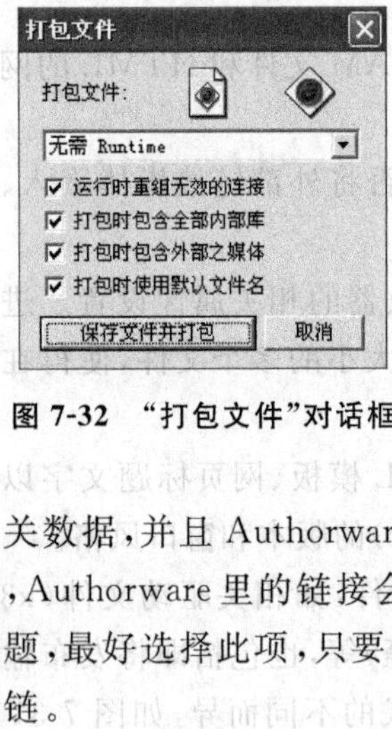

(1) 无需 Runtime：选择此项，将打包生成 a7r 文件，文件运行时需要播放器 Runa7w32.exe7 的支持。

(2) 应用平台 Windows xp/NT 和 98：选择此项生成自带播放器的 EXE 可执行文件。

图 7-32 "打包文件"对话框

对话框中另有 4 个复选框，分别如下：

(1) 运行时重组无效的连接：当编写 Authorware 程序时，每放一个新图标到流程线上，系统会自动记录图标的相关数据，并且 Authorware 内部以链接方式将数据串连起来。如果程序作了修改操作，Authorware 里的链接会重新调整，甚至形成断链。为了不让程序运行过程中出现问题，最好选择此项，只要图标类型和名称没有改变，Authorware 可以自动处理、恢复断链。

(2) 打包时包含全部内部库：选定此项会使 Authorware 将所有与作品链接的库文件打包到主程序中。

(3) 打包时包含外部之媒体：选定此项会使 Authorware 将作品调用的所有媒体文件压缩。

(4) 打包时使用默认文件名：选取此项会使打包出来的作品以当前文件名来命名。

设置完成后，单击"保存文件并打包"按钮，进入"打包文件为"对话框，Authorware 开始打包。

3. 程序运行的支持文件

已发布打包的程序要正常运行，除了主程序外，还需要以下一些其他支持文件：

(1) Runa7w32. exe7：如果没有打包到程序文件中，即打包时生成 a7r 格式的文件，则需要此程序的支持。

(2) 应用程序中引用过的库文件：最好将所用到的库和模块放在同一目录中。

(3) 以外部形式导入的数字电影、音频和图片等媒体文件：最好能分门别类地放置，以便管理。

(4) 播放特殊类型的媒体文件的驱动程序：建立独立目录安放。

(5) 应用程序中用到的外部函数文件(UCD、DLL 等)：最好放在打包程序的同一目录下。

(6) 每种媒体类型所需要的 Xtras 插件：扩展名为 x32，放在打包程序所在目录的 Xtras 子目录中。

(7) 应用程序中使用的 ActiveX 文件。

当程序运行时，Authorware 自动按以下顺序搜索这些文件：

(1) 初次加载该文件时该文件所在的目录。

(2) 当前程序所在目录。

(3) Windows 及其系统目录(如 Windows\System 或 Winnt\System32)。

(4) 在文件属性面板中定义的搜索路径。定义搜索路径的方法是：选择菜单栏“修改”→“文件”→“属性”命令，弹出文件属性对话框，在该对话框中单击“交互作用”选项卡，然后在“搜索路径”文本框中设定默认的搜索文件夹，最好输入与驱动器无关的相对路径，如果要设定多个路径，则可在路径间用“;”隔开，如图 7-33 所示。

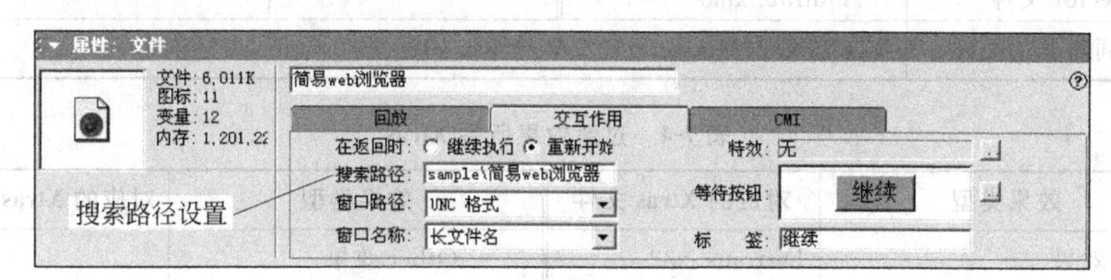

图 7-33 搜索路径设置

(5) 在系统变量 SearchPath 中定义的路径。

在支持文件中，Authorware 自带的 Xtras 文件共有 7MB 左右。但程序实际运行时，并不是所有的 Xtras 文件都需要：除了 Mix32. x32、Mixview. x32 和 Viewsvc. x32 三个是必须有的以外，其他的 Xtras 文件是根据程序使用的媒体元素和过渡效果来决定的，如在作品中若用到了 JPG 格式的图像，则需要 Jpegimp. x32；若用到 WAV 格式的声音文件，则需要 Wavread. x32。因此，只需要将有用的 Xtras 文件复制到 Xtras 文件夹中，其他无用的 Xtras 文件则可以删除，这样就可以达到减小打包文件的目的。表 7-1 到表 7-4 列出了各类型文件和过渡效果所需要的 Xtras 文件。

表 7-1 图像文件所需 Xtras

图像文件类型	对应的 Xtras 文件	图像文件类型	对应的 Xtras 文件
BMP 文件	Bmpview. x32	EMF 文件	Emfview. x32
GIF 文件	Gifimp. x32	JPEG 文件	Jpegimp. x32
LRG 文件	Lrgimp. x32	PICT 文件	Pictview. x32
PNG 文件	Pngimp. x32	Photoshop 文件	Ps3imp. x32
TGA 文件	Targimp. x32	TIF 文件	Tiffimp. x32
WMF 文件	Wmfview. x32		
共同需要的文件	Mix32. x32、Mixview. x32、Viewsvc. x32		

表 7-2 声音文件所需 Xtras

声音文件类型	对应的 Xtras 文件	声音文件类型	对应的 Xtras 文件
AIFF 文件	Aiffread. x32	PCM 文件	Pcmread. x32
Authorware 3.0 sound 文件	A3sread. x32	SWA 文件	Swaread. x32 Swadcmpr. x32
VOX 文件	Voxread. x32、Voxdcmp. x32	WAV 文件	Wavread. x32
共同需要的文件	Mix32. x32、Mixview. x32、Viewsvc. x32		

表 7-3 电影文件所需 Xtras

电影文件类型	对应的 Xtras 文件	电影文件类型	对应的 Xtras 文件
AVI 文件	A5vfm32. xmo	MPG 文件	A5mpeg32. xmo
SWF 文件	FlashAsset. x32	MOV 文件	QuicktimeAsset. x32
Director 文件	A5dir32. xmo		
共同需要的文件	Mix32. x32、Mixview. x32、Viewsvc. x32		

表 7-4 过渡效果所需 Xtras

效果类型	对应的 Xtras 文件	效果类型	对应的 Xtras 文件
cover 效果	Dirtrans. x32	Other 效果	Dirtrans. x32
cover out 效果	Coverout. x32	Dissolve 效果	
cover in 效果	Coverin. x32	Push 效果	
Sharkbyte Transitions 效果	Thebyte. x32	Reveal 效果	
Wipe corners in 效果	Crossin. x32	Strips 效果	
Internal(内部)效果	只需 3 个共有文件	Wipe 效果	
共同需要的文件	Mix32. x32、Mixview. x32、Viewsvc. x32		

在具体程序打包时，参照以上所列举的，只需提取自己程序所用到的 Xtras 文件，和打包文件放到一起，而不需要将 Xtras 文件全部打包，可达到减小打包文件大小的目的。

4. 程序打包需要注意的问题

(1) 仔细检查程序的结构是否完整。建议不要使用图标默认名,而应取一个有意义的名字,并标上不同色彩。

(2) 规范各种外部文件的位置。如果在程序中嵌入了大量的文件,会使主程序文件体积过大,影响播放速度。所以常将这些文件作为外部文件发布。对这些文件,通常将不同类型的文件放在不同的目录下,以便管理。例如,图片放在Image文件夹中,声音放在WAV文件夹中,视频放在AVI文件夹中,等等。

(3) 外部扩展函数设置。Authorware本身提供了丰富的系统函数,基本能满足程序设计的需要,但在系统函数无法完成任务的场合,可能会调用一些自定义函数来实现相应的功能,如在使用MIDI时,就要使用外部扩展函数库a6wmme.u32。此时最好在主程序文件下创建一个目录,如Ucd,将这些外部函数都放在这个目录里,并设置好搜索路径,最后还应将文件复制到打包文件的同一目录下。

(4) 外部动画文件的调用。如果应用程序中包含AVI或FLC等动画文件,则这些文件会被当作外部文件存储,而不能像图片文件、声音文件那样嵌入到最终打包的EXE文件内部。最简单的办法是将动画文件与最后的打包文件放在同一目录下,这样虽然目录结构看起来乱一些,但却能解决问题。另一个办法是在源程序文件打包前,在文件属性面板中为动画文件指定搜索路径。

(5) 特效及外部动画的驱动。应用程序中往往包含各种转换特效(或称转场特技),包含AVI、FLC、MOV和MPEG等格式的外部动画文件。源程序打包后在Authorware目录下运行时,一切正常,但复制到目标目录后运行时,则会提示指定的转换特效不能使用,找不到外部动画驱动程序。这是因为Authorware需要外部驱动程序才能实现特效转换及动画文件的运行,而且这些外部驱动程序应与打包程序文件放在同一目录下。具体方法是按照表7-1到表7-4找到能实现相应特效的Xtras文件及a5vfw32.xmo、a5mpeg32.xmo和a5qt32.xmo三个动画驱动程序文件,将这些文件复制到打包文件的同一目录下。

7.3.4 Authorware交互程序设计

人机交互是计算机最主要的特点之一,对于程序来说,交互其实就是一种人与程序对话的机制,即多媒体程序能够向用户演示信息,同时也允许用户向程序传递控制信息,并据此作出实时的反应,而用户通过键盘、鼠标甚至时间间隔来控制多媒体程序的流程。Authorware通过交互图标为程序提供了强大的交互功能,能有效、准确地制作出界面友好、控制灵活的程序。

1. 认识交互结构

一个具有交互功能的流程主要包含4部分内容:交互图标、响应类型标识符、结果路径和响应图标(如图7-34所示)。

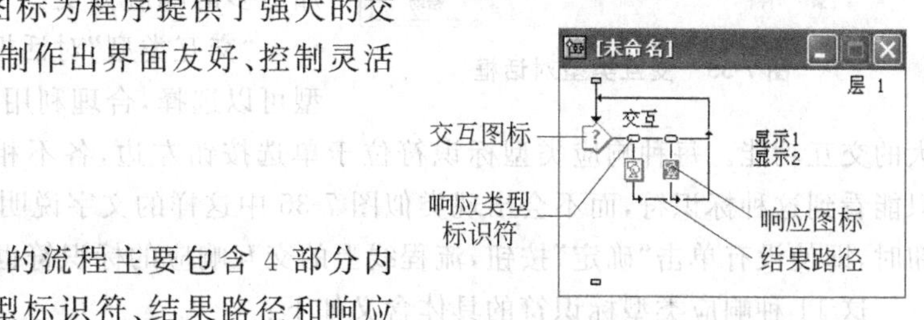

图7-34 交互结构

(1) 交互图标：是交互流程中最重要的部分，不仅能提供按钮和菜单等多种方式的交互功能，还具有显示图标的所有功能，并在其基础上增加了一些扩展功能，如控制文本和图像的显示效果、设置是否清除屏幕以及是否特技效果等。交互图标不能单独工作，必须配合其他图标才能制作出生动友好的人机对话程序。

(2) 响应类型标识符：通常一个交互图标总是附带着多个响应类型标识符。响应类型标识符决定了响应方式（如按钮响应、菜单响应等），同时也定义了一个目标响应，可以把程序的流程沿着路径传递给结果图标。

(3) 响应图标：与某一个响应类型标识符相连接的图标，当此响应类型标识符的目标得到响应时，执行相应的响应图标。

(4) 结果路径：表示退出响应图标时流程的执行方向，共有重试、继续和退出交互 3 种执行方向。系统默认的是"重试"。

2. 交互的执行过程

(1) 当程序遇到交互图标，首先显示交互图标中所包含的对象，然后停下来等待用户的响应。

(2) 用户响应后，程序把该响应沿着交互流程线发送出去，判断是否与某一个目标响应匹配。

(3) 当响应图标中的内容执行完毕时，由结果路径来决定下一步流程的走向。结果路径走向有 3 种：重试、继续和退出交互。

(4) 如果用户的响应和交互流程线上的任何一个目标响应都不匹配，则流程会返回到交互图标，等待用户的下一次交互过程。

3. 交互的建立

建立交互的操作步骤如下：

(1) 将交互图标拖到流程线上。

(2) 选择其他类型的图标（如显示图标、群组图标或计算图标等）作为响应图标，拖到交互图标的右边，释放鼠标之后，将会弹出"交互类型"对话框（如图 7-35 所示），根据需要选择交互类型。

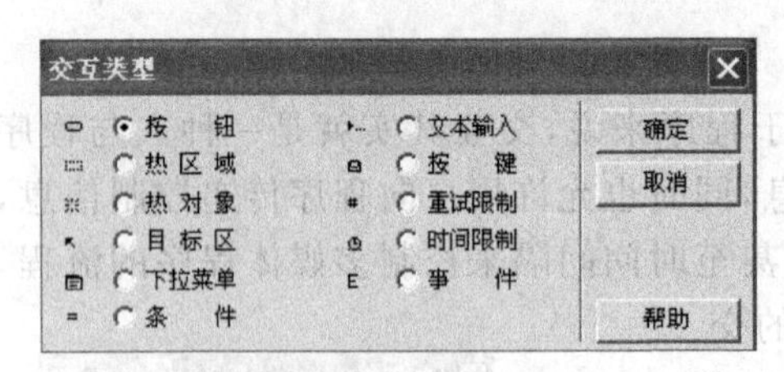

图 7-35 交互类型对话框

(3) 重复上述的操作，就能为交互图标添加更多的响应分支。

"交互类型"对话框中有 11 种交互响应类型可以选择，合理利用它们可以为程序提供强大的交互功能。每种响应类型标识符位于单选按钮左边，各不相同，在程序的流程线上只能看到这种标识符，而不会出现类似图 7-35 中这样的文字说明。当选择不同的单选按钮时，即使没有单击"确定"按钮，流程线上的交互响应的标识符也会同步发生变化。

这 11 种响应类型标识符的具体含义如下：

(1) 按钮响应▭：是使用最频繁的一种交互方式，建立响应按钮，用户通过按钮的动作产生响应来决定程序分支执行。

(2) 热区域响应：建立响应区域，用户通过对某个选定区域的动作产生响应。

(3) 热对象响应：建立响应对象，用户通过对某个选定对象的动作产生响应。

(4) 目标区响应：通过用户移动对象至目标区域而产生响应。

(5) 下拉菜单响应：建立菜单，通过用户对菜单的操作产生响应。

(6) 条件响应：通过条件判断式产生响应。

(7) 文本输入响应：允许用户输入文本，并根据输入的文本产生响应。

(8) 按键响应：控制键盘上的按钮，从而产生响应。

(9) 重试限制响应：可以限制用户的交互次数。

(10) 时间限制响应：限制用户交互的时间。

(11) 事件响应：对一些特殊的事件作出相应的动作。

4. 交互案例

【例 7-4】 运用交互图标、群组图标和显示图标实现一个选择判断题。重点掌握如何实现按钮响应、交互属性的设置以及群组图标的应用。

(1) 建立一个新文件，在流程线上加入一个交互图标，命名为“直辖市选择”。

(2) 建立按钮交互分支。拖动一个显示图标到交互图标的右侧，在弹出的“交互类型”对话框中单击选择“按钮”类型，单击“确定”按钮关闭对话框，然后将新加入的显示图标命名为“A. 重庆”。

(3) 重复第(2)步，拖动一个群组图标和两个显示图标到交互图标的右侧。由于第一个交互已经选择按钮类型，后面的交互不需要选择，系统自动默认为第一个交互类型，即按钮交互。将新加入的交互分别命名为“B. 广州”、“C. 上海”和“D. 北京”。

(4) 在交互图标之后的主流程线上放入一个显示图标，命名为“结束”。主流程如图 7-36 所示。

(5) 建立主窗口。双击交互图标，打开其展示窗口，可以看到其中已经增加了 4 个按钮，按钮上的名称和之前命名的一致。调整这 4 个按钮的位置，并利用文本输入工具输入文字“以下哪个城市不是直辖市？”。演示窗口如图 7-37 所示。关闭交互展示窗口。

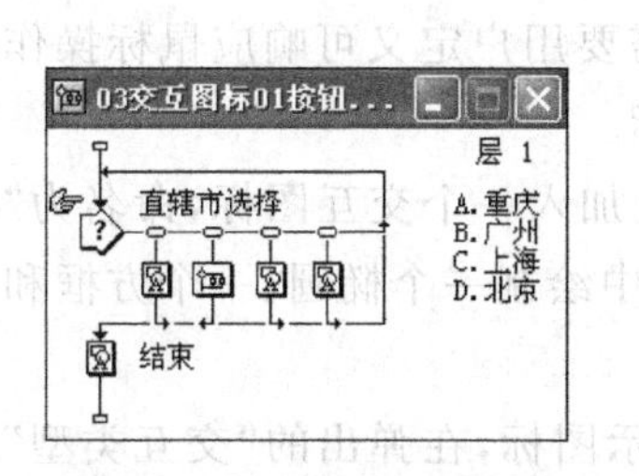

图 7-36 按钮响应主流程图

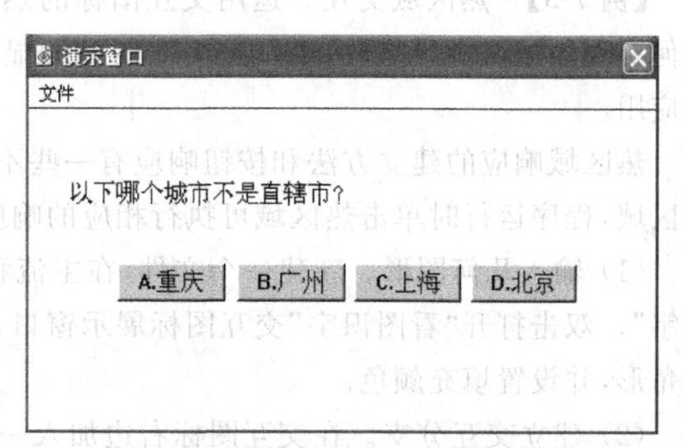

图 7-37 主窗口

(6) 设置分支响应内容。双击"A. 重庆"显示图标,在其中输入文字"错了",设置合适的字体、字号等,并关闭显示图标的展示窗口。对显示图标"C. 上海"和"D. 北京"分别做同样的操作。

(7) 双击"B. 广州"群组图标,在其流程线上放入一个显示图标和一个等待图标,分别命名为"B. 正确"和"等待 5 秒"(如图 7-38 所示)。双击"B. 正确"显示图标,在其中输入文字"正确",设置合适的字体、字号等,并关闭显示图标的展示窗口。单击"等待 5 秒"等待图标,在其属性窗口的"时限"文本框中输入数字 5,设置等待时间为 5 秒。关闭群组图标演示窗口。

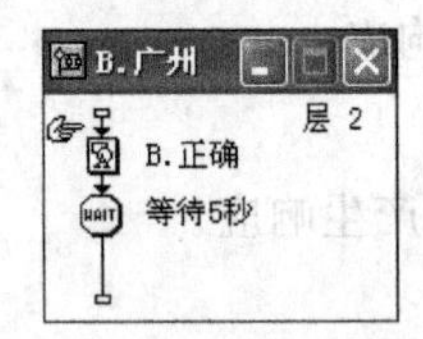

图 7-38 群组图标流程

(8) 设置退出交互。执行完响应图标后,默认的交互流程方向是"重试",但可以改变。单击主流程线上"B. 广州"的交互响应类型标识,打开"交互图标"属性对话框,单击"响应"标签,在对话框的"分支"下拉列表中选择"退出交互"(如图 7-39 所示),可以看见主流程线中第二个选择"B. 广州"的流程线方向改变为退出分支的状态。

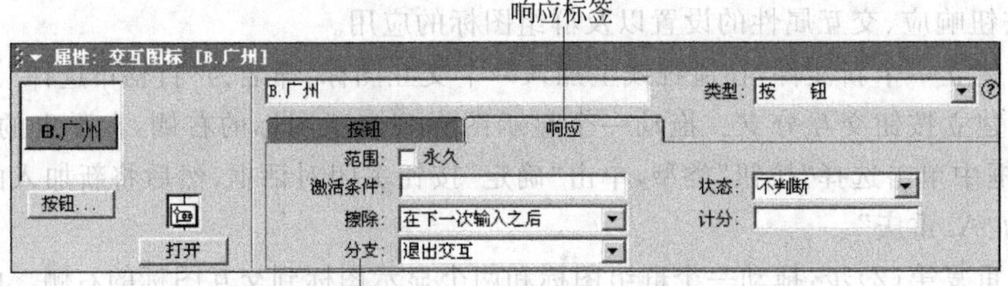

图 7-39 "交互图标"属性面板

(9) 双击"结束"显示图标,在其中输入文字"结束",设置合适的字体、字号等,并关闭显示图标的展示窗口。

运行程序时,首先出现的是交互图标展示窗口的内容,当单击"A. 重庆"、"C. 上海"和"D. 北京"按钮后,会显示提示文字"错误",并可以重新选择;如果单击"B. 广州"按钮后,显示提示文字"正确",暂停 5 秒后退出交互,并在屏幕上显示提示"结束"。

【例 7-5】 热区域交互。运用交互图标的热区域交互功能实现看图识字,重点掌握如何实现热区域响应,进一步熟悉交互图标的显示功能、交互属性的设置以及群组图标的应用。

热区域响应的建立方法和按钮响应有一些不同,需要用户定义可响应鼠标操作的矩形区域,程序运行时单击热区域可执行相应的响应图标。

(1) 输入几何图形。新建一个文件,在主流程线上加入一个交互图标,命名为"看图识字"。双击打开"看图识字"交互图标展示窗口,在其中绘制一个椭圆、一个方框和一个三角形,并设置填充颜色。

(2) 建立交互分支。在交互图标右边加入一个显示图标,在弹出的"交互类型"对话框中单击选择"热区域"类型,单击"确定"按钮后关闭对话框,将此显示图标命名为"椭圆”。重复此步,依次加入命名为“方框”和“三角形”的另外两个显示图标。完成后主流程如图 7-40 所示,由图中可见,与图 7-36 不同的是交互响应类型标识改为“热区域”标识,其他流程结构没有太多变化。

(3) 定义热区域。双击“看图识字”交互图标,打开其演示窗口,可见窗口中除了在第(1)步中绘制的椭圆、矩形和三角形 3 个几何图形外,还多了 3 个虚线框,虚线框中分别标注为“椭圆”、“方框”和“三角形”。虚线框用于定义热区域,将其拖动到相应的几何图形上,并调整虚线框的大小,使其覆盖几何图形(如图 7-41 所示),关闭交互图标演示窗口。

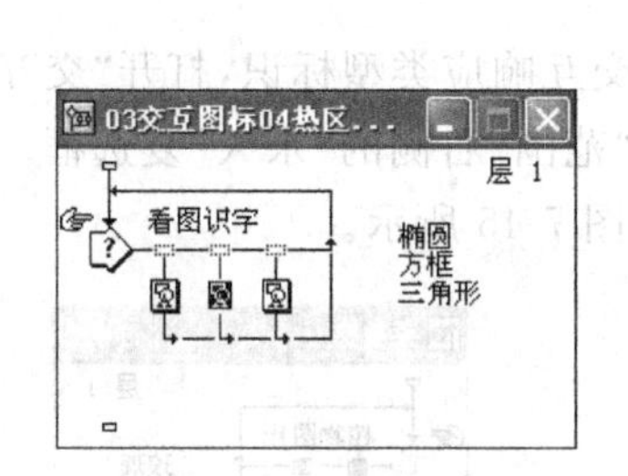

图 7-40 热区域主流程图

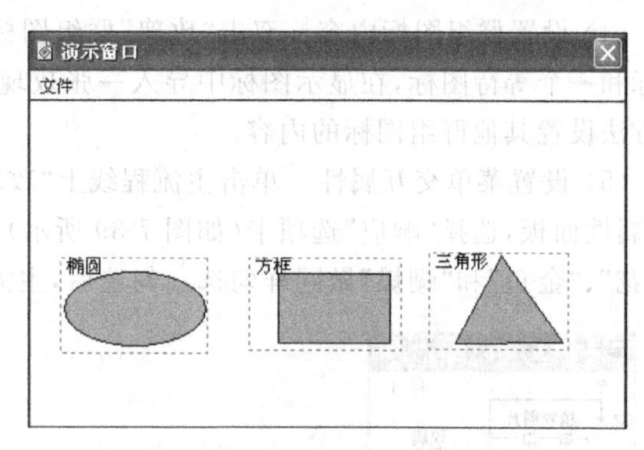

图 7-41 定义热区域

(4) 定义鼠标指针。为了让用户更清楚地知道哪些地方是可以单击的热区域,可以使鼠标移到热区域时变成手形光标。单击主流程线上“椭圆”的交互响应类型标识,打开“交互图标”属性对话框,选择“热区域”标签,在对话框中单击“鼠标”右边的按钮(如图 7-42 所示),在弹出的“鼠标指针”对话框中选择“手型”光标。对“方框”和“三角形”的鼠标指针做同样的设置。

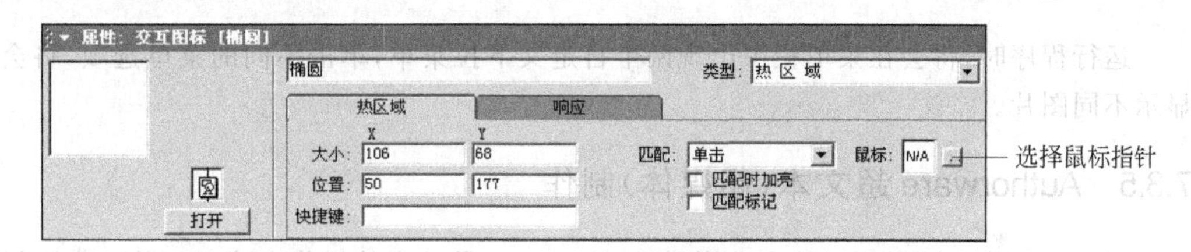

图 7-42 鼠标指针选择

(5) 定义响应内容。双击“椭圆”显示图标,在其演示窗口中输入文字“椭圆”。同样,在“方框”和“三角形”显示图标的演示窗口中分别输入文字“方框”和“三角形”。

运行程序时,首先出现的是交互图标展示窗口的内容,移动光标到“椭圆”、“方框”和“三角形”区域,光标将变成手型,单击鼠标会显示相应的提示文字。

【例 7-6】 下拉菜单交互。实现下拉菜单的关键属性设置,重点掌握多个下拉菜单的实现,进一步熟悉群组图标和等待图标。

菜单是大家都很熟悉的,在 Windows 中存在很多包含若干下拉菜单项的菜单,它也是应用程序普遍采用的一种交互方式。在 Authorware 中提供了菜单的响应方式,可以用它很快地在程序中创建菜单，实现菜单交互功能。

(1) 文件属性设置。建立下拉菜单前，先打开文件属性面板(如图 7-9 所示)，在“选项”中勾选“显示标题栏”复选框，否则运行窗口没有标题栏，也无法显示菜单栏了。

(2) 建立第一个下拉菜单。在主流程线上加入一个新交互图标，命名为“植物图片”。拖动两个群组图标到“植物图片”交互图标右侧，选择“下拉菜单”交互方式，分别将这两个群组图标命名为“玫瑰”和“荷花”。

(3) 建立第二个下拉菜单。重复第(2)步，将第二个交互图标命名为“动物图片”，两个群组图标分别命名为“金鱼”和“蝴蝶”。此时主流程如图 7-43 所示。

(4) 设置群组图标内容。双击“玫瑰”群组图标，在打开的演示窗口中拖入一个显示图标和一个等待图标，在显示图标中导入一张玫瑰花的图片，流程如图 7-44 所示。同样的方法设置其他群组图标的内容。

(5) 设置菜单交互属性。单击主流程线上“玫瑰”的交互响应类型标识，打开“交互图标”属性面板，选择“响应”选项卡(如图 7-39 所示)，勾选“范围”右侧的“永久”复选框。对“荷花”、“金鱼”和“蝴蝶”做同样勾选。勾选后，主流程如图 7-45 所示。

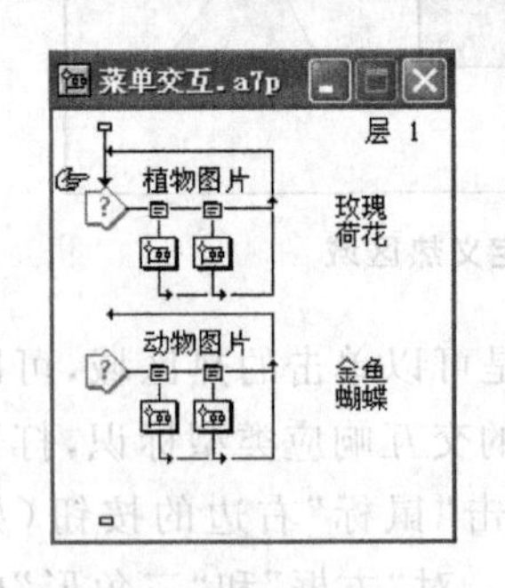

图 7-43 “菜单栏”交互初始主流程

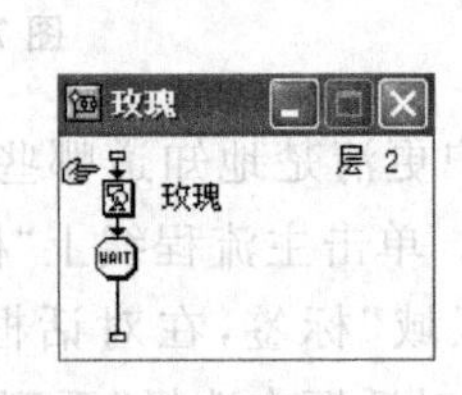

图 7-44 “玫瑰”群组图标流程

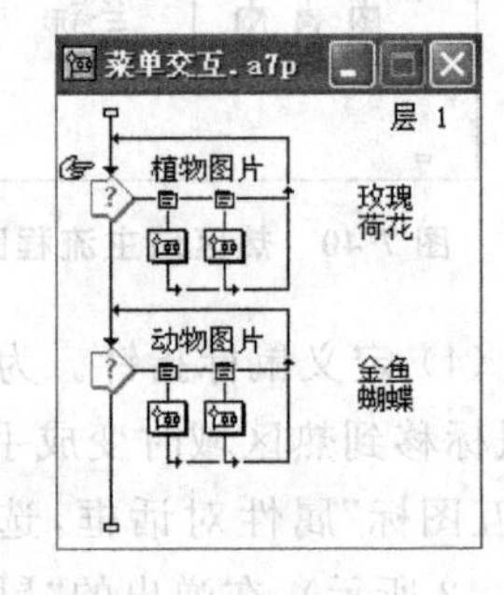

图 7-45 “菜单栏”交互最终主流程

运行程序时，将会在菜单栏中出现两个自定义下拉菜单，单击不同的菜单选项，将会显示不同图片。

7.3.5 Authorware 超文本(超媒体)制作

通过流程线和图标可以清晰地展示 Authorware 最基本的操作方式——从一个图标执行到下一个图标。但随着程序的深入，这种单一顺序的执行方式不能满足用户的更高要求。如在处理多个页面文本时，用户可能会要求根据需要向前或向后浏览，或者和浏览网页一样，根据需要返回已经浏览过的某一页。通过框架图标和导航图标可以实现这种超链接。

Authorware 中超文本或超媒体的信息材料是以页为单位来组织的，利用框架图标和导航图标配合，可以建立超文本(超媒体)的页面系统，即控制程序从一个图标跳转到另一个图标去执行。其中，框架图标的作用是将各种资料划分成一个一个页的形式；而导航图标则提供了各种各样的页操作功能，如向前一页、向后一页、跳转到指定页等，通过这些页操作就可以进行材料组织了。框架结构流程图如图 7-46 所示，框架图标位于流程线上，显示图标在其右侧构成结点页。当程序运行时，程序窗口除了显示当前页面的内容以外，还将显示导航交互按钮（如图7-47所示），控制页面的跳转。

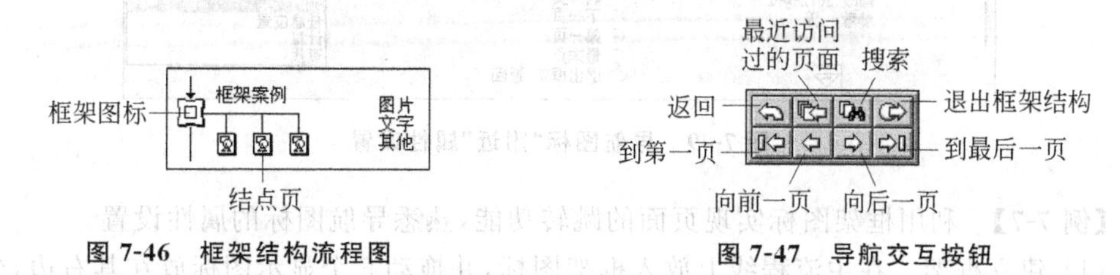

图7-46 框架结构流程图　　图7-47 导航交互按钮

建立框架结构很简单，在流程线上放入一个框架图标，然后拖放任何图标到框架图标的右侧，会形成一个下挂分支，Authorware中称此下挂分支为页。页中可以包含任何图标，也就可以包含任何媒体（图形、图像、声音和动画等）。Authorware中的框架图标就是用来管理和生成页的，每个框架图标可以带有9999个页。在页间连接跳转功能则是由导航图标来实现的。

双击框架图标，打开框架图标内部结构，可以看出系统默认的框架图标实际上是一个组合图标，由显示图标、交互图标和导航图标构成，分为两部分，即"进入"部分和"退出"部分，中间用横线隔开（如图7-48所示）。

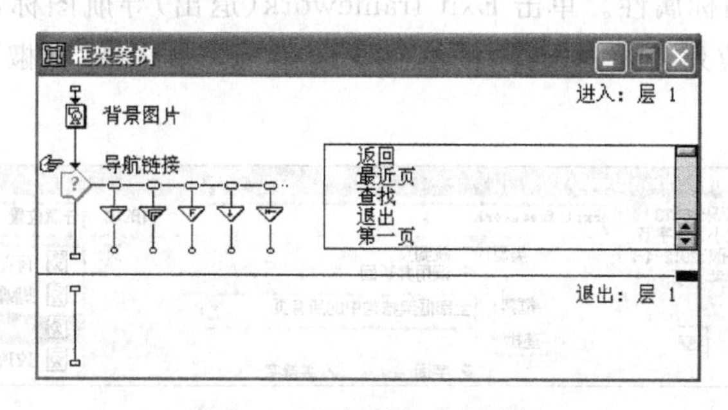

图7-48 框架图标内部结构

（1）进入部分是进入该框架结构中任何一页时必须要执行的程序。例如，若在进入部分放置一个显示图标，显示图标里显示一幅背景图片，则此背景图片将出现在该框架图标的所有页中。

在系统默认的框架图标内部结构中，进入部分包含一个显示图标、一个交互图标和8个导航图标，共同形成图7-47所示的导航交互功能，可以在此基础上根据需要对其加以增删改。8个默认的导航图标提供了页间操作最常用的8个页面跳转功能。

（2）退出部分是退出该框架结构时必须要执行的程序。

双击框架结构内的导航图标，打开导航图标属性面板，在"目的地"下拉列表框中选择导航图标链接跳转目标页。选择不同的"目的地"，可以跳转的页面不同，图7-49为在"目的地"下拉列表框中选择"附近"时出现的页面跳转选项。

在进行页间导航时，还可以设置页间切换的过渡方式，增加页面过渡方式可以增加多媒体的演示效果，特效的设置在框架图标属性面板中进行。

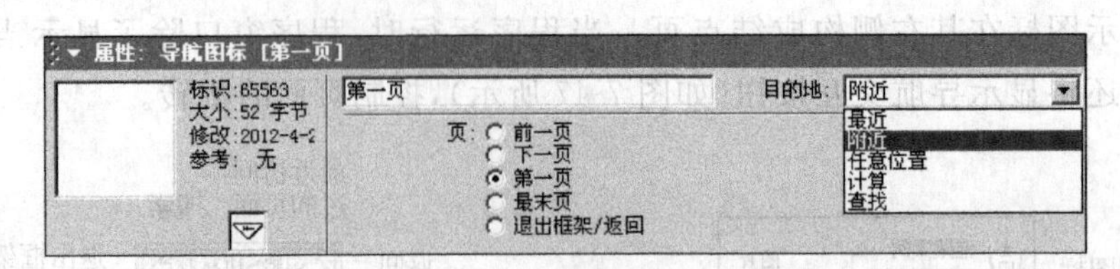

图 7-49 导航图标“附近”属性设置

【例 7-7】 利用框架图标实现页面的跳转功能,熟悉导航图标的属性设置。

(1) 建立框架。在主流程线上放入框架图标,并拖动 5 个显示图标放在其右边,分别命名为“玫瑰”、“蝴蝶”、“辣椒”、“荷花”和“蔷薇”。在这 5 个显示图标中分别导入相应的图片,主流程如图 7-50 所示。

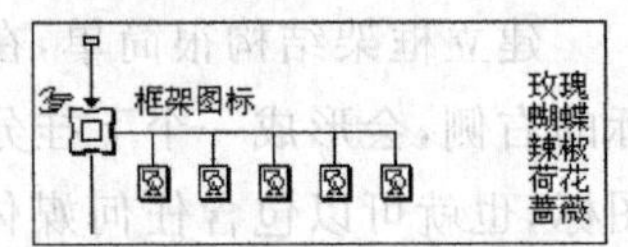

图 7-50 例 7-7 主流程

(2) 修改框架图标内部结构。双击框架图标,打开框架图标内部结构,删除框架图标中默认的显示图标以及 Go back(返回)、Recent pages(最近页)和 Find(查找)3 个导航图标,保留 Exit framework(退出)、First page(第一页)、Previous page(前一页)、Next page(下一页)和 Last page(最后一页)5 项。

(3) 修改导航图标属性。单击 Exit framework(退出)导航图标,在导航图标属性设置面板“目的地”下拉列表框中选择“任意位置”,在“页”中选择“辣椒”。其他属性设置如图 7-51 所示。

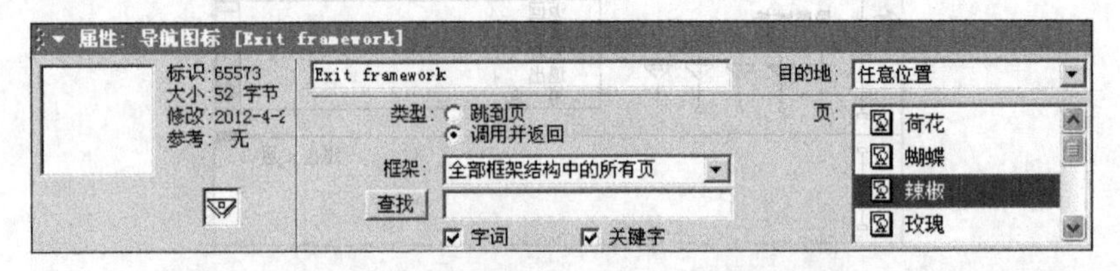

图 7-51 导航图标“任意位置”属性设置

(4) 双击交互图标,在演示窗口中调整好各个按钮位置。

本章小结

多媒体技术已深入计算机应用的众多领域,在各行各业的应用也越来越广泛,如何开发多媒体应用系统、制作多媒体应用软件(如电子课件)是很多人想了解和探讨的。

多媒体应用系统是利用多媒体工具软件开发的、在多媒体核心软件支持下工作的多媒体最终产品,其功能和表现是多媒体技术效果的直接体现。而多媒体应用系统的开发是指多媒体应用系统开发人员在多媒体软件的基础上,借助多媒体软件开发工具制作、编写多媒体应用系统的过程。

本章在介绍多媒体应用系统概念及开发过程的基础上,以 Authorware 这一优秀的多媒体开发工具为主详细介绍了多媒体应用系统的开发方法。

思考与练习

1. 多媒体应用系统是什么？简述多媒体应用系统开发的过程。

2. 多媒体应用系统开发的原则是什么？

3. 多媒体应用系统开发的特点有哪些？

4. 所谓界面友好指的是什么？怎么才能使界面友好？

5. Authorware是基于什么的多媒体创作工具？Authorware提供了丰富灵活的交互方式，试举例说明主要的方式。

6. 参照本章的Authorware的开发实例，选取本书中的某一章做一个具有多种交互形式的课件。

第8章

多媒体数据库

随着计算机技术的发展和应用普及，人们希望计算机不仅能处理数值、字符这类简单的数据，也能处理图像、音频和视频等多媒体信息。与数值、字符等格式化数据不同，图像、音频和视频等媒体信息所涉及的是非格式化数据，并且数据量相对庞大，一般称为多媒体数据。传统的数据库系统在多媒体数据的处理、存储和检索上显得力不从心，因此需要研究和建立一种新型数据库技术——多媒体数据库技术。本章首先介绍了传统数据库的一些基本知识，然后介绍了多媒体数据库涉及的主要内容，最后对多媒体数据库中的一个重要的研究内容——基于内容的数据检索做了介绍。

8.1 多媒体数据库概述

8.1.1 传统的数据库技术

1. 数据库基本概念

数据库(DataBase，DB)是一个依照某种数据模型，组织、存储和管理数据的数据集合。数据库的概念实际上包括两层意思：

(1) 数据库是一个实体，它是能够合理保管数据的“仓库”，用户在该“仓库”中存放要管理的事务数据，“数据”和“库”两个概念结合成为数据库。

(2) 数据库是数据管理的新方法和技术，它能更合适地组织数据、更方便地维护数据、更严密地控制数据和更有效地利用数据。

2. 数据库管理数据的特点

利用数据库技术管理数据具有以下特点：

(1) 数据结构化。

数据库系统从全局整体观点组织数据。在描述数据时，不仅要描述数据本身，还要描述数据间的关系；不仅要考虑某个应用的数据结构，还要考虑整个组织的数据结构。数据不再针对某一应用，而是面向多个应用，实现了整体数据的结构化。此外，数据库存取数据的方式也很灵活，可以存取一个数据项、一组数据项、一个记录或者一组记录，这是数据库的主要特征之一。

(2) 数据具有高共享性、低冗余度。

数据共享指多个用户、多个应用可同时存取、使用数据库中的数据,并提供数据共享。数据共享可以大大减少数据冗余,节约存储空间,还能够避免数据之间的不相容性与不一致性。数据库系统通过数据模型和数据控制机制提高数据共享性,使得数据更有价值和更容易、更方便地被使用。

(3) 数据和程序之间独立性较高。

数据独立性指数据的组织和存储方法与应用程序互不依赖、彼此独立,包括物理数据的独立性和逻辑数据的独立性两个方面。物理数据的独立性指全局逻辑数据结构独立于物理数据结构,即用户的应用程序与数据在数据库中的物理存储结构相互独立;而逻辑数据的独立性指数据的全局逻辑结构独立于局部逻辑结构,即用户的应用程序与数据的全局逻辑结构的相互独立性。

(4) 数据的安全性和完整性较高。

数据的安全性控制是指能保护数据,以防止不合法的使用造成的数据泄密和破坏。数据库系统通过它的数据保护措施能够防止数据库中的数据被破坏,如提供安全保密机制,使每个用户只能按规定,对某些数据以某些方式进行使用和处理,对没有授权的用户则不能进入系统、不能更改数据或不能访问数据等。

数据的完整性控制是指为保证数据的正确性、有效性和相容性,防止不符合语义的数据输入或输出所采用的控制机制。数据库系统能提供完整性检查,通过建立一些约束条件保证数据库中的数据是正确的,如将数据控制在有效的范围内,或保证数据之间满足一定的关系。

(5) 数据可以并发使用并能保证数据的一致性。

数据库系统提供并发机制和协调机制,允许在同一时间内,多个用户同时对数据实现多路存取,并能保证在多个应用程序同时并发访问、存取和操作数据库数据时不产生任何冲突,数据不遭到破坏。

(6) 数据库具有故障恢复功能。

当软件、硬件或系统运行出现各种故障时,数据库系统能提供一套方法及时发现故障和修复故障,从而防止数据丢失或破坏。数据库系统具有能尽快从错误状态恢复到某一已知的正确状态的功能,排除数据库系统运行时可能出现的物理或逻辑上的故障,使数据库中存储的数据是永久性的数据。

3. 数据库管理系统的主要功能

数据库管理系统(DataBase Management System,DBMS)是提供建立、管理、维护和控制数据库功能的一组计算机软件。DBMS 提供数据定义语言(Data Definition Language,DDL)与数据操作语言(Data Manipulation Language,DML),用户通过 DBMS 访问数据库中的数据,数据库管理员则通过 DBMS 进行数据库的维护工作,同时保证数据的安全性、可靠性、完整性、一致性以及数据的独立性。总体来说,一个数据库管理系统应具备如下功能:

(1) 数据定义功能：DBMS 提供 DDL，并提供相应的建库机制，供用户建立和修改数据库的库结构、数据库的存储结构、数据之间的联系，并可以定义数据的完整性约束条件和保证完整性的触发机制等。

(2) 数据库操作功能：DBMS 提供 DML，供用户实现对数据库中数据的增加、删除、修改、更新、查询和统计等操作，重新组织数据库的存储结构，完成数据库的备份与恢复等操作。

(3) 数据库的运行管理功能：是数据库管理系统的核心功能，包括多用户环境下的并发控制、安全性检查和存取权限控制、完整性条件的检查和执行、运行日志的组织管理、事务的管理和自动恢复等，以保证计算机事务的正常运行，保证数据库的正确有效。

(4) 数据库维护功能：包括数据库数据的载入、转储和恢复，数据库的维护及数据库的功能、性能分析和检测等。

(5) 数据库通信功能：DBMS 具有与操作系统的联机处理、分时系统及远程作业输入的相关接口，负责处理数据的传送。对网络环境下的数据库系统，还应该包括 DBMS 与网络中其他软件系统的通信功能以及数据库之间的互操作功能。

4. 数据模型

数据库不仅要存放数据本身，还要存放数据之间的联系，可以用不同的方法表示数据之间的联系，这种表示数据之间联系的方法称为数据模型。由于数据库是根据数据模型建立的，因而数据模型是数据库系统的基础。

数据模型先后经历了层次模型、网状模型、关系模型和面向对象模型等阶段，其中关系模型因其具有严格的数学理论、使用简单灵活、数据独立性强等特点，逐渐取代了层次模型和网状模型，目前在实际应用中处于主导地位，而面向对象模型正处于研究和开发阶段，估计在不久的将来会得到广泛的应用。

1) 层次模型

层次模型是数据库系统中最早出现的数据模型，采用树形结构表示实体之间的联系。构成层次模型的树由结点和连线组成，结点表示实体集，连线表示两个实体之间的联系，这种联系只能是 1 对多。通常将树形结构中位于连线上方的结点称为父结点，位于连线下方的称为子结点。满足以下条件的数据模型称为层次模型：

(1) 有且仅有一个结点无父结点，这个结点称为根结点。

(2) 除根结点之外，其他结点有且仅有一个父结点。

图 8-1 给出了一个层次模型的示例，其中 R1 为根结点，R2 和 R3 为 R1 的子结点，R2 和 R3 互为兄弟结点；R4 和 R5 为 R2 的子结点，R2 为 R4 和 R5 的父结点；R3、R4 和 R5 为叶结点。

2) 网状模型

对于一些非层次结构的事务之间的联系，则需要用网状模型来表示。满足以下条件的基本层次联系的集合称为网状模型：

(1) 允许一个以上的结点无父结点。

(2) 一个结点可以有多个父结点。

图 8-2 是一个网状模型的示例。网状模型可以直接表示多对多的联系，还允许两个结点之间有多种联系(称为复合联系)，因此网状模型可以更直接地去描述现实世界。

图 8-1　层次模型的示例　　　　**图 8-2　网状模型的示例**

3) 关系模型

关系模型是这 3 种模型中最重要的一种数据模型，是建立在严格的数学概念上的模型。在关系模型中，关系是二维表格，数据是二维表中的元素，表 8-1 是一个关系模型的示例。表格中每一行称作一个元组，相当于一个记录值；每一列是一个属性值集，列可以命名，称为属性名。如在表 8-1 中，学号、姓名和性别等是属性名，而表中的某行，如“20100001 张扬 男 19920104 理学院物理系”则是一个具体的记录。

表中能够唯一识别一个元组的属性称为关键字(key)，在表 8-1 中，学号可以唯一确定一个学生，因而学号可以作为学生信息表的关键字。

表 8-1　关系模型的示例：学生信息表

学　号	姓名	性别	出生日期	院　系
20100001	张扬	男	19920104	理学院物理系
20100002	李丽华	女	19911002	理学院数学系
20100003	王欣荣	女	19910516	理学院数学系
⋮	⋮	⋮	⋮	⋮

在关系模型中实体本身以及实体之间的联系都用关系表示，关系是元组的集合，如果表格有 n 列，则称该关系是 n 元关系。关系模型中常用的操作主要包括数据查询(query)、插入(insert)、删除(delete)和修改(update)数据。

关系数据库的发展十分迅速，自 20 世纪 80 年代以来，作为商品推出的数据库管理系统几乎都是关系型的，如 Oracle、Sybase、Informix 和 Visual FoxPro 等。当前，关系数据库已从集中式数据库系统发展为分布式数据库系统。分布式数据库系统支持场地自治和全局应用，使部门分散的单位可以共享数据，而且允许各个部门将其常用数据存储在本地，实施就地存放、就地使用，是数据库技术与网络技术结合的产物。

8.1.2　多媒体数据库的特点

数据根据格式不同分为格式化数据和非格式化数据。数字和字符等属于格式化数据，而图形图像、音频和视频等则属于非格式化数据。格式化数据结构简单，处理方便。传统的数据库技术只能存储和处理格式化数据，而对非格式化数据无法高效进行处理。但近年来随着计算机多媒体技术的发展，大量的多媒体数据引入了计算机系统中，由于这些非格式化数据的存储结构和存取结构与格式化数据有着很大的不同，因此在这些多媒体数据的管理上也提出了一些需要考虑的新的要求，如巨大的数据量、存储空间、多个相关对象以及对检索时间的要求等，多媒体数据库技术由此而产生。

所谓多媒体数据库，是指数据库要实现对多种媒体信息的统一管理，媒体可以进行追加和变更，并能实现媒体的相互转换；能使用户在对数据库的操作中，最大限度地忽略媒体间的差别，实现多媒体数据库的媒体独立性。

1. 多媒体数据的特点

多媒体数据库是建立在传统数据库基础之上的，但由于多媒体数据库中的数据信息不仅涉及各种格式化数据的表达形式，而且还包括图形图像、音频和视频等多媒体数据的非格式化的表达形式，数据管理要涉及对各种复杂对象的处理，因此多媒体数据库与传统数据库又有很大的不同。多媒体数据具有以下特点：

(1) 多媒体数据的数据量大，各种媒体之间的差异也极大，文件数据量从几个字节到几十万字节甚至几兆字节都有可能。虽然采取了数据压缩技术，但压缩后的数据量还是很大，如5分钟的音频文件压缩后的数据约为7MB左右，60分钟的视频文件压缩后数据约为700MB左右。

(2) 媒体种类多。除了数值和字符外，还有图形、图像、声音、视频和动画等各种媒体信息，而且每种媒体数据在具体实现时往往根据系统定义和标准转换等又能演变出几十种不同的媒体格式。此外，随着多媒体技术的发展，还将不断有新的媒体类型出现。

(3) 多媒体数据的模糊性。多媒体数据往往是多种媒体数据集成而得到的复合数据，各个关联数据可以分散存储在不同地方，并存在时间上的同步和空间上的衔接。因此，同一个对象如果用不同的媒体进行表示，对计算机来说是不同的；即使是用同一种媒体表示，如果有误差，在计算机看来也是不同的。此外，多媒体数据还有很多不容易精确描述的概念，如纹理、颜色和形状等。

(4) 多媒体数据更难以表达和描述。在浏览、查找和表现多媒体数据时，很多情况下，面对这些数据，用户有时不知道自己要查找什么，不知道如何描述自己的查询，如对媒体内容的描述、对空间的描述以及对时间的描述。

(5) 多媒体数据的分布性。这里所说的分布，主要是指以互联网为基础的分布。由于多媒体数据量的巨大，传统的那种固定模式的数据库形式已经显得力不从心，不能指望在一个站点上就存储上万兆的数据，必须通过网络加以分布。

(6) 多媒体事务的处理需要的时间经常比传统事务要长。传统的事务一般是短小精悍的，但在有些处理多媒体事务的场合，短事务不能满足需要，如从动态视频库中提取并播放一段数字化影片，往往需要长达几个小时的时间。

(7) 不同应用系统对多媒体数据的传输、表现和存储方式的质量要求不一样。

(8) 在具体应用中，多媒体信息涉及的版本众多。版本包括两种概念：一是历史版本，同一个处理对象在不同的时间有不同的内容，如CAD设计图纸，有草图和正式图之分；二是选择版本，同一处理对象有不同的表述或处理，一份合同文献就可以包含英文和中文两种版本。

2. 多媒体数据对数据库的影响

多媒体数据的这些特点对数据库设计有很大的影响，主要表现在以下几方面：

(1) 数据库的组织和存储方法。面对海量、差异巨大的多媒体数据，要保证磁盘的充分利用和应用的快速存取，必须要组织好多媒体数据库中的数据，设计适合的物理结构和逻辑结构。

(2) 多种媒体类型增加了数据处理的困难。不同的媒体类型对应不同的数据处理方法，每种媒体类型除了有自己的一组最基本的操作和功能、适当的数据结构和存取方法、高性能的实现以外，还要有一些标准的操作，包括各种多媒体数据通用的操作及多种新类型数据的集成。此外，针对新型媒体数据的出现，多媒体数据库还应能够不断扩充新的媒体类型及其相应的操作方法，新增加的媒体类型对用户应该是透明的。

(3) 数据库的多解查询。不同于传统的格式化数据只通过字符进行的精确查询，多媒体数据的模糊性使其在查询中不再是只通过字符进行查询，而应该是通过媒体的语义进行查询，非精确匹配和相似性查询占相当大的比重。但我们很难了解并且正确处理多媒体的语义信息。在某些媒体(如字符、数值等)中，基于内容的语义是易于确定的，但对另一些媒体却不容易确定，甚至会因为应用的不同和观察者的不同而不同。

(4) 用户接口的支持。由于多媒体数据的难以表达和描述，要求有新的方法来浏览、查找和表现多媒体数据库内容，使得用户可以很方便地描述他的查询需求，并得到相应的数据。所以，多媒体数据库对用户的接口要求不仅仅是接受用户的描述，而且要协助用户描述出他的想法，找到他所要的内容，并在用户接口上表现出来。此外，多媒体数据库的查询结果肯定不能只用传统的表格来描述，而将是丰富的多媒体信息的表现，对于媒体的公共性质和每一种媒体的特殊性质，都要在用户接口上、在查询的过程中加以体现。

(5) 多媒体信息的分布性影响多媒体数据库体系，对数据库在这种环境下进行存取也是一种挑战，要考虑如何从互联网的信息空间中寻找信息，查询所要的数据。

(6) 对多媒体事务中经常存在长事务的情况，数据库应增加处理长事务的能力。

(7) 对于不同应用的不同服务质量的要求，要根据具体情况进行控制，对每一类多媒体数据都必须考虑这些问题：如何按所要求的形式及时地、逼真地表现数据？当系统不能满足全部的服务要求时，如何合理地降低服务质量？能否插入和预测一些数据？能否拒绝新的服务请求或撤销旧的请求？

(8) 版本控制的问题。对于多版本的问题，数据库需要解决多版本的标识、存储、更新和查询，尽可能减少各版本所占存储空间，而且控制版本访问权限。

8.1.3 多媒体数据库的功能

与传统数据库系统相比，多媒体数据库系统应包括如下基本功能：

(1) 能表达和处理多种复杂的数据类型，主要是非格式化数据，如图形、图像、声音和视频等。对于格式化数据使用常规的字段表示，对非格式化数据要提供管理这些异构表现形式的技术和处理方法。

(2) 多媒体数据库需要存储和处理复杂的数据类型，因此其存储技术需要增加新的处理功能，如数据压缩和解压。

(3) 除了对多媒体数据的内容与结构建模，为用户提供定义新数据类型和相应操作的能力之外，还要有能组织和管理各种媒体数据的特征和集成机制的时空关联的方法。不同的媒体数据之间的联系包括时间关联（如多媒体对象表达在时间上的同步特性）和空间关联（如必须把相关媒体信息集成在一个合理布局的表达空间内）。

(4) 强调物理数据独立性、逻辑数据独立性和媒体数据独立性。媒体数据独立性是指用户的操作不受具体媒体的影响和约束，最大限度地忽略各媒体间的差别，同时也不受媒体变换的影响，实现复杂数据的统一管理和操作。

(5) 能提供比传统数据库更强大的操作，如非格式化数据的浏览功能；基于内容的查询功能；通过对非格式化数据的分析建立索引来搜索数据；通过举例查询和主题描述查询使得复杂的查询简单化；非格式化数据的一些新操作，如图形图像的编辑、声音数据的剪辑合成等；提供演绎和推理功能。

(6) 提供网络分布式数据功能。多媒体数据往往分布在网络的不同结点上，因此要解决分布在网络上的多媒体数据库中数据的定义、存储和操作问题，并对数据一致性、安全性和并发性进行管理，强调终端用户界面的灵活性和多样性。

(7) 具有开放功能，提供多媒体数据库的应用程序接口（API），并提供独立于外设和格式的接口。

(8) 提供事务和版本管理功能。

(9) 多媒体数据库的恢复和安全机制功能。应具有错误检测和数据恢复的功能，并保证数据记录不会被非法访问。

8.2 多媒体数据库的管理

8.2.1 多媒体数据的管理

多媒体数据库技术包括多媒体数据建模技术、多媒体数据存储管理技术、多媒体数据的压缩/还原技术和多媒体数据查询技术，其关键内容是多媒体数据建模技术。理想的多媒体数据库应该是能够像支持数据库内部数据类型一样支持多媒体数据类型，因此多媒体数据库应该不但能支持格式化数据，也能处理非格式化数据。目前对于多媒体数据库的功能以及实现方法还没有达成共识，多种形式的多媒体数据库将在一定时期内并存。从目前多媒体数据库技术的总体发展上看，实现多媒体数据管理的途径主要有以下 3 类：

(1) 扩充关系数据库的方式，即在现有的关系数据库的基础上构造多媒体数据库。

(2) 在面向对象数据库的基础上构造多媒体数据库。

(3) 基于超文本或超媒体的方式。

1. 扩充关系数据库的方式

传统的关系模型结构简单，理论成熟，在查询处理、语法分析、数据库的安全性和完整性方面有着无与伦比的优越性和稳定性,因此仍然在各种数据库系统中占主导地位。但由于关系模型是单一的二维表,只支持有限的数据类型,如整形、字符串等,数据长度被局限在一个较小的子集中,又不支持新的数据类型和数据结构,很难实现空间数据和时态数据,缺乏演绎和推理操作,因此表达数据特性的能力受到限制,不能够清晰地表示和有效地处理复杂嵌套的多媒体对象实体,这对于多媒体数据而言显然是不够的。基于关系模型的数据库管理系统仍然是主流技术,多媒体数据库数据模型的实现方式中,基于关系数据库扩充的方式主要有3种。

(1) 扩展现有的数据类型。在传统的关系数据库支持的数值型、字符串型、布尔型和日期型等数据类型的基础上,扩充多媒体数据接口,采用外挂式多媒体数据库支撑环境对原数据库系统进行无损的、低代价的多媒体升级。一般采用的方法都是利用标准的扩展字段描述多媒体数据,增加关系模型的语义表达能力。在关系数据库的基础上,系统增加一种大二进制对象(Binary Large Object,BLOB)字段来支持对多媒体数据对象的存取,这些BLOB可达2GB,可以存储其他任意类型的二进制数据。

采用BLOB存储和管理多媒体对象,将常规数据用关系数据库处理,而多媒体数据实际存储在数据库之外的分离的图像或视频服务器上,存放在计算机系统中提供的文件管理系统中。关系数据库中包括了BLOB的位置信息。这些位置信息相当于指向多媒体文件的指针(如图8-3所示)。对多媒体信息的访问采用应用程序、OLE等方法实现。这种方法实际上对关系数据模式的基本结构未做出任何改动。

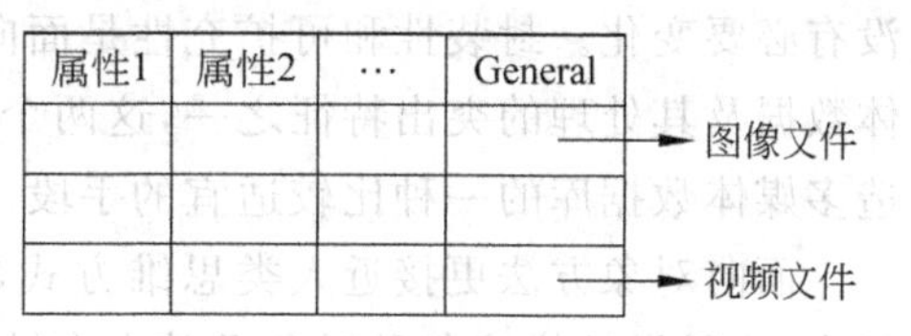

图 8-3 扩充的关系数据库

在当前基于关系数据模式扩充的多媒体数据库系统中常见的有Oracle、DB2和Informix等。但这种方法对关系数据模式的基本结构未做出任何改动。对用户来说,仅仅是增加了一种新的数据类型,如图像、声音类型等,用户实际上不能对多媒体数据做任何操作,只能对BLOB字段的存在进行查询,其相关的播放、变换等操作由用户的应用程序实现,更不能根据BLOB字段的内容进行查询。

(2) 扩充用户自定义的数据类型。允许用户自定义一个抽象数据类型作为另一关系的列的值,而不仅仅是采用系统已定义的数据类型。例如,将关系属性借助于函数定义的扩展系统,允许用户将程序加到一个关系上,对关系的元组的列值进行操作,使系统的查询语言具备了调用程序的能力。这种方法旨在扩充关系数据库,使之支持抽象数据类型(ADT)的定义和使用。

采用这种方法,把数据和操作数据的程序封装在一起,系统把用户自定义的数据类型视为不可分割的存储管理单位,方便地实现了组合信息的存储与查询。

(3) 扩充嵌套语义,采用NF^2数据模型。传统的关系模型要求关系数据库中的所有关系必须满足第一范式——1NF,即一个关系中的所有属性都必须是原子型的,表中不能有表。这一苛刻的规范严重限制了对复杂对象的抽象和建模。因为在现实世界中,实体及其关联很难直接用二维表格的形式来表达。由于多媒体数据库具有各种各样的媒体数据格式,大小都不相同,因此必须打破关系数据库中关于范式的要求,允许表中有表，即采用非第一范式（NF^2）模型，也叫嵌套关系数据模型。NF^2 模型吸收层次模型和面向对象模型层次结构的优点，提供描述属性嵌套定义的手段，反映了一个对象的值也是一个对象。将关系模型扩充为嵌套关系的 NF^2 模型及系统，具体方法可以是引入嵌套表，允许用户自定义一个关系作为另一个关系的列的值，在记录和表之间建立层次关系。当某个属性是一种嵌套关系时，定义该属性为一特殊的类型标识符，同时以该属性名作为表名，定义嵌套的子关系。

在 NF^2 模型中，表格可以层层嵌套。只要是对现实世界模型化的需要，对嵌套的层数可以无限制。这种扩展方法使数据库系统有潜力支持需要处理复杂嵌套对象的应用。

2. 面向对象数据库的方式

随着面向对象数据模型的出现，面向对象的概念被引入数据库系统的设计。在面向对象方法中，对象是封装了数据结构及可以施加在这些数据结构上的操作的封装体，封装隐藏了对象的实现细节，对象通过外部接口与其他对象交换消息，这对系统的扩充是非常有好处的，因为只要外部接口不变，即使对象的内部实现修改了，其他对象的代码也没有必要变化。封装性和可扩充性是面向对象技术的精髓，而复杂性和多样性又是多媒体数据及其处理的突出特征之一，这两个方面决定了面向对象数据库技术（OODB）是构造多媒体数据库的一种比较适宜的手段。

面向对象方法更接近人类思维方式，面向对象数据模式语义丰富，具有很强的抽象能力，能科学地描述各种对象及其内在结构和联系，不仅可描述数据的静态结构，而且可描述数据的动态行为，并具有良好的可扩充性，可以方便地让用户定义新的数据类型及其操作，因此可以很好地满足复杂的多媒体对象的各种表示需求，能够为多媒体数据库的构造提供理想的基础，更好地处理多媒体对象的复杂性。

在多媒体数据库中，媒体包含的信息内容比较多，为了解释包含在媒体中的信息，附加的解释是必要的，面向对象技术可以很自然地将媒体和相关附加信息结合在一起：信息存储的结构是多媒体数据库的一部分，并隐含着应用程序的特性。

此外，面向对象的多媒体数据库具有存储和检索任意长数据和定义管理任意数据类型的能力，表达和管理数据库变化的能力，表达和操作各种有用的语义模型概念的能力，因此面向对象技术在多媒体数据存储及管理中的应用已成为重要的研究课题。

面向对象的多媒体数据库的不足之处在于：首先，面向对象概念在各个领域中尚无统一的标准，许多面向对象数据库在程序设计接口、实现方法和对查询的支持方面都存在很大差异，面向对象模型并非完全适合于多媒体数据库；其次，面向对象数据库产品在一些方面仍然落后于关系数据库产品，OODB 的安全性和事务完整性、可伸缩性和容错性都难以赶上关系数据库系统。最后，在应用开发工具、客户/服务器和浏览器/服务器计算环境相关的一些方面也存在不少问题。所以用面向对象数据库直接管理多媒体数据尚未达到实用水平。

3. 基于超文本或超媒体的方式

超文本和超媒体技术提供了对多媒体对象的另一种管理方式：以非线性的信息组织

方式来管理多媒体对象，这种表现形式较符合人们的思维方式，较适合制作电子文档或电子出版物，但不适合一般用户的资料管理。

8.2.2 多媒体数据库管理系统的体系结构

目前还没有标准的多媒体数据库体系结构，大多数的多媒体数据库系统原型还局限于专门的应用上，这些应用的体系结构大体可分为以下4种。

1. 组合型多媒体数据库结构

针对每一种媒体建立一个独立的数据库管理系统。这些独立的数据库可以通过相互通信来进行协调和执行相应的操作（如图8-4所示）。用户在访问时，可以只访问一个媒体数据库，也可以根据需要访问多个媒体数据库。在这种体系结构中，对每一种多媒体数据的管理是分开的，也可以进行灵活组装。在每种媒体数据库的设计时，不必考虑与其他媒体的匹配和系统。

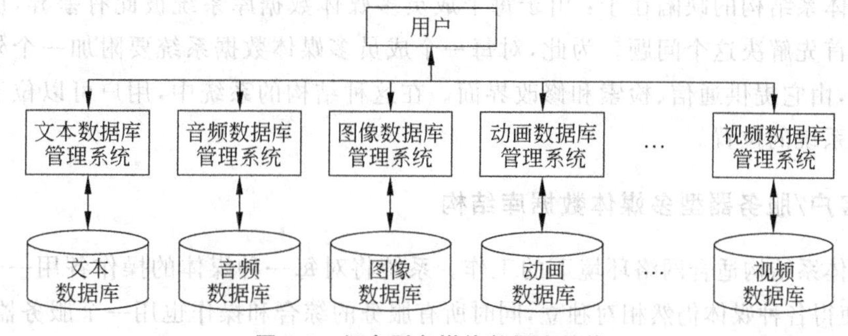

图 8-4 组合型多媒体数据库结构

这种体系结构的缺陷在于：每种媒体数据由一个独立的数据库来管理比较灵活，但当进行多种媒体的联合操作时会增加用户的负担，因此对多种媒体的联合操作、合成处理和概念查询等都比较难以实现。如果各种媒体数据库设计时没有按照标准化的原则进行，它们之间的通信和使用都会产生问题。

2. 集中型多媒体数据库结构

在这种体系结构中，各种类型的媒体被统一建模，只用一个单一的多媒体数据库进行管理，并只用一个多媒体数据库管理系统对这些媒体信息进行操作，各种用户需求被统一到一个多媒体用户接口上，多媒体的查询检索结构可以统一表现（如图8-5所示）。

这种体系结构的缺陷在于：虽然在理论上，这种多媒体数据库管理是统一设计和研制的，是一种效率很高的管理和使用多种媒体信息的方法，但因为目前还没有一个比较恰当而且高效的方法来管理所有的多媒体数据，因此实际上很难实现。

3. 协作型多媒体数据库结构

这种类型的数据库管理系统也是由多个数据库管理系统组成的，每个数据库管理系统之间没有主从之分，只要求系统中每个数据库管理系统能协调地工作(如图 8-6 所示)。

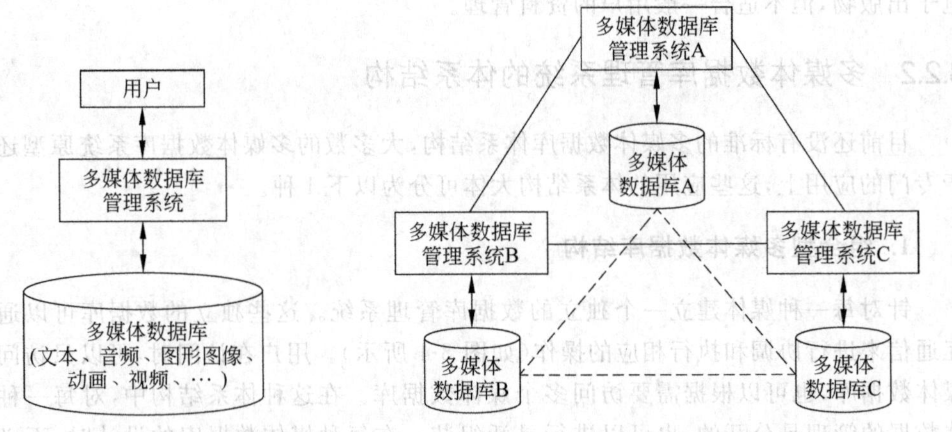

图 8-5　集中型多媒体数据库结构　　**图 8-6　协作型多媒体数据库结构**

这种体系结构的缺陷在于：由于每个成员多媒体数据库系统彼此有差异，所以在通信中必须首先解决这个问题。为此，对每一个成员多媒体数据系统要附加一个外部处理软件模块，由它提供通信、检索和修改界面。在这种结构的系统中，用户可以位于任一数据库管理系统的位置。

4. 客户/服务器型多媒体数据库结构

这种体系结构适合网络环境下的工作。系统将对每一种媒体的操作各用一个服务器来实现，使得各种媒体仍然相对独立，同时所有服务的综合和操作也用一个服务器完成，与用户的接口采用客户进程实现。客户与服务器之间通过特定的中间系统连接(如图 8-7 所示)。这种体系结构的优点是设计者可以针对不同需求采用不同的服务器和客户进程组合，容易符合应用的要求，对每一种媒体也可以采用与这种媒体相符的处理方法。

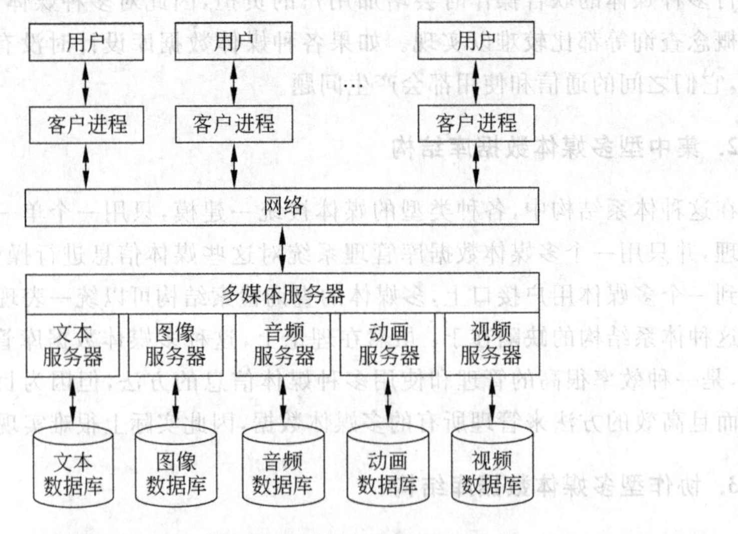

图 8-7　客户/服务器型多媒体数据库结构

这种体系结构的缺陷在于：构建这种体系结构时，必须要对服务器和客户进行仔细的规划和统一的考虑，采用标准化的和开放的接口，否则也会遇到与集中型结构相近的问题。

8.3 多媒体数据库的检索

用户对数据的检索方法和操作是数据库技术中极为重要的方面，随着多媒体和网络技术的迅猛发展，图形图像、音频、动画和视频等多媒体资源使得整个数字资源不再局限于单调的文本。但面对浩瀚的多媒体信息海洋，快速而准确地从这些庞大的多媒体信息资源中获得用户需要的信息是一个非常重要的研究课题，同时也是目前国内外数据库和多媒体领域的一个研究热点。

多媒体数据的检索技术有 40 多年的发展历史，从 20 世纪 70 年代到 80 年代的基于文本(元数据)的多媒体检索，到 20 世纪 90 年代初的基于内容的多媒体检索，再发展到 20 世纪 90 年代末的基于语义和内容相结合的混合多媒体检索，最后发展到目前正在研究的跨媒体检索，经历了从支持单一类型媒体对象的检索(前两者)发展到支持多种类型的媒体对象(后两者)的检索(如图 8-8 所示)。本书重点介绍目前比较成熟的两种：基于文本的检索和基于内容的检索。

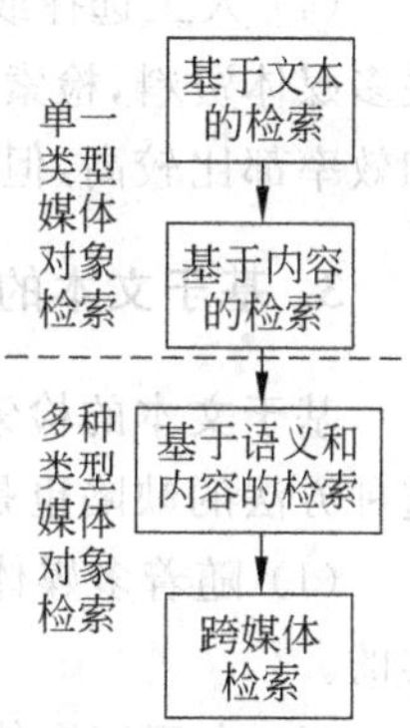

单一类型媒体对象检索
基于文本的检索
基于内容的检索
多种类型媒体对象检索
基于语义和内容的检索
跨媒体检索

图 8-8 多媒体数据检索发展历程

8.3.1 基于文本的多媒体数据库检索

早期信息检索处理的对象只有文本，所以基于文本的多媒体信息检索技术便应运而生，在过去的几十年中得到了充分的发展，并且仍然是当前最基本、最常用的一种信息检索方式，人们已成功将其运用于诸如 Google、百度等商用搜索引擎中。在 20 世纪 70 年代末，该技术首次被用于图像检索中，利用人工输入图像的各种属性，建立图像的元数据库来支持查询，这就是基于关键字(元数据)的图像检索。

1. 基于文本的多媒体数据库检索流程

基于文本的多媒体数据库检索技术的一般流程是：首先利用人工对多媒体信息进行分析，并抽取反映该多媒体数据的物理特性(如文件大小、类型、规格等)和内容特性(如能反映多媒体信息内容的关键词或主题词等)的文本信息；然后对这些文本信息按照学科领域进行分类，或用关键字进行标引，并建立类似于文本文献的标引著录数据库，从而将对多媒体信息的检索转变成对文本信息的检索。而用户则通过输入关键字，匹配查询(关键字)和多媒体信息的注释来搜索相关数据。

例如对于图像的检索，首先建立可以描述图像的若干关键字信息的数据库，当用户需要检索时，可以像检索传统数据库那样，输入相应关键字，就能够检索到相应的图像。

基于关键字的检索往往要结合多媒体的需要设计出合适的检索语言。这种检索语言应该能够描述用户的检索需求和相应的约束条件，也能够描述出检索结果的表现形式和方法。

2. 检索途径

这种方式的检索具体可以采用 4 种途径：

(1) 利用文件扩展名和超文本标识。如常见的图像文件扩展名有 bmp、gif、tif 和 jpg 等，视频文件的扩展名有 avi、mov 和 mpeg 等；声音文件的扩展名有 wav、mp3 和 mid 等。但用这种方法只能保证检索到的结果是指定格式的文件，而检索结果的内容则可能由于文件名的不同而有差别。

(2) 将多媒体文件名和文字解说中带有的媒体信息作为关键词。

(3) 多媒体所在网页的标题或多媒体数据附近的文本。标题往往能反映网页的内容，通过这些关键词也能得到检索结果。

(4) 人工选择或指定的某些多媒体信息内容的关键词。由人工搜集、分类和标引有关多媒体资料，检索时按照既定的类别和关键词搜索所需多媒体信息。这种检索的质量和效率都比较高，但费用也较高。

3. 基于文本的检索的优缺点

基于文本的检索优点在于利用关键字匹配的多媒体检索技术成熟，查询效率高。但这种方法的缺陷也是显而易见的：

(1) 随着多媒体信息数据量的增加，人工注释工作量大，在海量系统中几乎是不现实的。

(2) 由于完全依赖人工来标注多媒体数据中的对象、事件等所有信息，它所支持的查询的复杂程度也完全取决于人工标注的详尽程度，同样的一个多媒体数据，会因为描述的详细程度不一样，描述对象的范围不一样而带来很多问题。

(3) 人工标注信息带有很大的主观性，不同的人对于同样的多媒体数据有不同的理解，甚至可能出现错误理解，这些理解上的偏差和错误会导致不能恰当地反映多媒体数据的真实信息或者反映的信息不完整(后者几乎总是存在)。

(4) 利用文本描述的方式来描述多媒体数据的特征，无法完全揭示和表达多媒体信息的实质内容和语义之间的关系，因此难以充分揭示和描述多媒体数据中有代表性的特征。

(5) 对于实时广播流媒体，人工处理是完全不可行的，必须用计算机进行实时的内容分析。

8.3.2 基于内容的多媒体检索技术概述

基于内容的多媒体检索始于 20 世纪 90 年代初，其基本思想来源于基于内容的图像检索(Content-Based Image Retrieval, CBIR)。这种技术从图像中自动提取了底层的视觉特征，如颜色、纹理和形状等。在检索中，用户提交一幅“例子图像”给系统作为查询，系统会返回与此图像在视觉特征上相似的其他图像作为其检索结果。后来，这种技术被运用到基于内容的视频检索、基于内容的音频检索和基于内容的3D模型检索中。

所谓基于内容的检索(Content-Based Retrieval,CBR)是指根据多媒体信息的内容来进行检索,它包含两个方面——多媒体信息的内容描述和检索。多媒体信息的内容描述指通过建立合理的数据模型,在数据模型里规定所选用的媒体特征,并在此基础上对多媒体数据进行分割和特征提取,媒体对象特征的集合就构成了它的内容描述。而检索过程就可以根据检索要求,从多媒体数据库中返回一组内容描述与检索要求最接近的对象。

对于多媒体数据来说,“内容”的概念可以在多个层次上说明:

(1) 概念级内容:表达对象的语义,一般用文本形式来描述,通过分类和目录来组织层次浏览,用链来组织上下文关联。

(2) 感知特征:视觉特征,如颜色、纹理、形状、轮廓和运动;听觉特征,如音高、音色和音质等。

(3) 逻辑关系:音频和视频对象的时间和空间关系,语义和上下文关联等。

(4) 信号特征:通过信号处理方法获得的明显的媒体区分特征,例如通过小波分析得出的媒体特征。

(5) 特定领域的特征:与应用相关的媒体特征,如人的面部特征、指纹特征等。

1. 基于内容检索系统的体系结构

基于内容的检索一般是接入或嵌入到其他多媒体系统中,如指纹系统、人脸识别系统和会议系统等。从基于内容检索的角度出发,系统在体系结构上可划分为两个子系统:特征抽取系统和查询系统(如图8-9所示)。

(1) 特征抽取系统。对用户或系统标明的媒体对象进行特征提取。特征提取可以由人工或系统自动完成,可以是全局性的,如整幅图像;或针对某个目标的,如图像中的某个区域等。

(2) 查询系统。以示例查询的方式向用户提供检索接口。检索主要是相似性检索,模仿人的认知过程,可以从特征库中寻找匹配的特征,也可以临时计算对象的特征。检索系统中包括一个较为有效和可靠的相似性测度的函数集,对于不同的媒体数据类型,具有各自不同的相似性测度算法。

2. 基于内容检索的过程

基于内容的查询和检索是一个逐步求精的过程,存在着一个特征调整和重新匹配的循环过程(如图8-10所示)。

(1) 提交查询要求。用户要查询一个多媒体数据时,提交的查询条件可以是一个示例或者是一般性描述。与文本查询不同的是,将查询条件传递给搜索引擎之前,一般要对所提交的数据进行预处理,在分布式应用中这一点尤为重要。

(2) 相似性匹配。将查询特征与数据库中的特征按照一定的匹配算法进行匹配。

(3) 返回候选结果。将满足一定相似性的一组候选结果按相似度大小排列,返回给用户。

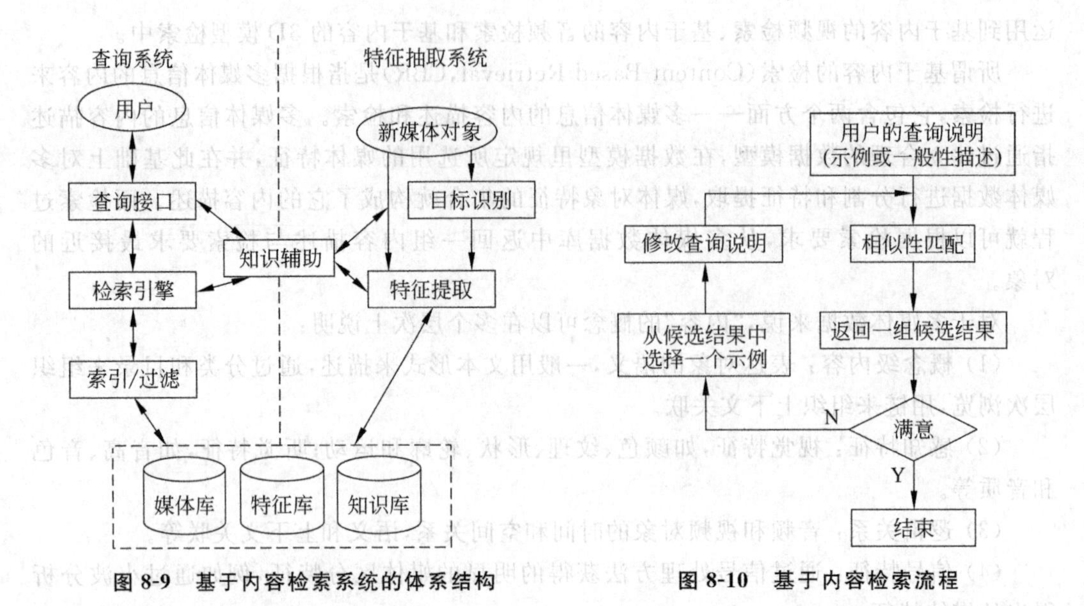

图 8-9　基于内容检索系统的体系结构　　　　图 8-10　基于内容检索流程

(4) 特征调整。对系统返回的一组初始特征的查询结果,用户可以通过遍历挑选到满意的结果,也可以从候选结果中选择一个示例,进行特征调整,最后形成一个新的查询。如此逐步缩小查询范围,直到用户对查询结果满意为止。

3. 基于内容的检索方法

在多媒体数据库中,查询处理的难点在于如何基于非格式化数据的内容进行查询,即内容搜索问题。在多媒体数据库中,图像、声音和视频等数据以经过数字化得到的位串的形式存储,对这些媒体数据的内容搜索方法可分为如下 3 类:

1) 模式识别法

用户在查询请求中给定图像、声音或视频数据,系统用模式识别技术,把该媒体对象与多媒体数据库中存储的同类媒体对象进行逐个匹配。但是,在当前的技术条件下,这种方法是不切实际的,这是因为一些十分昂贵的模式识别软件只对某些特定应用有效;用户难于精确指定它所需要的图像、声音和视频等媒体数据;模式识别算法的执行十分耗时,如果在查询执行器件进行模式匹配,那么查询等待时间将难以忍受。

2) 特征描述法

这种方法的基本思想是给每个媒体对象附上一个特征描述数据,用这种特征描述来表达媒体数据的内容。这种特征描述数据是冗余的,它是对多媒体数据中的信息的重复描述,这样,对多媒体数据的内容搜索实际上转化为对特征描述数据的内容搜索。这种方法的关键问题是如何获取这种特征描述数据。

3) 特征向量法

向量法的基本思想是用图像压缩技术对图像进行分解并向量化。把图像分解成碎片对象和几何对象等集合,存储在多媒体数据库中,把这些碎片对象和几何对象作为索引矢量,建立索引,系统就可以进行图像内容搜索了。分解处理需花费大量时间,但对每个图像只需执行一次，另一方面，图像重构过程很快，因此这种方法是可行的。

4. 基于内容检索的特点

与传统的基于关键字的检索手段不同，基于内容的多媒体信息检索融合了图像理解和模式识别等技术，具有如下特点：

(1) 直接从媒体内容中提取信息线索。

(2) 基于内容的检索是一种近似匹配，这一点与常规数据库检索的精确匹配方法有明显不同，基于内容的检索只能是一种相似度的检索。

(3) 在应用中要换取其他性能的提高(比如检索速度)，因此不要求查询结果一定是多媒体数据库中满足相似度和检索结果集合大小限制的所有对象，而允许有所遗漏。

(4) 特征提取和索引建立可由计算机自动实现，避免了人工描述的主观性，也大大减少了工作量。

8.3.3 基于内容检索的应用

1. 基于内容的图像检索

早期图像检索是基于文本的图像检索，或是基于关键字的图像检索，而基于内容的图像检索技术是20世纪90年代初期，随着大规模数字图像库的出现才发展起来的。基于内容的图像检索技术利用图像自身包含的丰富的视觉特征，提取图像所蕴涵的各种有用信息进行检索，这样不仅可以实现自动提取图像信息，而且提取的图像信息更加稳定，可以有效避免文本标注所产生的主观歧义性。

基于内容的图像检索的基本思路是：先通过对图像内容的分析，自动或半自动地从中抽取颜色、纹理和形状等特征，并利用基于这些特征定义的相似度量函数计算特征之间的相似性，最后将最相似的一些图像作为检索结果返回给用户。

1) 颜色特征的提取

颜色是图像的一个重要特征，是图像检索中应用最广泛的特征之一。主要原因在于颜色往往和图像中所包含的物体或场景十分相关，同一类物体往往有着相似的色彩特征，因此可以根据颜色特征来区分物体。此外，颜色特征具有提取容易，稳定性好，对大小、方向等均不太敏感，且具有彩色不变性等特点，因此，在许多情况下，颜色成为描述一幅图像最简便且十分有效的特征，在图像检索中最早得到应用。

颜色特征表达方法有颜色直方图、颜色矩阵、颜色集、颜色聚合向量以及颜色相关图等，而颜色直方图是最常用一种方法。颜色直方图描述不同色彩在整幅图像中所占的比例，即出现了哪些颜色以及各种颜色出现的概率，任何图像都能唯一地给出一幅与之对应的直方图，特别适于描述那些难以进行自动分割的图像。这种方法的缺点是不关心每种色彩所处的空间位置，也就无法描述图像中的对象或物体，因此不同的图像可能有相同的颜色直方图，即颜色直方图与图像是一对多的关系。

2) 纹理特征的提取

纹理作为物体一个重要而又难以描述的特征，也是基于内容检索的一条重要线索。

图像的纹理指图像像素灰度级或颜色的某种变化，而且这种变化是空间统计相关的，是一种不依赖于颜色或亮度的反映图像中同质现象的视觉特征。一幅图像可以看作不同纹理区域的组合。

纹理特征的提取方法主要有结构分析方法、统计分析方法和频谱分析方法。结构分析方法分析图像的结构，从中获取纹理特征；统计分析方法是对图像属性进行统计分析；频谱分析方法是对傅里叶频谱中峰值所占能量比例进行分析的方法，包括计算峰值处的面积、峰值处的相位和峰值间的相角差等。

纹理描述的难点是它与物体的形状存在着密切的关系，千变万化的物体形状与嵌套式的分布使纹理的分类变得十分困难。图像的分辨率对纹理的影响很大，当图像的分辨率发生变化时，计算出来的纹理可能有很大的偏差。另外，纹理特征也受到光照和反射的影响。由于纹理描述比较困难，一般采用示例查询方式来检索。应用纹理作为检索的特征，一般应用于图像内容较为丰富、物体和背景不易分割的情况。

3）形状特征的提取

形状特征是人类视觉系统在物体识别中所识别的关键信息之一，也是图像的核心底层特征之一。图像的形状信息不随图像颜色等特征的变化而变化，是物体的稳定特征，特别是对于图形来说，形状是它唯一重要的特征。

一般来说，形状表示分成两种，即基于边界的和基于区域的。前者利用形状的外边界来表示形状，典型方法是傅里叶描述子；后者利用整个形状区域，典型方法有不变矩等。

由于形状特征描述依赖于图像分割的质量，而图像中目标的准确分割仍是相关领域的难题，没有得到很好的解决，所以形状特征的应用相对较少，只在一些特定的图像检索中，如商标检索中得到很好的应用。

第一个商业化的基于内容的图像检索系统是IBM的QBIC系统，其他具有代表性的系统还有Virage公司的Virage系统、麻省理工学院媒体实验室的Photobook系统和UIUC大学的MARS系统等。

2. 基于内容的视频检索

相对于图像数据，视频数据不仅含有丰富的信息量，而且结构更为复杂，在形式上它是一种完全没有结构性的数据，但在内容上它又有着很强的逻辑结构。基于内容的视频检索，就是根据视频的内容和上下文关系，对大规模视频数据库中的视频数据进行检索，在没有人工参与的情况下，自动提取并描述视频的特征和内容。

视频媒体由大量连续帧构成，帧间的差异反映了随时间变化的内容。它通过连续的若干帧来刻画发生在某一个特定的时空环境中的一个事件，表达一个特定的概念信息。由于视频数据是一种非结构化的数据，因此，如何分析视频的结构，将其分割成独立的结构单元并选取合适的代表（关键）帧，如何将底层的视频特征（如颜色、纹理等）和高层的语义联系起来，如何使用户更方便快捷地浏览视频，如何定义一种能充分反映视频数据的各种特征及时间和空间关系的视频数据模型，以及如何对视频检索，是基于内容的视频检索面临的重要问题。基于内容的视频检索有以下几个关键技术。

1）镜头分割技术

镜头是指摄像机一次连续拍摄得到的时间上连续的若干帧图，可以通过对镜头边界的检测将视频分割为各个独立的镜头。镜头之间的转换方式主要有切变和渐变两类：切变是镜头间的突然变化，常在两帧图像间完成，切变前的帧属于上一个镜头，切变后的帧属于下一个镜头；渐变则是从一个镜头缓慢地变化到另一个镜头，常延续十几帧或几十帧，变化类型有淡入淡出、叠化和擦除等。

镜头切变的检测方法的基本思想是通过比较对比相邻图像帧之间的特征是否发生了较大变化来判断镜头的边界。主要有基于全局特征的切变检测和基于局部特征的切变检测等。

镜头渐变的检测比切变检测复杂很多，至今仍没有取得和切变检测效果一样的成果，方法主要有阈值法、光流法和模型法等。

2）关键帧提取技术

关键帧也称为代表帧，可以用来代表一个镜头的主要内容。一个镜头包含很多的信息，但由于每个镜头都是在同一个场景下拍摄的，因此同一个镜头中的各帧图像有相当多的冗余。为了更加简洁地表达镜头以及将来检索和快捷地浏览视频内容，可以用一个或多个关键帧来表示镜头内容，用镜头关键帧代表镜头。提取关键帧的准则主要应考虑镜头内帧之间的不相似性，所提取的关键帧应能提供一个镜头的全面概要，或提供一个内容尽量丰富的概要。

关键帧的提取可以基于镜头边界，以一个镜头的首帧（或末帧）作为关键帧；基于图像信息，以视频图像帧之间的颜色、纹理等视觉特征的改变提取关键帧；基于运动分析，以摄像机运动所造成的显著运动信息而产生图像变化为依据；基于某种聚类算法，将镜头中的所有图像帧划分成若干类，然后选择所有聚类的代表帧构成镜头的关键帧等各种方法。

3）动态特征提取技术

动态特征提取是基于镜头和主体目标的运动特征来检索镜头。可以利用摄像机操作的表示来查询镜头，可以利用运动方向和幅度特征来检索运动的主体目标。在查询中还可以将运动特征和关键帧特征结合起来，检索出具有相似的动态特征但静态特征不同的镜头。

目前，国内外已经开发出的一些比较实用的视频检索原型系统有：美国哥伦比亚大学研究开发的 VideoQ 系统，是一套全自动的面向对象基于内容的视频查询系统；美国哥伦比亚大学电子工程系与电信研究中心图像和高级电视实验室共同研发的 WebSeek 系统，实现了互联网上的基于内容的图像/视频查询和分类系统；卡耐基·梅隆大学开发的 Informedia Digital Video Library 项目，包括视频分段、视频文字识别、语音分析与识别、自然语言处理和人脸检测等多个方面的内容；清华大学开发的 TV-FI 系统，可以提供视频数据入库、基于内容的浏览和检索等功能，并提供多种数据访问模式。

3. 基于内容的音频检索

基于内容的音频检索，是从媒体数据总体中提取出特定的音频特征，建立音频数据表示方法和数据模型，采用有效和可靠的查询处理算法，使用户可以在智能化查询接口的辅助下，从大量存储的数据库中进行查找，检索出具有相似特征的音频数据。

音频的内容既有多媒体内容的共有特性，也有其不同于其他媒体的特殊内容。从底层的物理内容到高层的语义内容，音频的内容可分为4个层次：

(1) 最底层是采样数据级，即二进制数据，它是对声音采样后得到的结果，有振幅和频率等信息。

(2) 物理样本级，音频内容包括采样率、时间刻度、格式、编码和样本等。

(3) 声学特征级，声学特征能表达用户对音频的感知，可以直接用于检索，如一些特征用于语音的识别或检测等。

(4) 语义级，即音频内容、音频对象的概念级描述。在这个级别上音频的内容包括：语音识别、检测和辨别的结果，音乐旋律和叙事的说明，音频对象和概念的描述等。

音频内容从最底层的采样数据级到最高层的语义级，内容逐级抽象，内容的表示逐级概括。根据音频内容的不同，在检索中要采用不同的检索技术。音频信息检索可以分为语音检索、音乐检索和音频例子检索。

1) 语音检索

语音检索就是采用语音识别等技术，在语音数据(如广播新闻、会议录音等)中搜索关键词，从而完成检索。语音检索技术主要包括以下4种技术：

(1) 基于关键词检出技术的语音检索。在任意的语音中自动检测词或短语的技术被称为关键词检出技术。利用该技术，可以在长段录音或音轨中识别或标记出用户感兴趣的事件，这些标记就可以用于检索。

(2) 基于大词表连续语音识别技术的语音检索。利用大词表连续语音识别技术把语音转换为文本，并记录文本在语音中的对应位置，从而可以采用文本检索的方法进行语音识别。

(3) 基于子词基元的语音检索。在使用语音识别技术对语音文档建立索引时，由于词表的大小限制，不能处理词表以外的词。前两种检索方法都存在无法解决词表以外的词的问题，不可避免地会影响检索结果。而采用基于子词基元的语音检索，可以不受词表大小的限制，并且对语音识别相同的错误具有较好的鲁棒性，是目前语音检索技术研究的重要方向。

(4) 基于说话人的语音检索技术。主要是辨别出说话人话音的差别，根据说话人的变化分割录音，从而建立说话索引，可以方便在数据库中检索出某个特定人的讲话录音。其中主要涉及的技术就是说话人识别。说话人识别技术是通过对说话人语音信号的分析处理，建立相应的参考模板或模型，然后按照一定的判决规则进行识别确认。目前，说话人识别技术有模板匹配法、概率模型法和人工神经网络法。

2) 音乐检索

音乐有很多种存储形式，如MIDI，MP3和实时音乐广播等。在检索方式上，音乐检索可以采用哼唱、节拍拍打、演奏输入和乐谱录入等多种方式提交查询请求进行检索。其中，演奏输入和乐谱录入两种检索方式可以采用文本检索技术实现，但对用户的音乐技能要求较高；哼唱检索方式由于对用户要求低、实用简便、能比较准确地表达检索要求，是目前最主要的音乐检索方式。

3）音频例子检索

音频例子检索实质是从检索数据源中搜索与指定的查询相似的音频数据，可以利用更一般的声学特征来分析与检索，适合更广泛类别的音频媒体。

基于例子的音频检索用构造的分类模型将用户提交检索的音频例子归属到某类音频，最后按照排序方法返回给用户属于这个音频类的若干相似音频例子。按照音频例子表示方法的不同，可以分为两种：一种是将某类音频用一个模板表示出来，对于用户提交查询的音频例子，先使用模板去进行匹配，判断其属于某一类模板，然后将这类模板对应的音频例子按序反馈给用户；另一种是不对每类音频建立模板，而是对每个音频例子建立模板，即寻找一种良好的方式去表征音频例子，然后进行相似匹配。

8.3.4 多种类型媒体对象的检索技术

1. 基于语义和内容结合的混合检索模式

混合多媒体检索模式是一种结合了基于语义和基于内容的检索模式各自优点而提出的一种改进的检索方式。不同于以上两种检索模式，混合检索模式通过对基于语义和基于内容两种检索方式得到的查询结果进行融合分析，使得到的查询结果既能反映语义层次上的相似性，又能体现底层特征上的相似性，从而可以大幅度地提高检索效率，包括查全率和查准率。

混合检索模式在图像和视频检索中有着广泛的应用前景。对于一个给定的图像查询，首先进行基于语义的检索，得到一组候选图像集，然后对得到的候选图像集进行基于内容的求精处理。实验表明，通过该方法得到的查询结果要明显优于基于单一特征的检索。混合检索模式在视频检索领域也得到了广泛的应用，这是因为原始视频数据包含多种类型的信息，如语义信息可以通过声音识别或提取字幕信息等方式得到，视觉的底层信息可以通过视频关键帧获得，听觉信息则可通过提取视频中伴随的音频信息获得。

2. 跨媒体检索模式

近年来，随着互联网与多媒体技术的发展，多媒体数据呈现爆炸性增长的趋势，多种异构的多媒体数据（如图像、视频和文档等）在 Web、数字图书馆以及其他的多媒体应用中大量涌现，它们彼此存在相似的语义表达。比如，如果用户在数字百科全书中查询“金字塔”，可能希望得到有关金字塔的文字介绍和相关的图片，甚至是反映当地风土人情的视频短片。但是，几乎所有现有的检索系统或方法都只是针对某种特定媒体对象的检索（比如图像搜索工具），它们在上述这些应用中的局限性很大，相当保守，一方面，它们局限于某种单一类型的媒体（如单纯的图像检索方法）；另一方面，它们仅依赖于多媒体数据的某种特定的特征（如图像的颜色直方图或小波纹理特征等），因此难以提供在语义层面上相关的查询结果。现有的基于单一类型媒体对象的检索技术无法满足大量应用中人们对多媒体信息查询的新需要。

早在 1976 年，麦格克就已经揭示了人脑对外界信息的认知需要跨越和综合不同的感官信息，以形成整体性的理解。近年来认知神经心理学方面的研究也进一步验证了人脑认知过程呈现出跨媒体的特性，来自视觉、听觉等不同感官的信息相互刺激、共同作用而产生认知结果。基于以上结论的分析，跨媒体检索具有坚实的理论依据和现实意义。

所谓“跨媒体”主要体现在3个方面：

(1) 这种检索机制能够“兼容”属于各种不同模态(类型)的多媒体数据，比如文本、图像和视频等。

(2) 它能够表达并利用多种类型的知识，包括多媒体数据的底层特征、文本中的关键字、数据之间的超链接等。

(3) 它能够综合运用多种检索方法。与基于内容的检索方法相比，这种检索机制不但能获得更为丰富的检索结果，而且还尽可能运用多方面知识进一步提高检索结果的相关度，是一种非常主动的检索机制。

跨越多种媒体的多媒体检索模式(称为跨媒体检索)将是今后多媒体领域的一个新的研究方向，它对于像Web、数字图书馆和视频点播系统等多媒体应用具有重要的意义。

本章小结

本章对多媒体数据库及基于内容检索，有关多媒体数据的存储问题、管理问题和多媒体数据库的体系结构，多媒体数据库基于内容检索的关键技术和基于内容检索系统的设计原理和实现技术等均作了分析和讨论。

思考与练习

1. 简述多媒体数据库应具备的基本功能。
2. 多媒体数据库基于内容检索的关键技术有哪些？
3. 一般有哪些基于内容检索方法？应用在哪些方面？

附录A appendix A

实验指导

实验1　音频编辑软件

实验目的

(1) 掌握录制音频的方法,了解音频卡和其他音频设备的设置和连接。

(2) 熟悉常用音频处理软件的功能和应用,包括 Windows 自带的音频处理工具"录音机"和 Cool Edit;能使用这些音频编辑软件录制和处理音频素材。

(3) 了解音频数据的特性,探讨采样频率对数据量和音质的影响以及带来的问题。

实验环境

Windows XP 操作系统,Windows 录音机,Cool Edit 音频编辑软件。

实验内容

【实验 1-1】 声音的录制。

利用 Windows 自带的录音机录制自己的声音,设置不同的采样频率和量化位数,将文件存为 WAV 格式。

【实验 1-2】 音频的特效处理和合成。

利用 Cool Edit 进行特效处理和合成等操作,内容包括:

(1) 对录制的声音做降噪处理,并进行回声、淡入(或淡出)和音量增强等处理。

(2) 找一段歌曲,消除原唱者声音,制作背景音乐。

(3) 利用多音轨功能或混合粘贴工具,将录制的声音与背景音乐混合,做成一个完整的具有音乐背景的语音文件。

(4) 对混合后的音频文件进行压缩,比较压缩前后的声音质量,并转换为 MP3 格式。

实验步骤

【实验 1-1】 声音的录制。

很多通用的声音素材可以从网上下载，也可以从购买的数字音像制品转换编辑得到。但是，有些声音素材，比如作品的解说配音就需要自己录制。

步骤1：录音准备。

录音前要准备好必要的设备——耳麦（或音箱和话筒），并将耳麦（或音箱和话筒）的插头和音频卡正确连接。一般的音频卡在主机箱后有3个插孔，从上至下依次是输出（Spk或Output）、线性输入（Line In）和麦克风（Mic）。其中，输出和耳机（音箱）插头相连，话筒插头插入麦克风插孔。

步骤2：设置Windows中麦克风的录音开关。

Windows系统在默认情况下，麦克风的音量开关设置是关闭的，因此，即使将麦克风插好了也不能将麦克风声音录下来。打开麦克风的录音开关的具体操作如下：

(1) 双击Windows任务栏右端的"音量"小喇叭，弹出的窗口如图A-1所示。

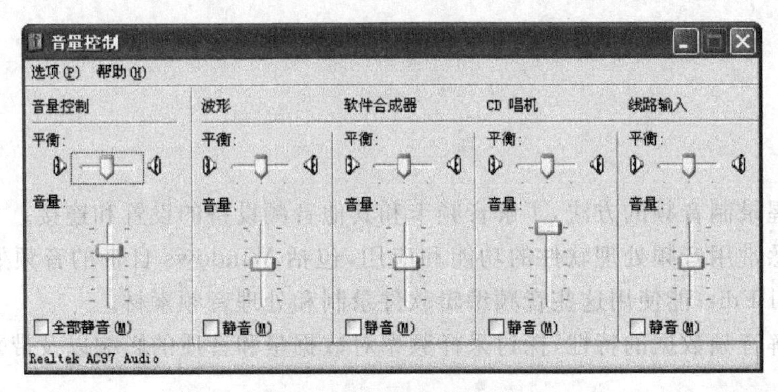

图A-1 音量控制窗口

(2) 在音量控制窗口中选择菜单栏"选项"→"属性"命令，弹出的属性窗口如图A-2所示，选择窗口中的"录音"单选按钮，在"显示下列音量控制"滚动列表框中选中"麦克风"复选框。

(3) 单击"确定"按钮返回"录音控制"窗口，如图A-3所示，将"麦克风"设为"选择"状态。

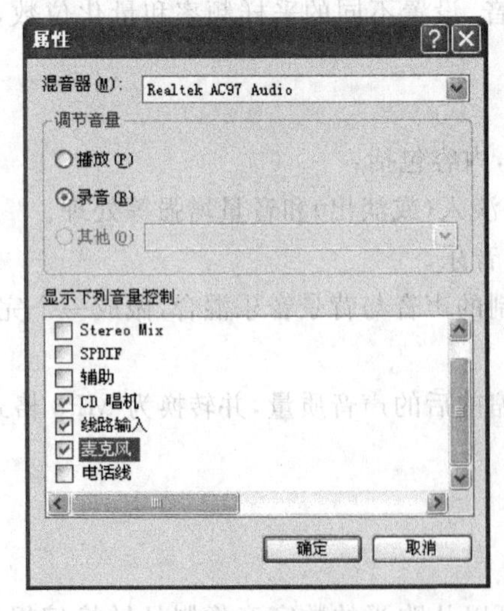

图A-2 属性窗口

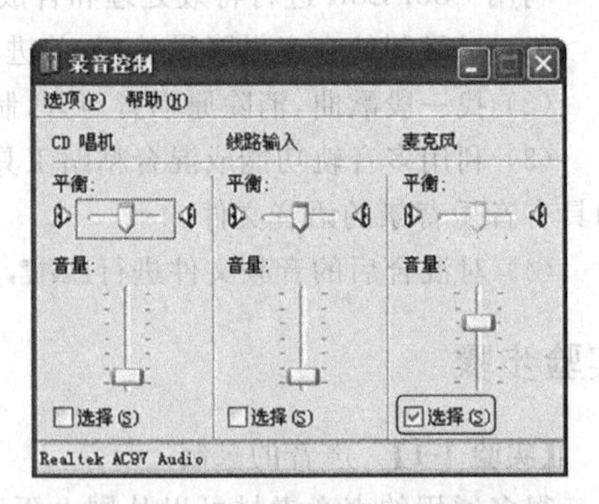

图A-3 添加了"麦克风"的录音控制窗口

步骤 3：取消麦克风的播放静音状态。

选择菜单栏“选项”→“属性”命令重回“属性”对话框，选择“播放”单选按钮（如图 A-2 所示），在“音量控制”窗口中的“麦克风”选项中取消静音状态（如图 A-4 所示），就可以进行录音工作了。

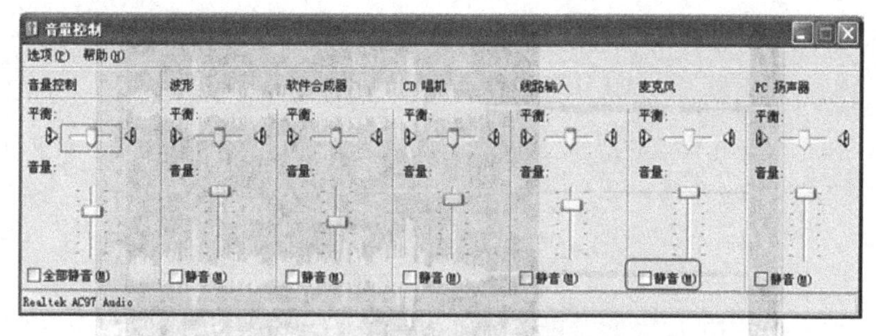

图 A-4 取消了“麦克风”静音状态的音量控制窗口

步骤 4：录音并保存音频文件。

录音可以利用 Windows 自带录音机或者 Cool Edit 进行。

方法一：利用 Windows 自带录音机。

(1) 选择“开始”→“附件”→“娱乐”→“录音机”，单击录音按钮，开始录音（如图 A-5 所示）。

(2) 选择菜单栏“文件”→“另存为”→“格式”，文件类型选择 WAV。

方法二：利用 Cool Edit 录音（如图 A-6 所示）。

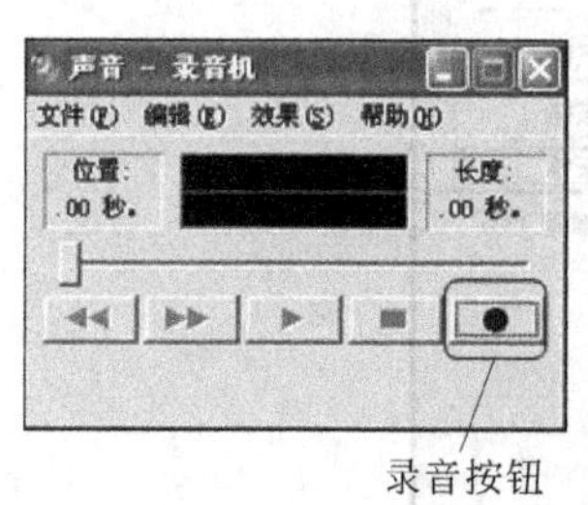

图 A-5 Windows 录音机界面

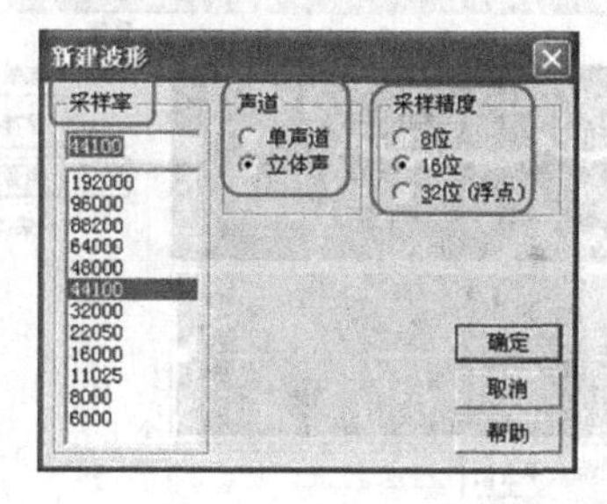

图 A-6 Cool Edit 录音

(1) 选择菜单栏“文件”→“新建”命令，弹出新建波形对话框，设置采样率、声道数和采样精度。

(2) 在波形编辑界面中，单击功能键中的录音按钮开始录音；录制完毕，单击停止按钮停止录音。

(3) 选择菜单栏“文件”→“保存”命令保存声音文件，格式为 WAV。

【实验 1-2】 音频的特效处理和合成。

步骤 1：对录入的声音进行噪音消除处理。

录入的声音由于环境和设备的原因会带有较大噪声，降噪处理可以美化录入的声音，但如果降噪处理做得不好就会导致声音失真，彻底破坏原声。

(1) 单击界面左下方的波形水平放大按钮(带＋号的两个分别为水平放大和垂直放大)放大波形,以找出一段适合用来作噪声采样的波形(如图 A-7 所示)。噪声采样选取的波形一般应该是振幅比较小的波形。选取时,按住鼠标左键拖动,直至高亮区完全覆盖所选的波形。

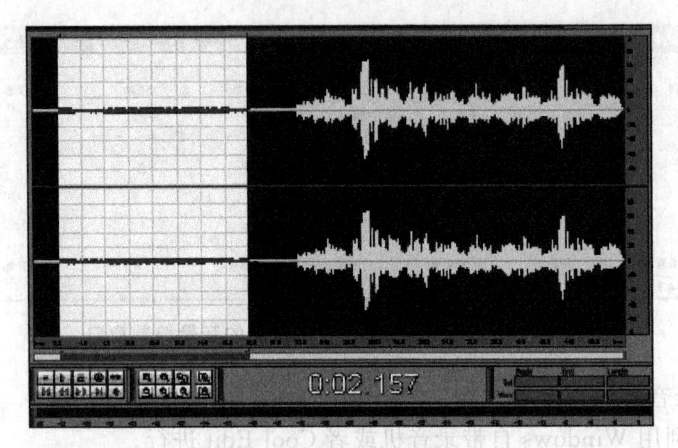

图 A-7 选择噪音样本

(2) 选择"效果"→"噪声消除"→"降噪器",选择"噪音采样",在"降噪器"对话框中,将显示噪音样本轮廓(如图 A-8 所示)。按默认值试听,并尝试调整参数。此外,有一点要说明,无论何种方式的降噪都会对原声有一定的损害。

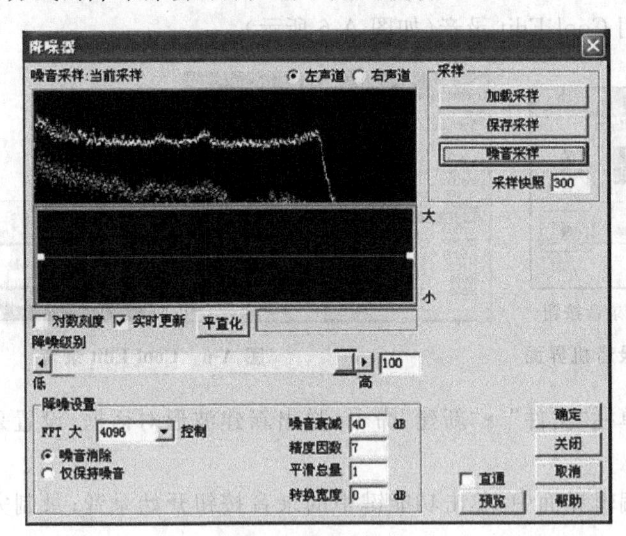

图 A-8 噪音采样

(3) 参数设置合适之后,单击"保存采样"按钮,将采样结果保存为 fft 文件(如图 A-9 所示)。

(4) 关闭"降噪器"对话框,回到主界面。选中整个波形,再选择"效果"→"噪声消除"→"降噪器",选择"加载采样"命令,选取上一步保存的格式为 fft 的样本文件。单击 OK 按钮(如图 A-10 所示)。

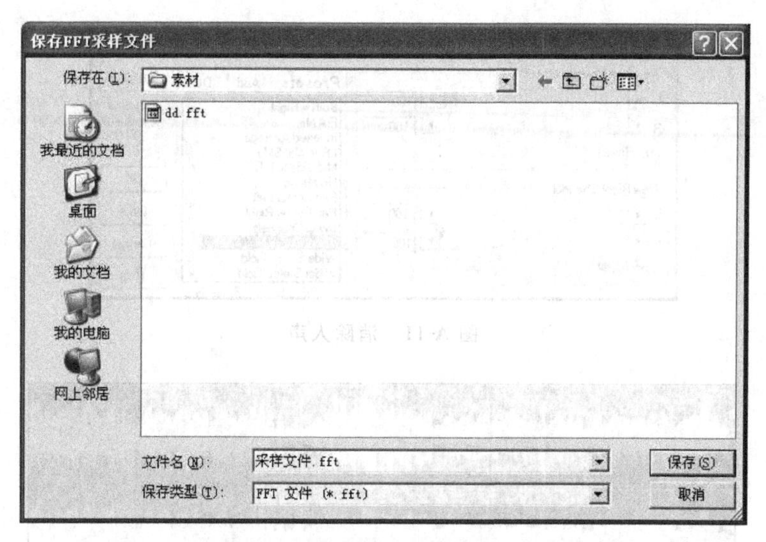

图 A-9 保存降噪样本为 fft 文件

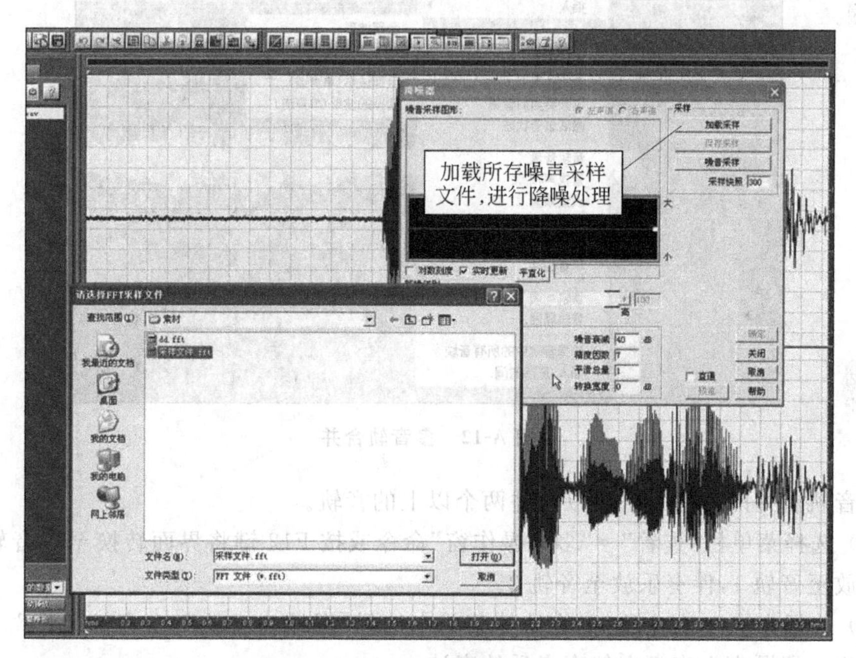

图 A-10 加载采样

步骤 2：消除音乐中的人声，制作伴奏曲。

选择菜单栏“效果”→“波形振幅”→“声道重混缩”，导入未消音的音频文件；执行此命令，在对话框中的 Presets(预置)列表框中，选择 vocal cut 项(如图 A-11 所示)。

步骤 3：声音合并。

将消除了噪声的人声和伴奏曲合并。常用的声音合并的方式有多音轨合并和混缩粘贴两种。

方法一：多音轨合并(如图 A-12 所示)。

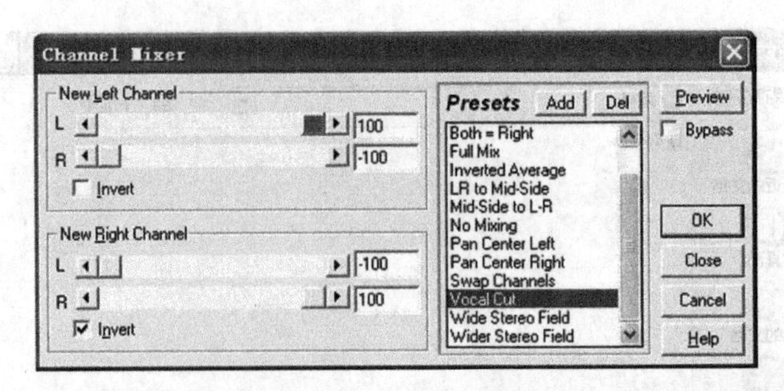

图 A-11　消除人声

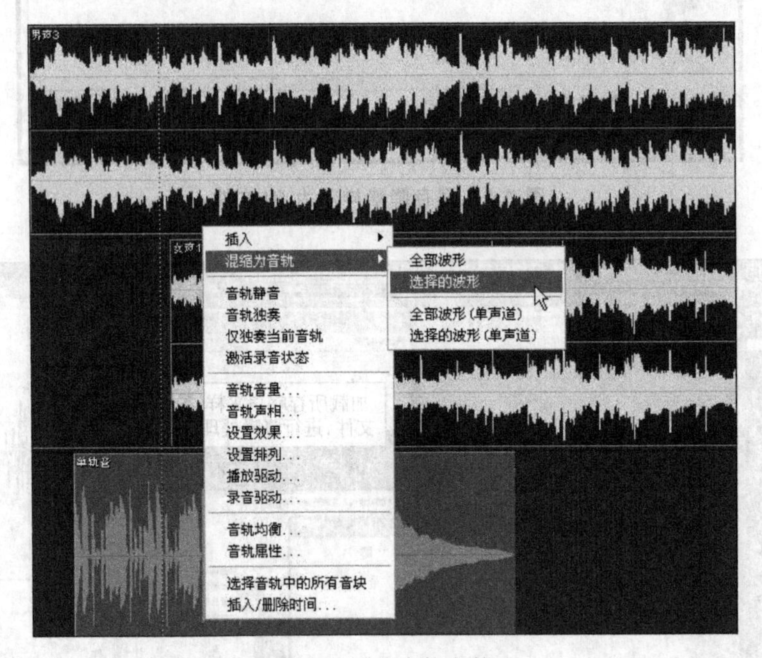

图 A-12　多音轨合并

多音轨合并的方法一次可以合并两个以上的音轨。

(1) 选择菜单栏“查看”→“多轨操作窗”命令或按 F12 键将界面转换至多音轨界面，将人声放至音轨 1，伴奏乐放至音轨 2。

(2) 选择音轨 3，右击鼠标，在快捷菜单中选择“混缩为音轨”→“全部波形”。音轨 3 中将产生一段既有人声又有伴奏音乐的音波。

方法二：在波形编辑界面混缩粘贴。

混缩粘贴一次只能合并两个声音文件。

(1) 在波形编辑界面，打开伴奏乐文件，选择其全部波形，然后选择菜单栏“编辑”→“复制”命令。

(2) 打开人声的波形文件，选择“编辑”→“混缩粘贴”命令，在混缩粘贴对话框中选择“混合”单选按钮，如图 A-13 所示。

步骤 4：文件保存。

最后我们将混缩后的音乐保存至硬盘中。

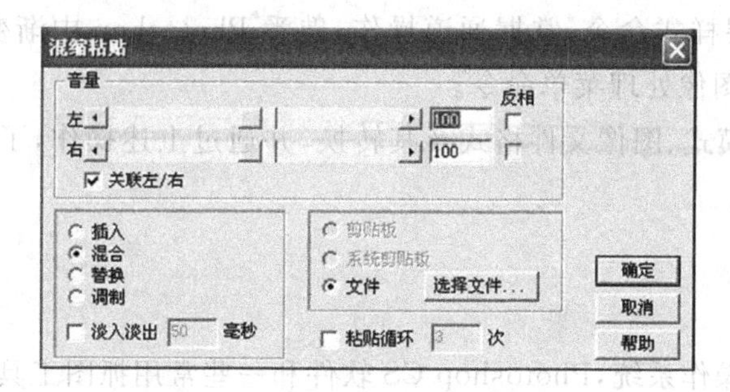

图 A-13 “混缩粘贴”命令对话框

若采用的是方法一合并，在多音轨界面中，切换至音轨 3，选择“文件”→“混缩另存为”，在弹出的对话框中（如图 A-14 所示）选择想要保存文件的目录及文件名，保存类型可选 mp3 或 wma 文件。

若采用的是方法二合并，在波形文件编辑界面中直接选择“文件”→“另存为”命令即可保存。

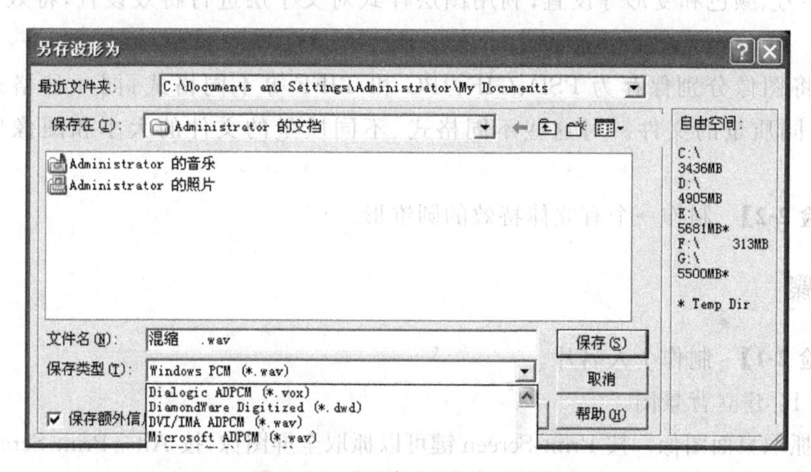

图 A-14 “另存为”命令对话框

观察与思考

1. 什么是采样频率和量化位数？二者对音频质量有什么影响？
2. 采样频率与自然声频率有什么关系？

实验 2 Photoshop 图像处理及文件格式转换

实验目的

(1) 熟悉 Photoshop 的工作界面，菜单、工具箱和控制面板的功能及操作方法。

(2) 掌握建立文件、保存文件等基本操作；掌握文字的创建与编辑方法；理解图层、通道的概念；掌握图层样式命令；掌握通道操作；熟悉 Photoshop 中渐变、选区工具等工具的使用和各种其他图像处理菜单命令。

(3) 掌握图像模式、图像文件格式及其转换，并通过上述操作，了解图像数据压缩比与文件质量的关系。

实验环境

Windows XP 操作系统，Photoshop CS 软件和一些常用抓图工具。

实验内容

【实验 2-1】 制作一张个人名片，要求：

(1) 名片以当前计算机桌面图像为背景。

(2) 名片上要包括个人姓名、学号、所在院系班级等基本个人信息，并对这些文字进行字体、字号、颜色和变形等设置；利用图层样式对文字层进行特效设置，特效不做具体要求。

(3) 将图像分别保存为 PSD、GIF、JPG 和 TIFF 等不同格式；同一种格式分别保存多个不同质量的文件。对这些不同格式、不同质量的文件的大小和图像质量进行对比。

【实验 2-2】 制作一个有立体特效的圆锥形。

实验步骤

【实验 2-1】 制作个人名片。

步骤 1：建立背景图。

(1) 抓取桌面图像。按 Print Screen 键可以抓取全屏图像，按 Alt+Print Screen 组合键可抓取当前窗口的图像。除此以外，一些常用的软件也提供抓图功能，如搜狗拼音和 QQ 等，还有一些专用的抓图软件，如 HyperSnap 等。

(2) 设置背景图像大小。选择菜单栏“图像”→“图像大小”命令，取消“约束比例”复选框的勾选，设置图像大小为 300 像素×500 像素(如图 A-15 所示)。

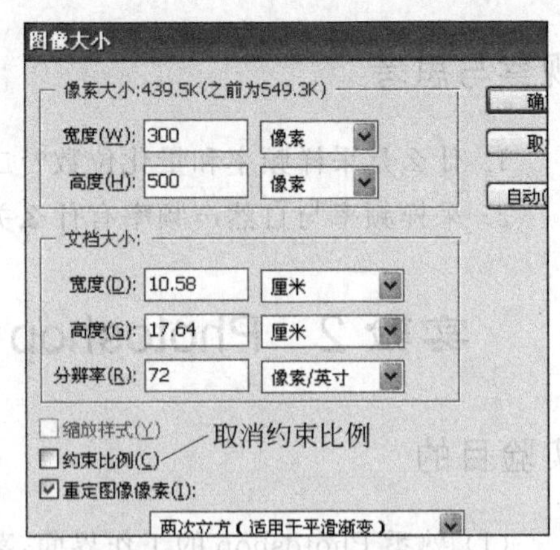

图 A-15 设置图像大小

步骤 2：输入文字。

(1) 以抓取的图为背景，利用 Photoshop 的文字工具 T，在图上输入文字。文字包括个人姓名、学号、所在院系、年级、班级等个人信息，并在文字工具属性栏(如图 A-16 所示)中对文字进行字体、字号、颜色和变形等属性设置。

(2) 变形属性设置：选中需要变形的文字，

单击工具栏上的“创建变形文字”按钮，选择某种变形，如“扇形”，并在弹出的“变形文字”对话框中(如图 A-17 所示)，拖动滑块设置变形参数。

图 A-16 文字工具属性栏

步骤 3：文字层特效设置。

利用菜单栏“图层”→“图层样式”命令，对文字层进行投影、外发光和描边等样式设置。图层样式对话框详细介绍见第 4 章 4.4.2 节中的例 4-3。

步骤 4：保存为多个文件并比较。

选择菜单栏“文件”→“存储为”命令，将图像保存为 PSD、JPEG、GIF 和 TIFF 格式的文件。其中，JPEG 格式要求分别以高、中、低 3 种质量保存为 3 个文件；GIF 格式要求分别以 256 种、64 种和 8 种颜色保存为 3 个文件；TIFF 格式不压缩保存。

不同质量的 JPEG 格式文件的保存见第 4 章 4.4.2 节中的例 4-1，GIF 格式文件的保存见第 4 章 4.4.2 节中的例 4-5。

比较各个文件的大小和图像质量。

【实验 2-2】 制作有立体特效的圆锥形。

步骤 1：建立新图像。

选择菜单栏“文件”→“新建”命令，在“新建”对话框中进行如图 A-18 所示设置。在对话框中：

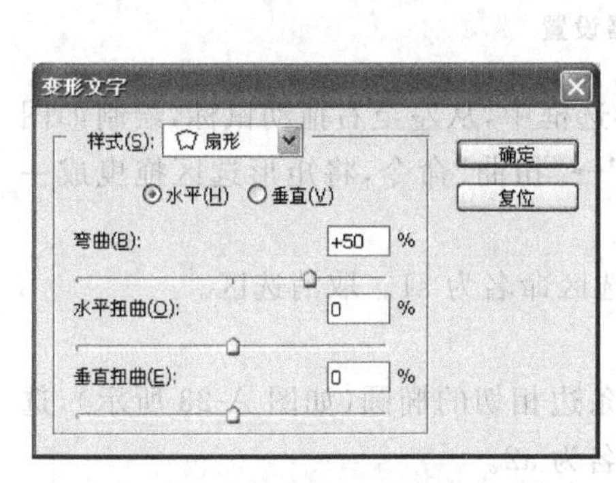

图 A-17 设置“扇形”变形参数

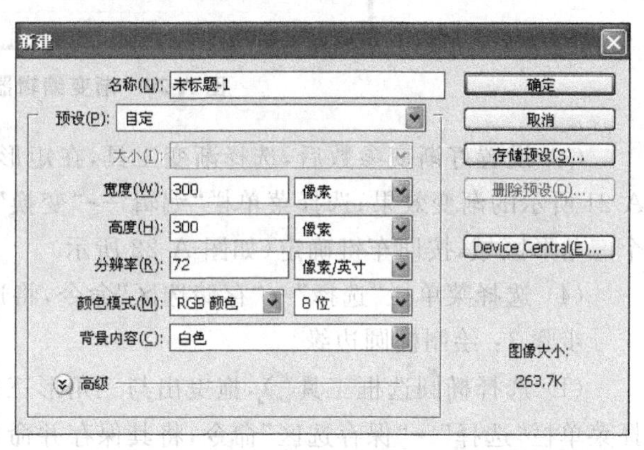

图 A-18 “新建”对话框

“颜色模式”可选项有位图、灰度图、RGB 颜色、CMYK 颜色和 Lab 颜色等多种模式；

“背景内容”可选项有白色、背景色和透明等。其中，“背景色”在工具箱“颜色设置工具”中单击“设置背景色”进行设置，具体操作见第 4 章 4.4.2 节中的例 4-2；“透明”表示无背景颜色。

步骤 2：绘制图形。

(1) 选择矩形选框工具[ ]，在图像中拖曳出一个矩形。

(2) 选择渐变工具，在渐变工具属性栏中，单击渐变选项(如图 A-19 所示)，打开渐变编辑器(如图 A-20 所示)，设置色标数量、颜色和位置等。

图 A-19 渐变工具属性栏

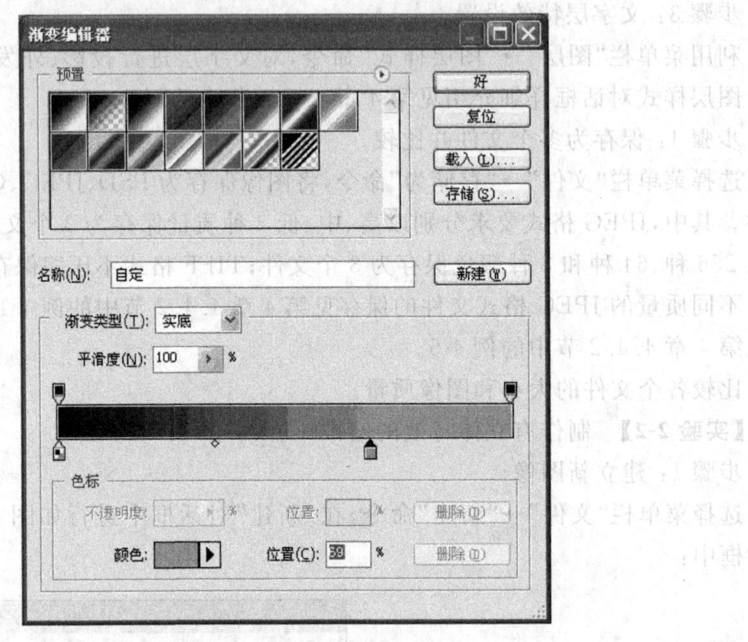

图 A-20 渐变编辑器设置

(3) 设置好渐变参数后，选择渐变工具，在矩形选框中，从左至右拖动鼠标，绘制如图 A-21 所示的渐变效果；选择菜单栏"编辑"→"变换"→"扭曲"命令，将矩形选区拖曳成一个三角形区域，按回车键确定(如图 A-22 所示)。

(4) 选择菜单栏"选择"→"存储选区"命令，将选区命名为 a1。取消选区。

步骤 3：绘制椭圆边缘。

(1) 选择椭圆选框工具，拖曳出与三角形三条边相切的椭圆(如图 A-23 所示)，选择菜单栏"选择"→"保存选区"命令，将其保存并命名为 a2。

图 A-21 渐变效果图

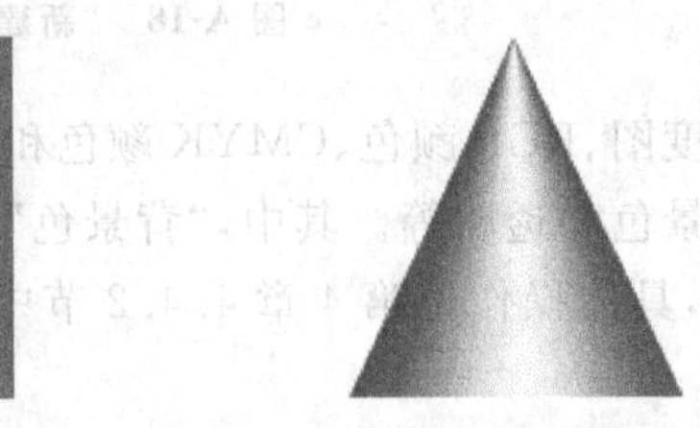

图 A-22 扭曲效果图

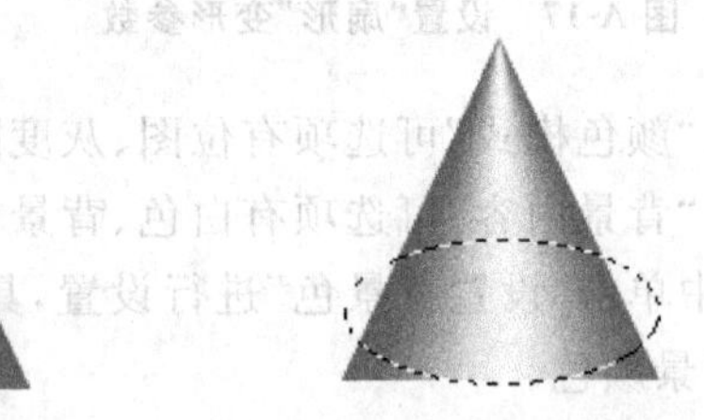

图 A-23 绘制椭圆形

（2）打开通道面板（如图A-24所示），按住Ctrl键不放，单击通道a1，载入a1选区。

（3）再选择菜单栏“选择”→“载入选区”命令，如图A-25所示设置各项参数，将a2从a1中减去，减去之后的选区如图A-26所示。

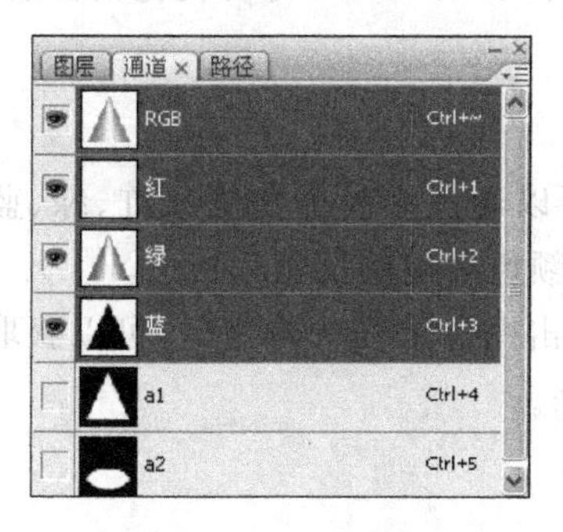

图A-24 通道面板

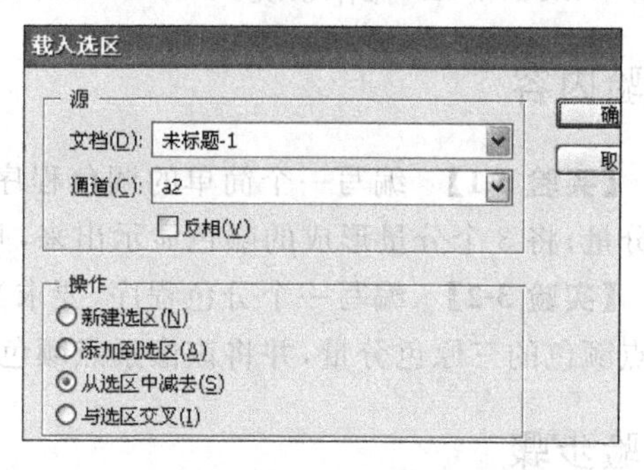

图A-25 载入a2选区参数设置

（4）用橡皮擦工具擦除三角形底边的区域，取消选区，最终效果如图A-27所示。

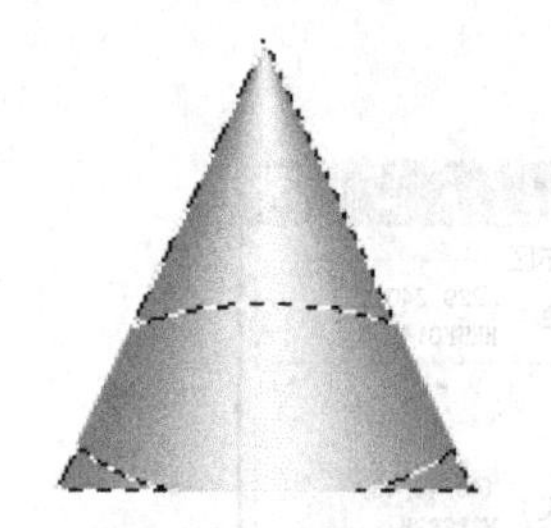

图A-26 减去a2后的选区

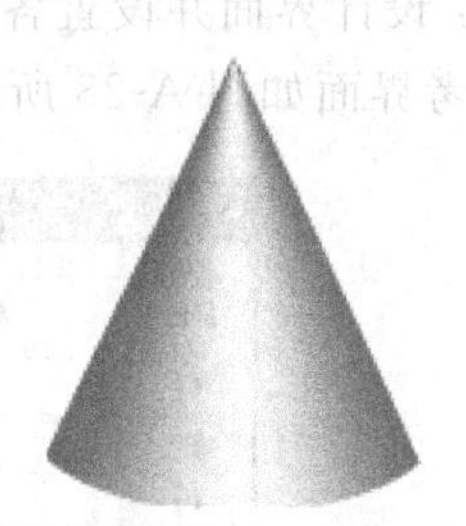

图A-27 最终效果图

观察与思考

1. 菜单栏“图像”中的“图像大小”和“画布大小”有什么区别？

2. Photoshop PSD格式的文件是什么文件？在保存的PSD、GIF、JPG和TIFF格式中，哪种带有图层信息和文字效果信息？

3. 在实验2-1中，在GIF、JPG和TIFF各类文件中，不同质量要求的文件，其文件大小和图像质量有什么不同？JPEG和GIF文件各适用于什么情况？

4. 在实验2-2中，通道a1和a2起到什么作用？

实验3 简单的调色和分色程序

实验目的

利用可视化编程语言编写调色和分色程序，更深刻地理解计算机中RGB颜色空间对颜色的表示。

实验环境

Windows XP 操作系统，Visual Basic（或 Delphi、Visual C++）等可视化编程语言。

实验内容

【实验 3-1】 编写一个简单的调色程序，要求可以通过多种方法输入红、绿、蓝三原色分量；将 3 个分量形成的颜色显示出来，并显示此颜色对应的反色和灰色。

【实验 3-2】 编写一个分色程序，要求当鼠标单击图片上任一像素时，可以获取该像素点颜色的三原色分量，并将该像素点颜色显示出来。

实验步骤

【实验 3-1】 调色程序。

步骤 1：设计界面并设置各控件属性。

(1) 参考界面如图 A-28 所示。

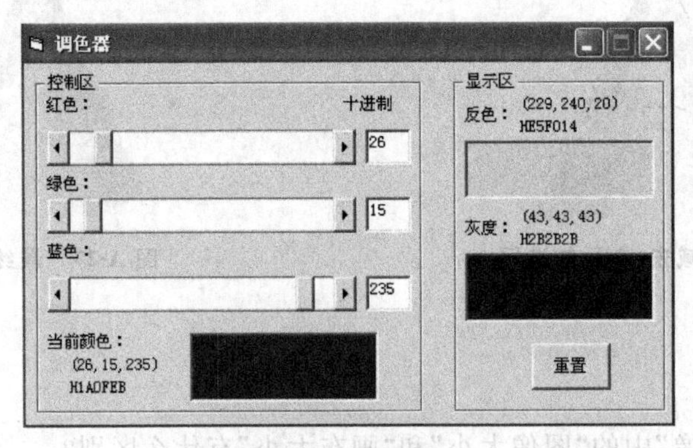

图 A-28 简单调色器

(2) 属性设置中，需要注意水平滚动条取值范围在 1～255 之间。

步骤 2：编写代码。

代码编写中的几个要点：

(1) 反色的值为(255－当前颜色 R 分量，255－当前颜色 G 分量，255－当前颜色 B 分量)。

(2) 当前颜色对应的灰度值约等于亮度 $Y=0.299R+0.587G+0.114B$。

(3) Visual Basic 参考代码如下：

```
Private Sub Command2_Click()
    HScroll1.Value=0
    HScroll2.Value=0
    HScroll3.Value=0
End Sub
```

```
Sub OH()                                         '显示十进制和十六进制颜色值
    R=HScroll1.Value                             '获得当前颜色十进制值
    G=Hscroll2.Value
    B=Hscroll3.Value
    Label9.Caption="(" & R & "," & G & "," & B & ")"
    Label12.Caption="(" & 255-R & "," & 255-G & "," & 255-B & ")"
                                                 '反色十进制值
    Dim Y                                        '求当前颜色对应的十进制灰色值
    Y=0.299 *  R +  0.587 *  G +  0.114 *  B
    Label13.Caption="(" & CInt(Y) & "," & CInt(Y) & "," & CInt(Y) & ")"
    Picture1.BackColor=RGB(R, G, B)              '显示当前颜色
    Picture2.BackColor=RGB(255-R, 255-G, 255-B)  '显示反色
    Picture3.BackColor=RGB(Y, Y, Y)              '显示当前颜色对应的灰色
    HR=Hex(R)                                    '求当前颜色十六进制值
    HG=Hex(G)
    HB=Hex(B)
    If Len(HR)<2 Then HR="0" & HR
    If Len(HG)<2 Then HG="0" & HG
    If Len(HB)<2 Then HB="0" & HB
    Label8.Caption="H" & HR & HG & HB
    RHR=Hex(255-R)                               '求反色十六进制值
    RHG=Hex(255-G)
    RHB=Hex(255-B)
    If Len(RHR)<2 Then RHR="0" & RHR
    If Len(RHG)<2 Then RHG="0" & RHG
    If Len(RHB)<2 Then RHB="0" & RHB
    Label10.Caption="H" & RHR & RHG & RHB
    Dim X As String                              '求当前颜色对应的灰色十六进制值
    X=Hex(CInt(0.299 *  R+  0.587 *  G +  0.114 *  B))
    If Len(X)<2 Then X="0" & X
    Label11.Caption="H" & X & X & X
End Sub

Private Sub HScroll1_Change()                    '改变红色分量的滚动条
    OH
    Text1.Text=HScroll1.Value
End Sub
Private Sub HScroll2_Change()                    '改变绿色分量的滚动条
    OH
    Text2.Text=HScroll2.Value
End Sub
Private Sub HScroll3_Change()                    '改变蓝色分量的滚动条
    OH
    Text3.Text=HScroll3.Value
End Sub

Private Sub Text1_Change()                       '用文本框输入红色分量值
    If Text1.Text>=0 And Text1.Text<=255 Then
    HScroll1.Value=Text1.Text
```

```
Else
    MsgBox "请输入 0~255 的整数！"
    Text1.Text="0"
End If
End Sub

Private Sub Text2_Change()                        '用文本框输入绿色分量值
    If Text2.Text>=0 And Text2.Text<=255 Then
        HScroll2.Value=Text2.Text
    Else
        MsgBox "请输入 0~255 的整数！"
        Text2.Text="0"
    End If
End Sub

Private Sub Text3_Change()                        '用文本框输入蓝色分量值
    If Text3.Text>=0 And Text3.Text<=255 Then
        HScroll3.Value=Text3.Text
    Else
        MsgBox "请输入 0~255 的整数！"
        Text3.Text="0"
    End If
End Sub
```

【实验 3-2】 分色程序。

步骤 1：设计界面并设置各控件属性。

参考界面如图 A-29 所示。

图 A-29 分色程序

步骤 2：编写代码。

代码编写中的几个要点：

(1) 取出的颜色值 pixel 是一个 3 字节的整数，表示当前像素点的三原色的分量值，字节从高位到低位分别表示蓝色分量、绿色分量和红色分量，因此：

① 红色分量可以通过对 pixel 除 256 取余得到；

② 绿色分量可以通过对 pixel 除 256×256 取余得到；

③ 蓝色分量可以通过对 pixel 除 256×256×256 取余得到。

(2) 用 RGB()函数显示各个颜色。

(3) Visual Basic 参考代码如下：

```
Private Sub Form_Load()
    Picture1.Picture=LoadPicture("C:\flower.gif")
End Sub

Private Sub Picture1_MouseMove(Button As Integer, Shift As Integer, X As
Single, Y As Single)
    pixel=Form1.Picture1.Point(X, Y)              '取当前点的像素
    red=pixel Mod 256                             '取像素的红色分量
```

```
    green=pixel\256 Mod 256                    '取像素的绿色分量
    blue=pixel\256\256                         '取像素的蓝色分量
    Label1.Caption="红色分量: " & red
    Label2.Caption="绿色分量: " & green
    Label3.Caption="蓝色分量: " & blue
    Picture2.BackColor=RGB(red, green, blue)
    Picture3.BackColor=RGB(red, 0, 0)
    Picture4.BackColor=RGB(0, green, 0)
    Picture5.BackColor=RGB(0, 0, blue)
End Sub
```

观察与思考

(1) 当RGB颜色分量相同,即$R=G=B$,且为任意数值时,会组合成什么颜色?

(2) RGB颜色空间与CMYK、YUV和YIQ颜色空间存在什么转换关系?编程实现RGB与CMYK、YUV颜色空间的相互转换。

实验4 Flash矢量动画制作

实验目的

运用Flash制作出简单的动画,熟悉Flash的界面、关键帧和帧的建立、图片属性面板和变形属性面板等的应用。

实验环境

Windows XP操作系统,Flash软件。

实验内容

【实验4-1】 制作一个运动动画,要求动画具有转动的效果。

【实验4-2】 制作一个形变动画,要求动画中的图形产生方圆变化。

实验步骤

要点分析:这两个动画的制作步骤基本相同:

(1) 在开始的关键帧上确定动画的初始状态。

(2) 在结束的关键帧上确定动画的结束状态,此时在开始的关键帧和结束的关键帧之间是普通延伸帧。

(3) 在开始的关键帧处设置运动动画模式。

具体操作步骤如下。

【**实验 4-1**】 运动动画作品——转动的照片。

步骤 1：新建 Flash 文档并设置属性。

新建一个 Flash 文档，系统默认文件名为“场景 1”，在文件属性面板中把背景的颜色设为白色，文档大小为 800 像素×600 像素，帧速度设置为 12。

步骤 2：开始关键帧的建立和设置。

单击第 1 关键帧，选择“文件”→“导入”→“图片”命令，并将文件放置在“场景”窗口的左上角，在图片属性面板中调整其大小为 280×220，位置坐标为(25,13)。

步骤 3：结束关键帧的建立和设置。

在第 30 帧处插入关键帧，在场景窗口右下角，坐标为(255,160)处，放置与第 1 关键帧大小内容相同的图片，在变形属性面板中设置旋转参数为 180，将图片旋转 180°。

步骤 4：在开始和结束关键帧之间补充普通延伸帧。

在第 1 帧上右击，选择“传统补间动画”，设置运动动画。

步骤 5：测试播放并保存文件。

按 Ctrl+Enter 键测试播放动画。选择菜单栏“文件”→“保存”命令，保存为 fla 文件。若需要保存为 swf 播放文件，选择菜单栏“文件”→“导出”→“导出影片”，选择 swf 格式即可。

【**实验 4-2**】 形变动画作品——方圆变化。

步骤 1：新建 Flash 文档并设置属性。

新建一个 Flash 文档，在文件属性面板中把背景的颜色设为白色，文档大小为 550×400 像素，帧速度为 12。

步骤 2：开始关键帧的建立和设置。

在工具栏中选择圆形工具，在第 1 关键帧上绘制一个圆，选中所绘的圆，在其属性面板中设置属性为无填充，线条颜色为红色，直径为 150，位置在(50,45)。

步骤 3：结束关键帧的建立和设置。

在第 40 帧处插入关键帧，选中圆，在属性面板中设置位置为(360,220)，在圆内再画一个方形，并设其属性为无填充、线条颜色为黑色。绘制方形时，注意不要太大，四个角不要与圆的边接触。

步骤 4：在开始和结束关键帧之间补充普通延伸帧。

在第 1 帧上右击，选择“动作补间动画”设置形变动画。

步骤 5：测试播放并保存文件。

观察与思考

1. 在转动的照片动画中，分别改变第 1 关键帧图片的位置、第 30 关键帧图片的位置和大小以及旋转的角度，观察作品效果的变化。

2. 将转动的照片第 1 帧上设置的运动动画改为形变动画，观察时间轴上的变化和作品效果的变化，并思考，为什么会产生这样的变化。

3. 在形变动画中，将圆中的方的四个角与圆的边接触，观察作品效果的变化。

4. 将形变动画第 1 帧上设置的形变动画改为运动动画，观察时间轴上的变化和作品效果的变化,并思考为什么会产生这样的变化。

实验5 ImageReady帧动画制作

实验目的

运用ImageReady制作动画,熟悉ImageReady的界面和动画面板,蒙版的应用等。

实验环境

Windows XP操作系统,ImageReady软件。

实验内容

【实验5-1】 利用蒙版工具制作一个文字逐渐显示的动画。
【实验5-2】 利用图层的显示和隐藏,将自己的名字做出不断变色显示的动画效果。
【实验5-3】 利用文字变形工具,将自己的名字做出变形动画效果。

实验步骤

【实验5-1】 利用蒙版制作动画。

步骤1:建立文件并输入文字。

(1) 在Photoshop中打开一幅图像文件作为动画背景(本例所选图片为300×60像素),利用文字工具输入字符串"ImageReady动画制作"。

(2) 选择文字层设置合适的字体、字号和颜色,选择菜单栏"图层"→"图层样式"命令,设置文字层投影、外发光、斜面和浮雕的特殊样式。文字效果和图层样式设置如图A-30所示。

图A-30 文字效果和图层样式设置

步骤2:建立蒙版。

(1) 利用矩形选框工具[ ]建立一个选区,选区完全覆盖字符串"ImageReady动画制作"。

(2) 选择菜单栏“图层”→“图层蒙板”→“隐藏选区”，文字层被蒙版隐藏，此时在图层面板中，文字层右边出现一个被链接的蒙版图标。图片效果与图层面板设置如图 A-31 所示。

图 A-31 建立蒙版

(3) 单击图层面板中文字与蒙版的链接标志，取消文字与蒙版的链接。

步骤 3：建立多个帧并设置。

(1) 打开动画面板，单击“复制所选帧”图标，复制 4 个帧，每个帧延迟时间设置为 0.2 秒。单击第一个帧下方“选择循环选项”图标，将循环次数设置为“永久”。

(2) 选中第 1 帧，单击图层面板中的蒙版标志（或文字标志 T），选中蒙版（或文字），利用移动工具移动蒙版（或文字）的位置，使文字稍微显示出一点点（如图 A-32 所示）。

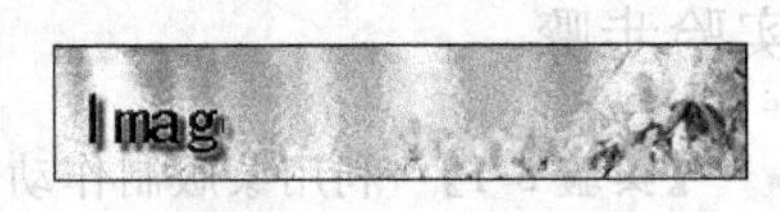

图 A-32 第一帧效果

(3) 对第 2 帧、第 3 帧和第 4 帧做同样操作，不同之处在每帧蒙版（或文字）移动的位置更大，显示的文字逐渐增多，直至第 4 帧全部显示。

步骤 4：播放与导出动画。

单击“播放”按钮，可演示动画效果。

选择菜单栏“文件”→“将优化结果存储为”命令，可保存为 GIF 动画文件。

Photoshop CS3 以上的版本则是选择菜单栏“文件”→“存储为 Web 和设备所用格式”命令，在弹出的对话框中选择“存储”按钮即可。

【实验 5-2】 文字变色动画。

利用图层的显示和隐藏，将自己的名字做出不断变色显示的动画效果。参考步骤详见第 5 章 5.4.2 节中的例 5-3。

提示：每个图层设置不同的文字颜色。

【实验 5-3】 文字变形动画。

利用文字变形工具，将自己的名字做出变形动画效果。参考步骤详见第 5 章 5.4.2 节中的例 5-4。

观察与思考

1. 动画中的帧页数和每个帧播放的时间对动画效果有什么影响？

2. Photoshop CS3 如何制作动画?

实验6 Premiere 视频制作

实验目的

运用 Premiere 制作一段视频，熟悉 Premiere 的界面、主要窗口和工具的功能和应用等。

实验环境

Windows XP 操作系统，Premiere 软件。

实验内容

班级介绍视频。利用个人搜集或教师提供的图像、视频和音频素材，制作一个介绍所在班级(寝室或学习小组)的视频。要求视频配有音乐背景和字幕等效果。

实验步骤

步骤1：建立项目。

(1) 启动 Premiere，在启动窗口中选择"新建项目"；或者进入主界面之后，选择菜单栏"文件"→"新建"→"项目"命令。

(2) 在弹出的"新建项目"对话框中选择有效预置模式或自定义设置。本实验中要做自制视频，所以选择 PAL，输出格式为 mpg 或 avi。

(3) 在对话框下方输入项目位置和名称，单击"确定"按钮后，新建项目完成。

操作详见 5.6.2 节中对项目启动的介绍。

步骤2：导入素材。

(1) 导入素材。素材包括必要的图像、音频和视频素材，如果需要一次性导入多个素材文件，可在"输入"对话框中选择文件时结合 Shift 键和 Ctrl 键。

(2) 对素材做必要修整。修整包括截取音频和视频素材中的某一段、仅选择视频中的声音或画面、仅截取某一帧的画面等。

对素材的导入和修整详见第5章 5.6.3 节。

步骤3：在时间线窗口装配素材。

(1) 将"项目"窗口中修整好的素材直接拖到时间线上的视频或音频轨道。也可以右击项目面板中名称框的空白处，选择"导入"命令，将素材导入。

(2) 用拖动的方法在时间线窗口中移动素材位置，以确定素材播放的时间。

操作详见第5章 5.6.2 节中对时间线窗口的介绍。

步骤4：调整素材并添加特效。

编辑素材包括删除和修改素材播放速度等操作。

(1) 若需要删除素材，可以在时间线上选中素材之后按 Del 键可以将其删除。

(2) 为了表现情节，可以加快或放慢素材播放速度。右击要调整的素材，在快捷菜单中单击划红线的部分，出现菜单，调整图中数值大小即可。数值超过 100 是快放，否则是慢放。

(3) 调整音频的声音。选择需要调整的声音的音频轨道，选择菜单栏命令"文件"→"调音台"命令，在窗口中调节所选轨道的声音(如图 A-33 所示)。

(4) 添加合适的特效。特效的添加详见第 5 章 5.6.3 节。

步骤 5：添加字幕。

为视频添加字幕是最基本的操作，字幕分为默认静态、默认滚动和默认游动 3 种类型。根据不同的需要可选择添加不同的类型。本实验添加静态字幕。

选择菜单栏"字幕"→"新建字幕"命令，选择"静态字幕"项，并输入字幕名，如图 A-34 所示。

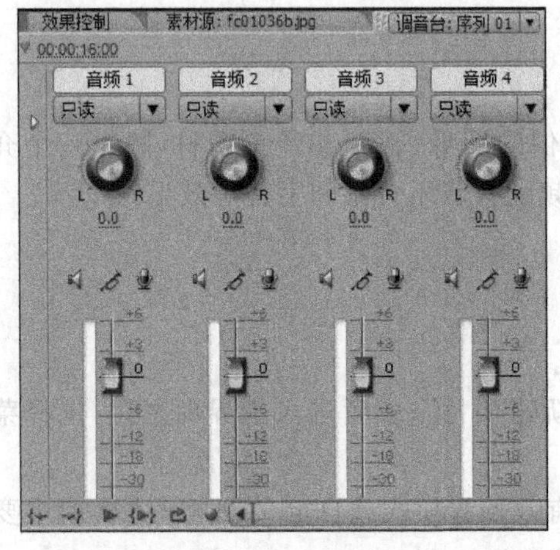

图 A-33　调音台

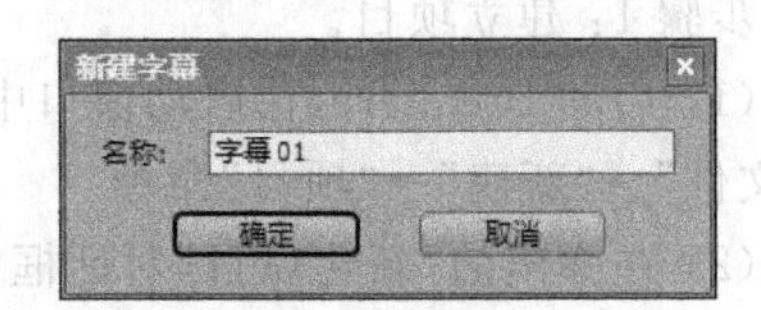

图 A-34　新建字幕窗口

单击"确定"按钮后，出现字幕设置窗口(如图 A-35 所示)。窗口中常用的区域如下：

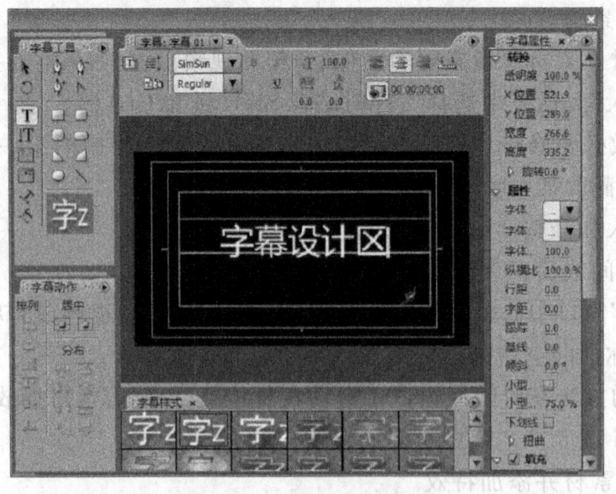

图 A-35　字幕设置窗口

① 字幕设计区。位于正中间，是输入字幕的地方。有两个安全区，里面的是字幕安全区，外面的是字幕动作安全区。若字幕文字超出安全区，则有些字幕在屏幕上无法显示。

② 字幕工具区。位于左上侧，可以输入字幕、调整字幕的方向等。

③ 字幕属性区。位于右侧，可以对字幕格式进行设置。

④ 字幕样式区。提供预先设置好的各种字体样式。也可以将用户自己设置的字体保存为一种样式，以便于以后直接调用。单击"字幕样式区"右上角的三角图标，在弹出的菜单中进行新建样式的操作。

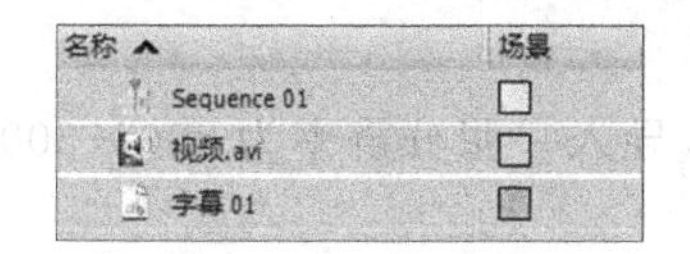

图 A-36 容器窗口

单击"关闭字幕"按钮，字幕自动添加到项目窗口剪辑箱中，如图 A-36 所示。拖动字幕到时间线上，即可实现字幕添加。字幕添加中要注意字幕素材和图片素材的叠放次序，字幕素材应该放在图片素材之上，否则会被遮盖。

步骤 6：保存和打包文件。

详细操作见第 5 章 5.6.3 节相关部分。

观察与思考

1. 不同的视频文件类型在效果和文件大小上是否有明显区别？
2. 如何更好地利用特效以达到良好的播放效果？

实验 7 Authorware 基本操作

实验目的

(1) 熟悉 Authorware 的操作环境和菜单的使用方法。

(2) 掌握 Authorware 文件的创建和保存发布，了解多媒体应用程序的开发过程及要注意的问题。

(3) 掌握文字、图片等媒体素材的导入和使用，掌握显示图标、等待图标、擦除图标和群组图标的使用。

实验环境

Windows XP 操作系统，Authorware 软件。

实验内容

制作一个集文字、图像、动画为一体的欣赏程序，合理使用几种主要的图标。其流程图如图 A-37 所示。

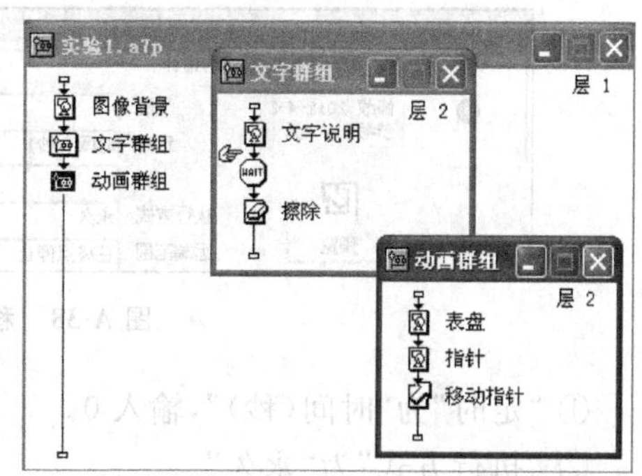

图 A-37 Authorware 基本操作实验流程图

实验步骤

步骤 1：创建新文件并设置属性。

建立一个新文件，并在文件属性面板中将其窗口大小设置为 800×600(SVGA)模式。文件属性面板的打开和应用见第 7 章 7.3.1 节中的图 7-9。

步骤 2：制作图片背景。

拖动一个显示图标到主流程线上，命名为“图像背景”，导入一张分辨率为 800×600 的图像素材，在其属性面板中设置“特效”为“水平百叶窗”。

步骤 3：利用群组图标制作文本显示、等待和擦除效果。

(1) 在主流程线上拖入一个群组图标，命名为“文字群组”。

(2) 打开“文字群组”图标编辑窗口，拖入一个显示图标，命名为“文字说明”，输入或从外部导入一段文字，并设置合适的字体、字号等修饰。设置方式参考第 7 章 7.3.2 节中的例 7-1。

(3) 拖入一个等待图标和擦除图标，设置等待图标为“按任意键继续”或等待时限设为 10 秒；选择擦除对象为“文字说明”显示图标，擦除特效为“以关门方式”。

(4) 关闭“文字群组”图标编辑窗口。

步骤 4：制作秒表动画效果。

(1) 在主流程线上拖入一个群组图标，命名为“动画群组”。

(2) 打开“动画群组”图标编辑窗口，拖入一个显示图标，命名为“表盘”，在其演示窗口中绘制一个圆形，作为秒表的表盘，分别在 0 秒、15 秒、30 秒和 45 秒方向输入相应数字，并在圆形中间输入字符串{Sec}。Sec 为 Authorware 的系统变量，可获取当前机器时间的秒时。变量用大括号括起来，在程序运行中实际显示的是变量的值。

打开“表盘”显示图标属性面板，在“选项”中勾选“更新显示变量”。

(3) 再拖入一个显示图标，命名为“指针”，在其演示窗口中绘制一个小圆形，设置填充颜色，作为指针。

(4) 拖入一个移动图标，命名为“移动指针”，选择显示图标“指针”为被移动对象。设置移动图标“移动指针”的属性，关键设置如下(如图 A-38 所示)：

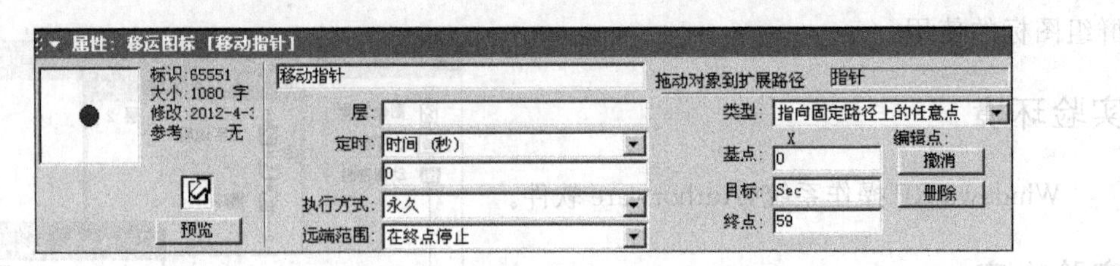

图 A-38 移动图标属性设置

① “定时”为“时间(秒)”，输入 0。

② “执行方式”为“永久”。

③ “类型”为“指向固定路径上任意点”，“基点”为 0，“目标”为 Sec，“终点”为 59。

(5) 绘制移动路线。打开显示图标“表盘”，单击移动图标“移动指针”，从 0 秒位置开始绘制移动路径，与表盘的圆形重合（如图 A-39 所示），终点也在 0 秒位置。路径绘制方法参考本书第 7 章 7.3.2 节中的例 7-2。

步骤 5：文件的保存和发布。

(1) 保存源文件，扩展名为 a7p。

(2) 打包发布文件，分别发布扩展名为 a7r 和 exe 的文件。发布详细操作过程见第 7 章 7.3.3 节。

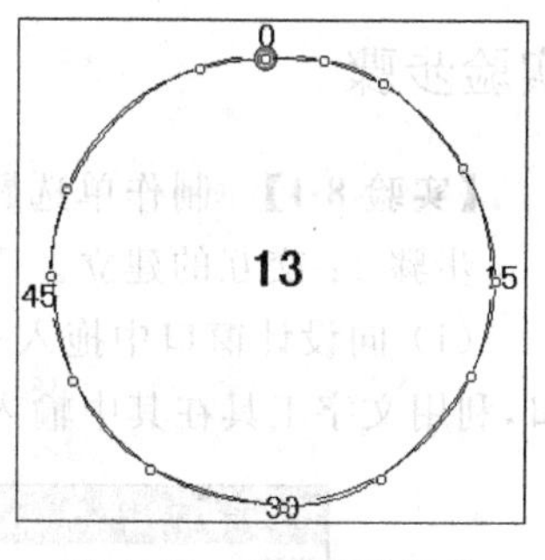

图 A-39 指针移动路径

观察与思考

1. 如何在程序中对图片进行拖动和放大？
2. 程序发布之后，除了主程序外，还需要哪些支持文件？

实验 8 Authorware 制作测验题

实验目的

(1) 进一步熟悉 Authorware 的操作环境和菜单的使用。

(2) 掌握交互图标和计算图标的使用。

(3) 掌握知识对象的应用。

实验环境

Windows XP 操作系统，Authorware 软件。

实验内容

【实验 8-1】 制作单选题并判断。利用交互图标和计算图标等制作选择题。其流程图如图 A-40 所示。

【实验 8-2】 利用知识对象制作测验题。运用 Authorware 提供的测验型知识对象，可以让制作选择题变得很轻松，本次实验利用知识对象等制作多项选择题。其流程图如图 A-41 所示。

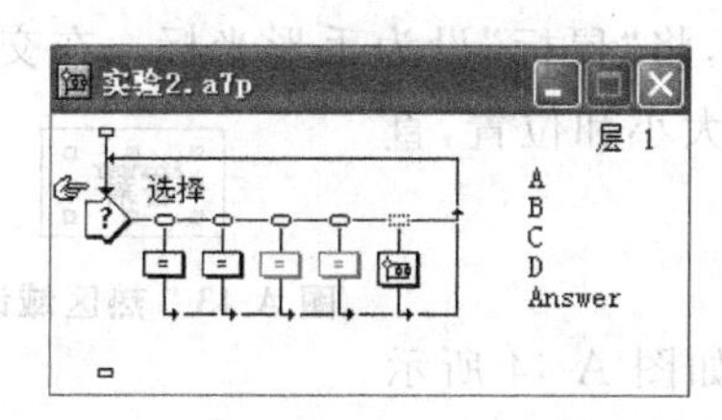

图 A-40 交互图标制作单选题主流程

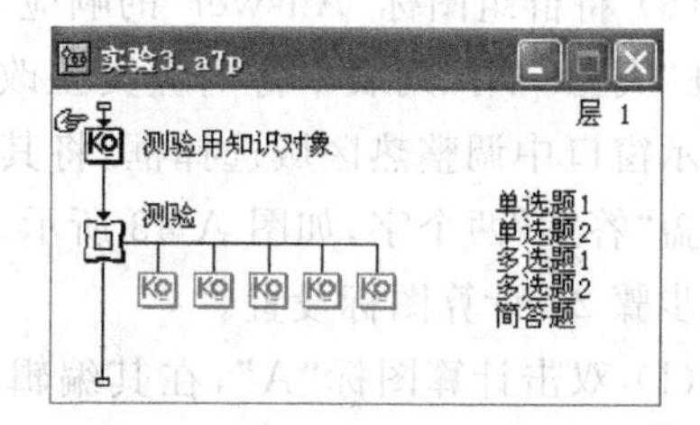

图 A-41 知识对象制作测验题流程图

实验步骤

【实验 8-1】 制作单选题并判断。

步骤 1：交互的建立。

(1) 向设计窗口中拖入一个交互图标，命名为“选择”。双击交互图标，打开其展示窗口，利用文字工具在其中输入选择题内容(如图 A-42 所示)。

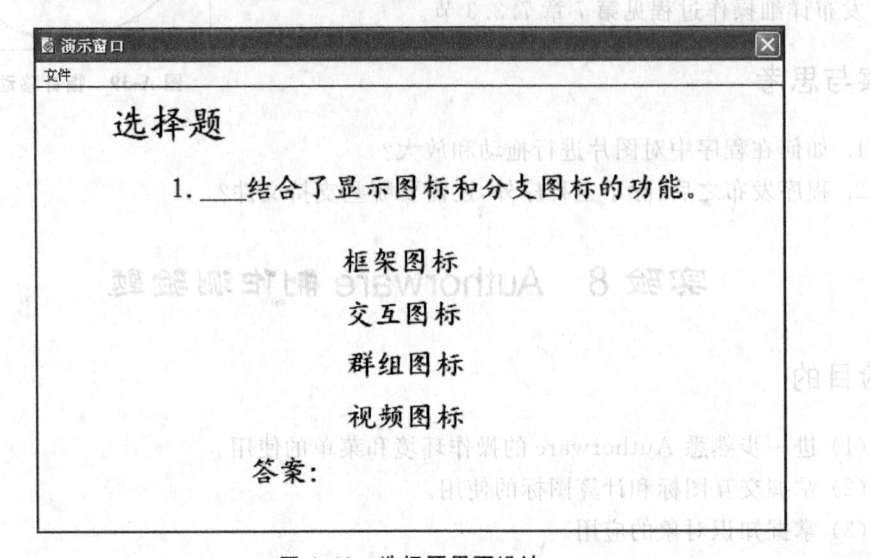

图 A-42 选择题界面设计

(2) 在“选择”图标的右边放置一个计算图标，选择“按钮响应”类型，然后将其命名为 A。

(3) 双击 A 图标上的交互类型标识符，打开其交互图标属性面板，单击面板中的“按钮…”，在弹出的“按钮”对话框中选择“标准 Windows 复选框”类型的按钮。

在“按钮”对话框中可对按钮类型进行详细的设置，比如设置按钮的风格、形状和文字字体等，还可以定义自己的图形按钮。

(4) 重复第(2)、(3)步，放置 3 个计算图标和一个群组图标到交互中，分别命名为 B、C、D 和 Answer。

(5) 按计算图标 A 的同样方法设置 B、C 和 D 三个计算图标。

(6) 将群组图标“Answer”的响应方式改为“热区域”，方法是打开其交互图标属性面板，在“类型”下拉列表中将响应类型改为“热区域”，将“鼠标”设为手形光标。在交互图标展示窗口中调整热区域选择框，将其拖曳并调整大小和位置，直至覆盖“答案”两个字，如图 A-43 所示。

Answer
答案

图 A-43 热区域设置

步骤 2：计算图标设置。

(1) 双击计算图标“A”，在其编辑窗口中输入如图 A-44 所示的代码。

其中，系统变量 Checked@"计算按钮名称"：=1(或 0)，用于检测按钮是否被选中，为 1 表示被选中状态，为 0 表示未被选中状态。

自定义变量 myanswer 是对用户的选择进行判断，选择 A，该变量值为“你真聪明，答对了！”。

(2) 关闭 A 设计窗口，会弹出 myanswer 的新建变量对话框（如图 A-45 所示），将其中的初始值设为“你还没选呢！”，这是当用户没有输入任何选项时的提示信息。变量描述可以不写。

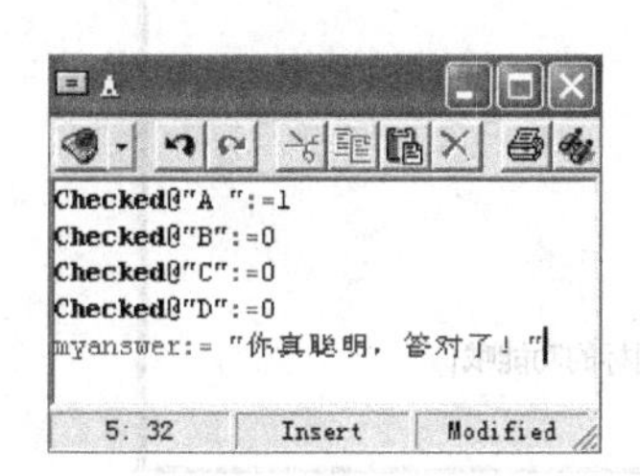

图 A-44 代码输入

图 A-45 新建变量初始值设置

(3) 对图标 B、C、D 进行类似的输入，只是分别将其相对应项的值改为 1，其他为 0；myanswer 的值分别改为“交互图标可没有分支图标的功能哦！”、“群组只是一个空的组合，不包含其他功能！”、“视频图标是用来加载视频信息的呢！”

步骤 3：群组图标设置。

群组图标 Answer 中的内容中将用户选择的答案显示出来并做判断，其流程如图 A-46 所示。

(1) 在计算图标“判断”的编辑窗口中输入代码：

```
if (Checked@"A"=0 & Checked@"B"=0 & Checked@"C"=0 & Checked@"D"=0) then
answer:=""
```

判断用户是否做了选择，如果没选择，不显示正确答案。

(2) 代码输入后，又会有新建变量 answer 的定义，初始值设为“正确答案是 A”。

在“显示答案”图标中输入文字，如图 A-47 所示。

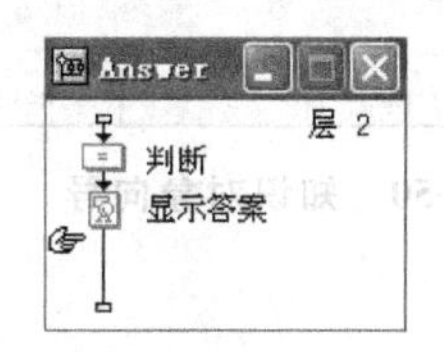

图 A-46 群组图标“Answer”流程

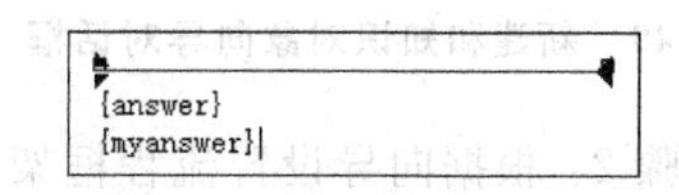

图 A-47 “显示答案”图标输入文字

步骤 4：运行、保存并发布文件。

程序运行时，选择答案项，单击“答案”热区域，将出现相应的运行界面（如图 A-48 所示）。

【实验 8-2】 利用知识对象制作测验题。

步骤 1：选择知识对象建立新文件。

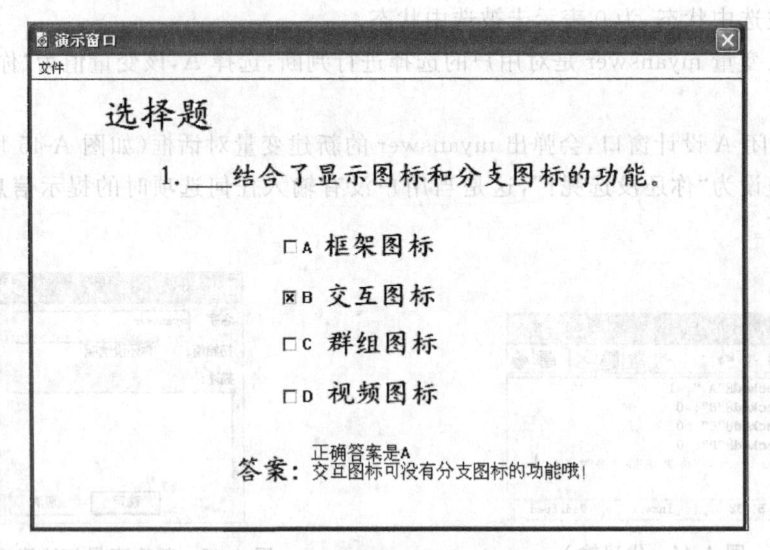

图 A-48 “选择题”程序运行界面

新建程序，系统会弹出一个新建对话框，其中就有 3 个知识对象选项（如图 A-49 所示）。选择其中的“测验”然后单击“确定”按钮，这时系统会自动启动与测验型知识对象相关联的向导（如图 A-50 所示）。

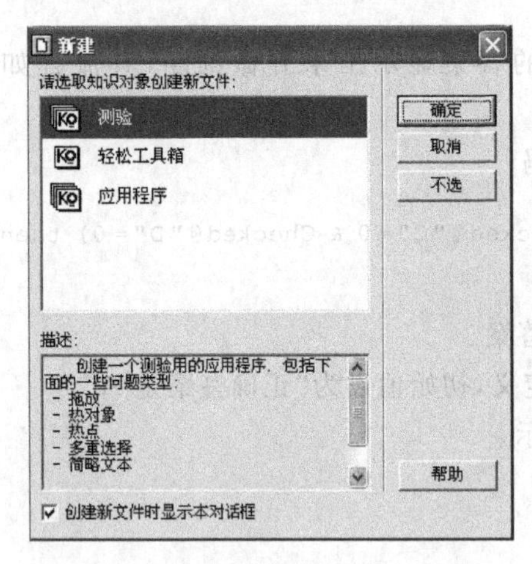

图 A-49 新建和知识对象向导对话框

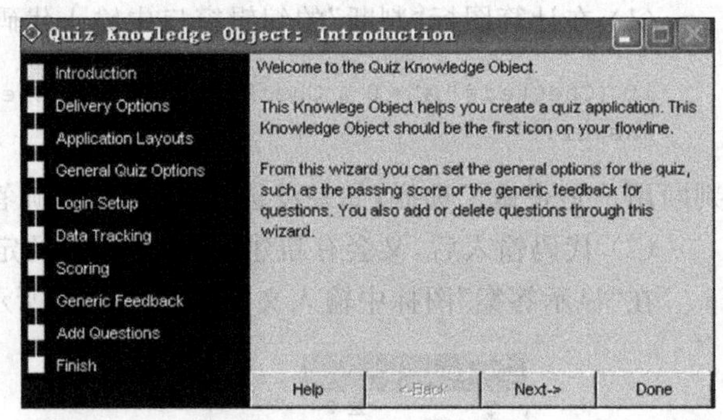

图 A-50 知识对象向导

步骤 2：根据向导设置流程框架。

向导中的流程有很多项，各项设置完后单击 Next 按钮可进入下一项设置，各项依次为：

（1）Introduction：用于介绍这个向导的作用和功能。

（2）Delivery Options：为程序选择屏幕尺寸和保存路径。

（3）Application Layouts：选择界面布局风格，共有 5 种风格可以选择。

（4）General Quiz Options：设置测验题的标题、默认的选择次数、要回答的问题数和候选项的标记。

(5) Login Setup：按程序默认的设置。

(6) Data Tracking：数据跟踪，可按程序默认的设置。

(7) Scoring：分数设置，图中有4项选择：

① Judge user response immediately：立即判断用户的选择。

② Display Check Answer button：显示确认按钮，单击确认按钮后，才判断用户的选择。

③ User must answer question to continue：用户必须回答问题后才能继续。

④ Show feedback after question is judged：在问题回答后显示评判。

前两项为单选(二选一)，后两项为复选，可根据自己的情况而定。

(8) Generic Feedback：用户反馈，可按程序默认设置。

(9) Add Questions：添加选题，并选择题目类型。对话框右侧 Add Question 的下方提供的可选择的题目类型有拖放、热对象、热点、多重选择、简答和单选等多种，单击题型按钮一次则设置一道相应选题。所有的选题可以删除或调整前后次序，如图 A-51 所示。

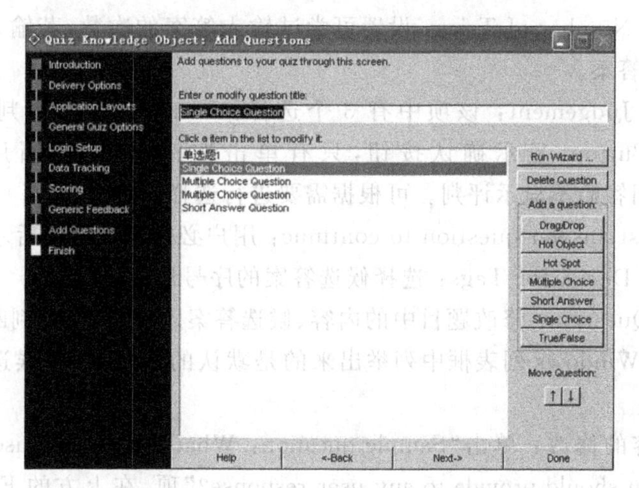

图 A-51 Add Questions 对话框

根据需要选择2道 Single Choice(单选)，2道 Multiple Choice(多选)和1道 Short Answer(简答)。在 Click a item in the list to modify it 的列表框中可看到所选题型。单击其中的选项，在上方的 Enter or modify question title 中可修改题型的名称。

(10) 单击 Done 按钮完成初步工作。

测验程序的流程框架如图 A-51 中的左侧所示。

注意，到此并不是程序的设计部分已经完成了，以上做的仅仅是按照向导把整个流程的框架定好了，但其中问题的内容、形式和对错评分还没有设置。

步骤3：设置单选题题目内容、形式和对错评分。

双击流程线上的"单选题1"图标，启动单选题设置向导(如图 A-52 所示)。向导中的流程有4项，各项设置完后单击 Next 按钮可进入下一项设置，各项依次为：

(1) Introduction：用于介绍这个向导的作用和功能。

(2) Override Global settings：有以下选项供选择：

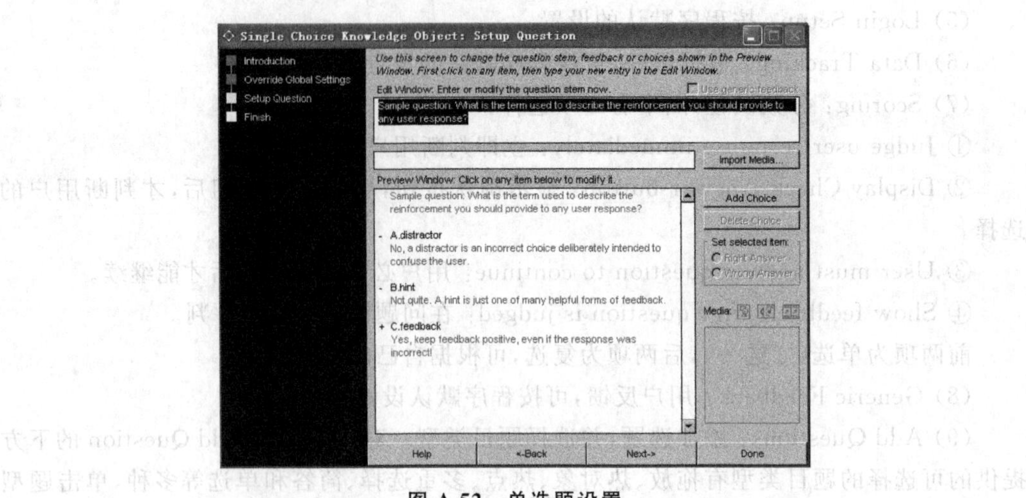

图 A-52 单选题设置

① Override Number of Tries：设置可尝试输入答案的次数，若输入 2，表示每道题可尝试输入 2 次答案。

② Override Judgement：该项中有 3 个选择：Immediate，立即判断用户的选择；Check Answer Button，显示确认按钮，只有单击按钮后，才判断用户的选择；No Feedback，问题回答后不显示评判。可根据需要进行选择。

③ User must answer question to continue：用户必须回答问题后才能继续下一题。

④ Override Distractor Tags：选择候选答案的序号形式。

(3) Setup Question：修改题目中的内容、候选答案、提示信息和判断结果。

在 Preview Windows 列表框中列举出来的是默认的选题内容、候选答案、提示信息和判断结果。

① 选题内容的修改：单击"Sample question：What is the term used to describe the reinforcement you should provide to any user response?"项，在上方的 Edit Window 文本框中输入修改的题目，将其改为"下面哪个为图像编辑软件："，这样就完成了题目的设置。

② 候选答案的修改：单击"A. distractor"，在 Edit Window 文本框中将答案改为"Photoshop"，此时就修改完第一个候选答案。

③ 提示信息的修改：单击"A. distractor"下方的提示信息"No，a distractor is an incorrect choice deliberately intended to confuse the user."，在 Edit Window 文本框中将提示信息改为"正确！"

④ 判断结果的修改：在对话框右边的"Set selected item"下有两个单选按钮，用于设置答案是否正确，选择"Right Answer"，表示此答案是正确答案；若为错误答案，选择"Wrong Answer"。

(4) 完成其余的候选答案、提示信息和判断结果的修改工作，分别将其他两个候选答案设置为"CoolEdit"和"Authorware"，均为错误答案。这里也可以设置回答后的提示语句。

(5) 若候选答案不止3个,可以单击“Add Choice”追加候选答案。

到这里问题和答案就已修改完成。单击Next按钮进入完成项,单击Done按钮退出向导。

步骤4:设置多选题、简答题题目内容、形式和对错评分。

多选题和简答题的设置流程与单选题差不多。主要区别在于多选题对话框右边的Set selected item中Right Answer(即正确答案)的选择比单选题多;简答题则没有选项,直接输入题目和参考答案即可。

步骤5:程序的修改。

在退出向导后,若需要增加单选题,可根据需要在图A-51所示的流程线上的框架图标的右侧复制多个知识对象,然后再按上述的方法启动设置问题向导,进行相应修改,就会很快生成多道单选题。

另外还可以在程序的界面和字体等方面加以修饰,使程序将更加完美。

观察与思考

1. 实验8-1中,如何将“答案”热区域响应改为按钮响应?
2. 实验8-1中,如何设置自定义交互按钮?
3. 实验8-2中,单选题是否可以设置两个正确的参考答案?
4. 实验8-2中,如何增加单选题和多选题的候选答案?
5. 实验8-2中,如何增加单选题?

实验9 综合实验——多媒体课件制作

实验目的

熟练应用各种多媒体处理和创作工具,掌握全部素材的处理和制作技巧,开发一个小型的多媒体课件。

实验环境

Windows XP操作系统,图像处理软件Photoshop,音频处理软件CoolEdit,动画制作软件Flash或ImageReady等,视频软件Premiere,多媒体创作工具Authorware等。

实验内容

应用各种多媒体处理和创作工具,开发一个小型的多媒体课件,要求如下:

(1) 选题以多媒体技术与应用的内容为主,重点突出,资料准确、完整,有一定的深度和广度,界面友好,操作方便,具有应用和欣赏价值。

(2) 课件应包含文字、声音、图像和动画等多种媒体类型,并对这些媒体文件进行适当的优化处理。

(3) 要求打包为可以独立运行的 a7r 或 exe 文件。

(4) 附一份分析和设计说明书，说明课件的框架结构、主要设计思想和关键技术。

实验步骤

步骤 1：确定选题。

参考选题：

(1) 多媒体关键技术介绍；

(2) 数字声音简介；

(3) 多媒体计算机系统介绍；

(4) 多媒体数据压缩基本原理和常用算法介绍；

(5) 常见图形文件简介及比较；

(6) 彩色空间的表示与转换；

(7) 浅谈流媒体技术；

(8) 基于内容的图像检索技术研究；

(9) 视频的数字化；

(10) 其他任何属于多媒体技术与应用范围的选题。

步骤 2：准备素材并优化。

素材包括必要的文字、图形图像、音频、动画和视频等。对素材进行优化时，以保证基本的质量为前提，进行适当优化，以减少整个文件的大小。

(1) 图像素材的优化。图像大小合适；在不明显影响图像质量的前提下，采用中等质量的 JPG 文件格式，或颜色数量尽可能少的 GIF 文件格式。

(2) 音频素材的优化。

方法一：对于 WAV 等波形音频文件，在不明显影响声音质量的前提下，可以降低采样频率、量化位数和声道数，如设置为：采样频率为 22050Hz、量化位数为 8b、声道数为 Mono(单声道)。详细操作方法见本书第 3 章 3.5 节。

方法二：利用 Authorware 中的用户自定义函数，应用 MIDI 音乐。

在 Authorware 中，用户自定义的外部函数要通过 UCD 文件进行调用。UCD 文件包括 ucd 和 u32 两类，前者使用在 16 位操作系统 Windows 3. x 中，后者使用在 32 位操作系统 Windows 95/98/NT 中。用户自定义函数的使用方法如下：

① 载入自定义函数。在"窗口"→"面板"中打开"函数"窗口（如图 A-53 所示）。

② 在"函数"窗口→"分类"下拉列表中，选择当前编辑的 Authorware 文件，单击"载入"按钮，载入外部函数文件 MidiLoop. u32，此文件包括提供两个 MIDI 函数：LoopMidi()和 StopMidi()。

载入之后，这两个函数将会出现在函数列表框中，就可以像系统函数一样使用了（如图 A-54 所示）。

值得注意的是，如果在程序中使用了用户自定义函数，在发布时，也要将此函数的 UCD 文件一起发布。

③ LoopMidi()：能循环播放 MIDI 音乐。

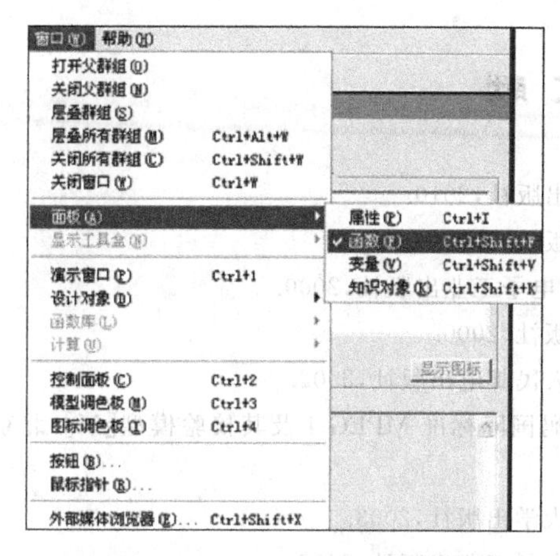

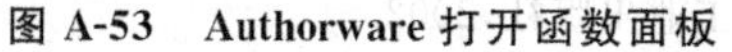

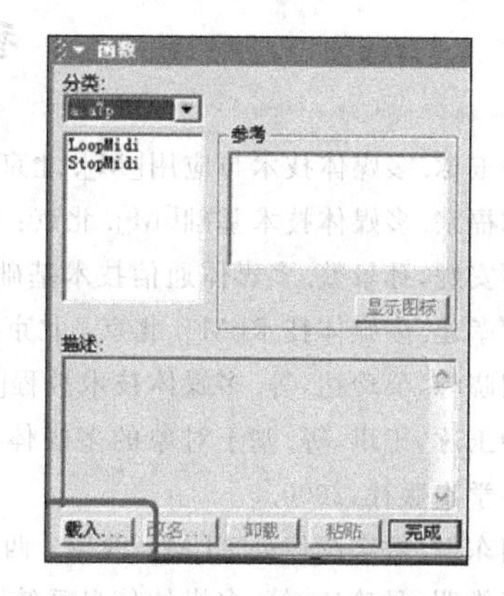

图 A-53 Authorware 打开函数面板

图 A-54 Authorware 载入外部函数文件

在计算图标 = 中输入命令：

```
LoopMidi("盘符:\\路径 \\文件名.mid")
```

例：

```
LoopMidi("C:\\Music\\1.mid")
```

此格式要求文件夹必须放在根目录下。

④ StopMidi()。可以将任何 MIDI 音乐停止。

⑤ 其他 MIDI 外部函数文件为 A5wmme. u32。提供 3 个 MIDI 函数：MIDIPlay()、MIDIPause()和 MIDIResume()：

```
MIDIPlay(MIDI 音频文件名,tempo,wait)
```

参数设置：

tempo：控制播放节拍，取值一般为 100，即正常播放。

wait：取值为 true 或 false。true 表示播放 MIDI 声音时，Authorware 程序暂停执行；false 表示音乐播放时同时执行 Authorware 程序。

MIDIPause()：暂停 MIDI 音乐播放。

MIDIResume()：恢复暂停的 MIDI 音乐。

(3) 动画视频素材的优化。在不明显影响动画和视频质量的前提下，可以适当减少帧数。

步骤 3：设计课件框架结构和各模块功能。

设计过程详见本书第 7 章 7.1 节。

步骤 4：实现与测试。

步骤 5：保存文件并打包，写出实验报告。

观察与思考

在图像、音频、动画视频等素材进行优化时，如何找到数据量与质量之间的平衡点？

参 考 文 献

[1] 钟玉琢. 多媒体技术与应用[M]. 北京：人民邮电出版社，2010.
[2] 林福宗. 多媒体技术基础[M]. 北京：清华大学出版社，2000.
[3] 蔡安妮，孙景鳌. 多媒体通信技术基础[M]. 北京：电子工业出版社，2000.
[4] 黄孝建. 多媒体技术[M]. 北京：北京邮电大学出版社，2000.
[5] 胡晓峰，吴玲达，等. 多媒体技术教程[M]. 北京：人民邮电出版社，2002.
[6] 钟玉琢，王琪，等. 基于对象的多媒体数据压缩编码国际标准 MPEG-4 及其校验模型[M]. 北京：科学出版社，2000.
[7] 何东健. 数字图像处理[M]. 西安：西安电子科技大学出版社，2003.
[8] 张维明，吴玲达，等. 多媒体信息系统[M]. 北京：电子工业出版社，2002.
[9] 郭连水，王宝智，等. 宽带网与多媒体系统[M]. 北京：北京希望电子出版社，2002.
[10] 许晓安，谢运佳. 多媒体技术与创作[M]. 广州：暨南大学出版社，2011.
[11] 聂瑞华. 数据库系统概论[M]. 北京：高等教育出版社，2001.
[12] 崔巍. 数据库系统及应用[M]. 2 版. 北京：高等教育出版社，2006.
[13] 苗雪兰，等. 数据库系统原理及应用教程[M]. 3 版. 北京：机械工业出版社，2011.
[14] 王庆延. 多媒体技术与应用[M]. 2 版. 北京：清华大学出版社，2011.
[15] P. K. Andleigh, K. Thakrar. 多媒体系统设计(Multimedia System Design)[M]. 徐光佑等译. 北京：电子工业出版社，1998.
[16] Ralf Steinmetz, Klara Nahrstedt. 多媒体技术：计算、通信和应用[M]. 潘志庚等译. 北京：清华大学出版社，2000.
[17] Ralf Steinmetz, Klara Nahrstedt. 多媒体原理(第一册)：媒体编码及内容分析[M]. 白金榜等译. 北京：电子工业出版社，2003.
[18] 陈永强，张聪. 多媒体技术基础与实验教程[M]. 北京：机械工业出版社，2008.
[19] 赵子江. 多媒体技术应用教程[M]. 5 版. 北京：机械工业出版社，2007.
[20] 郑阿奇. Authorware 实用教程[M]. 北京：电子工业出版社，2010.
[21] 宋一兵. Authorware 多媒体技术教程[M]. 北京：人民邮电出版社，2012.
[22] 朱子江. Photoshop 图形图像处理教程[M]. 北京：中国水利水电出版社，2012.
[23] 王玉贤. Photoshop CS3 案例教程[M]. 北京：机械工业出版社，2012.
[24] 李新峰. Flash 经典案例荟萃[M]. 北京：北京希望电子出版社，2009.